国家职业资格培训教材
技能型人才培训用书

工程机械装配与调试工
（装载机）

国家职业资格培训教材编审委员会　组编
李清德　主编

机械工业出版社

本教材是依据《国家职业技能标准 工程机械装配与调试工》对初级、中级和高级装载机装配与调试工的理论知识要求和技能要求，按照岗位培训需要的原则编写的。本教材的主要内容包括：装载机基础知识，装载机动力系统，装载机传动系统，装载机液压系统，装载机电气系统，装载机整车装配与调试，装载机装配与调试工模拟试卷样例。每章章前有培训学习目标，章末有复习思考题，以便于企业培训和读者自测。

本教材既可作为各级职业技能鉴定培训机构、企业培训部门的培训教材，又可作为读者考前复习用书，还可作为职业技术院校、技工学校的专业实训课教材。

图书在版编目（CIP）数据

工程机械装配与调试工．装载机/李清德主编．—北京：机械工业出版社，2016.5

国家职业资格培训教材

ISBN 978-7-111-54318-3

Ⅰ.①工… Ⅱ.①李… Ⅲ.①装载机-装配（机械）-技术培训-教材②装载机-调试方法-技术培训-教材 Ⅳ.①TH2②TH243

中国版本图书馆CIP数据核字（2016）第165970号

机械工业出版社（北京市百万庄大街22号 邮政编码100037）
策划编辑：赵磊磊 责任编辑：赵磊磊 版式设计：霍永明
责任校对：佟瑞鑫 封面设计：路恩中 责任印制：常天培
唐山三艺印务有限公司印刷
2016年9月第1版第1次印刷
169mm×239mm · 15印张 · 302千字
0001—3000册
标准书号：ISBN 978-7-111-54318-3
定价：29.80元

凡购本书，如有缺页、倒页、脱页，由本社发行部调换

电话服务	网络服务
服务咨询热线：010-88361066	机工官网：www.cmpbook.com
读者购书热线：010-88326294	机工官博：weibo.com/cmp1952
010-88379203	金书网：www.golden-book.com
封面无防伪标均为盗版	教育服务网：www.cmpedu.com

国家职业资格培训教材（第2版）

编 审 委 员 会

本书主编　李清德

本书参编　李雪平　梁新刚

本书主审　皇甫解明

第2版序

在“十五”末期，为贯彻落实“全国职业教育工作会议”和“全国再就业会议”精神，加快培养一大批高素质的技能型人才，机械工业出版社精心策划了与原劳动和社会保障部《国家职业标准》配套的《国家职业资格培训教材》。这套教材涵盖41个职业工种，共172种，有十几个省、自治区、直辖市相关行业的200多名工程技术人员、教师、技师和高级技师等从事技能培训和鉴定的专家参加编写。教材出版后，以其兼顾岗位培训和鉴定培训需要，理论、技能、题库合一，便于自检自测的特点，受到全国各级培训、鉴定部门和广大技术工人的欢迎，基本满足了培训、鉴定和读者自学的需要，在“十一五”期间为培养技能人才发挥了重要作用，本套教材也因此成为国家职业资格鉴定考证培训及企业员工培训的品牌教材。

2010年，《国家中长期人才发展规划纲要（2010—2020年）》《国家中长期教育改革和发展规划纲要（2010—2020年）》《关于加强职业培训促就业的意见》相继颁布和出台，2012年1月，国务院批转了七部委联合制定的《促进就业规划(2011—2015年)》，在这些规划和意见中，都重点阐述了加大职业技能培训力度、加快技能人才培养的重要意义，以及相应的配套政策和措施。为适应这一新形势，同时也鉴于第1版教材所涉及的许多知识、技术、工艺、标准等已发生了变化的实际情况，我们经过深入调研，并在充分听取了广大读者和业界专家意见的基础上，决定对已经出版的《国家职业资格培训教材》进行修订。本次修订，仍以原有的大部分作者为班底，并保持原有的“以技能为主线，理论、技能、题库合一”的编写模式，重点在以下几个方面进行了改进：

1. 新增紧缺职业工种——为满足社会需求，又开发了一批近几年比较紧缺的以及新增的职业工种教材，使本套教材覆盖的职业工种更加广泛。

2. 紧跟国家职业标准——按照最新颁布的《国家职业技能标准》（或《国家职业标准》）规定的工作内容和技能要求重新整合、补充和完善内容，涵盖职业标准中所要求的知识点和技能点。

3. 提炼重点知识技能——在内容的选择上，以“够用”为原则，提炼出应重点掌握的必需专业知识和技能，删减了不必要的理论知识，使内容更加精练。

4. 补充更新技术内容——紧密结合最新技术发展，删除了陈旧过时的内容，补充了新的技术内容。

5. 同步最新技术标准——对原教材中按旧技术标准编写的内容进行更新，所

有内容均与最新的技术标准同步。

6. 精选技能鉴定题库——按鉴定要求精选了职业技能鉴定试题，试题贴近教材，贴近国家试题库的考点，更具典型性、代表性、通用性和实用性。

7. 配备免费电子教案——为方便培训教学，我们为本套教材开发配置了配套的电子教案，免费赠送给选用本套教材的机构和教师。

8. 配备操作实景光盘——根据读者需要，部分教材配备了操作实景光盘。

一言概之，经过精心修订，第2版教材在保留了第1版精华的同时，内容更加精练、可靠、实用，针对性更强，更能满足社会需求和读者需要。全套教材既可作为各级职业技能鉴定培训机构、企业培训部门的考前培训教材，又可作为读者考前复习和自测使用的复习用书，也可供职业技能鉴定部门在鉴定命题时参考，还可作为职业技术院校、技工院校、各种短训班的专业课教材。

在本套教材的调研、策划、编写过程中，得到了许多企业、鉴定培训机构有关领导、专家的大力支持和帮助，在此表示衷心的感谢！

虽然我们已经尽了最大努力，但是教材中仍难免存在不足之处，恳请专家和广大读者批评指正。

国家职业资格培训教材第2版编审委员会

第1版序一

当前和今后一个时期，是我国全面建设小康社会、开创中国特色社会主义事业新局面的重要战略机遇期。建设小康社会需要科技创新，离不开技能人才。“全国人才工作会议”、“全国职教工作会议”都强调要把“提高技术工人素质、培养高技能人才”作为重要任务来抓。当今世界，谁掌握了先进的科学技术并拥有大量技术娴熟、手艺高超的技能人才，谁就能生产出高质量的产品，创出自己的名牌；谁就能在激烈的市场竞争中立于不败之地。我国有近一亿技术工人，他们是社会物质财富的直接创造者。技术工人的劳动，是科技成果转化为生产力的关键环节，是经济发展的重要基础。

科学技术是财富，操作技能也是财富，而且是重要的财富。中华全国总工会始终把提高劳动者素质作为一项重要任务，在职工中开展的“当好主力军，建功‘十一五’和谐奔小康”竞赛中，全国各级工会特别是各级工会职工技协组织注重加强职工技能开发，实施群众性经济技术创新工程，坚持从行业和企业实际出发，广泛开展岗位练兵、技术比赛、技术革新、技术协作等活动，不断提高职工的技术技能和操作水平，涌现出一大批掌握高超技能的能工巧匠。他们以自己的勤劳和智慧，在推动企业技术进步，促进产品更新换代和升级中发挥了积极的作用。

欣闻机械工业出版社配合新的《国家职业标准》为技术工人编写了这套涵盖41个职业的172种“国家职业资格培训教材”。这套教材由全国各地技能培训和考评专家编写，具有权威性和代表性；将理论与技能有机结合，并紧紧围绕《国家职业标准》的知识点和技能鉴定点编写，实用性、针对性强，既有必备的理论和技能知识，又有考核鉴定的理论和技能题库及答案，编排科学，便于培训和检测。

这套教材的出版非常及时，为培养技能型人才做了一件大好事，我相信这套教材一定会为我们培养更多更好的高技能人才作出贡献！

李永安

（李永安　中国职工技术协会常务副会长）

第1版序二

为贯彻“全国职业教育工作会议”和“全国再就业会议”精神，全面推进技能振兴计划和高技能人才培养工程，加快培养一大批高素质的技能型人才，我们精心策划了这套与劳动和社会保障部最新颁布的《国家职业标准》配套的《国家职业资格培训教材》。

进入21世纪，我国制造业在世界上所占的比重越来越大，随着我国逐渐成为“世界制造业中心”进程的加快，制造业的主力军——技能人才，尤其是高级技能人才的严重缺乏已成为制约我国制造业快速发展的瓶颈，高级蓝领出现断层的消息屡屡见诸报端。据统计，我国技术工人中高级以上技工只占3.5%，与发达国家40%的比例相去甚远。为此，国务院先后召开了“全国职业教育工作会议”和“全国再就业会议”，提出了“三年50万新技师的培养计划”，强调各地、各行业、各企业、各职业院校等要大力开展职业技术培训，以培训促就业，全面提高技术工人的素质。

技术工人密集的机械行业历来高度重视技术工人的职业技能培训工作，尤其是技术工人培训教材的基础建设工作，并在几十年的实践中积累了丰富的教材建设经验。作为机械行业的专业出版社，机械工业出版社在“七五”、“八五”、“九五”期间，先后组织编写出版了“机械工人技术理论培训教材”149种，“机械工人操作技能培训教材”85种，“机械工人职业技能培训教材”66种，“机械工业技师考评培训教材”22种，以及配套的习题集、试题库和各种辅导性教材约800种，基本满足了机械行业技术工人培训的需要。这些教材以其针对性、实用性强，覆盖面广，层次齐备，成龙配套等特点，受到全国各级培训、鉴定和考工部门和技术工人的欢迎。

2000年以来，我国相继颁布了《中华人民共和国职业分类大典》和新的《国家职业标准》，其中对我国职业技术工人的工种、等级、职业的活动范围、工作内容、技能要求和知识水平等根据实际需要进行了重新界定，将国家职业资格分为5个等级：初级（5级）、中级（4级）、高级（3级）、技师（2级）、高级技师（1级）。为与新的《国家职业标准》配套，更好地满足当前各级职业培训和技术工人考工取证的需要，我们精心策划编写了这套《国家职业资格培训教材》。

这套教材是依据劳动和社会保障部最新颁布的《国家职业标准》编写的，为满足各级培训考工部门和广大读者的需要，这次共编写了41个职业的172种教材。在职业选择上，除机电行业通用职业外，还选择了建筑、汽车、家电等其他相近行业的热门职业。每个职业按《国家职业标准》规定的工作内容和技能要求编写初级、中级、高级、技师（含高级技师）四本教材，各等级合理衔接、步步提升，为高技能人才培养搭建了科学的阶梯型培训架构。为满足实际培训的需要，对多工种共同需求的基础知识我们还分别编写了《机械制图》、《机械基础》、《电工常识》、《电工基础》、《建筑装饰识图》等近20种公共基础教材。

在编写原则上，依据《国家职业标准》又不拘泥于《国家职业标准》是我们这套教材的创新。为满足沿海制造业发达地区对技能人才细分市场的需要，我们对模具、制冷、电梯等社会需求量大又已单独培训和考核的职业，从相应的职业标准中剥离出来单独编写了针对性较强的培训教材。

为满足培训、鉴定、考工和读者自学的需要，在编写时我们考虑了教材的配套性。教材的章首有培训要点、章末配复习思考题，书末有与之配套的试题库和答案，以及便于自检自测的理论和技能模拟试卷，同时还根据需求为20多种教材配制了VCD光盘。

为扩大教材的覆盖面和体现教材的权威性，我们组织了上海、江苏、广东、广西、北京、山东、吉林、河北、四川、内蒙古等地相关行业从事技能培训和考工的200多名专家、工程技术人员、教师、技师和高级技师参加编写。

这套教材在编写过程中力求突出“新”字，做到“知识新、工艺新、技术新、设备新、标准新”；增强实用性，重在教会读者掌握必需的专业知识和技能，是企业培训部门、各级职业技能鉴定培训机构、再就业和农民工培训机构的理想教材，也可作为技工学校、职业高中、各种短训班的专业课教材。

在这套教材的调研、策划、编写过程中，曾经得到广东省职业技能鉴定中心、上海市职业技能鉴定中心、江苏省机械工业联合会、中国第一汽车集团公司以及北京、上海、广东、广西、江苏、山东、河北、内蒙古等地许多企业和技工学校的有关领导、专家、工程技术人员、教师、技师和高级技师的大力支持和帮助，在此谨向为本套教材的策划、编写和出版付出艰辛劳动的全体人员表示衷心的感谢！

教材中难免存在不足之处，诚恳希望从事职业教育的专家和广大读者不吝赐教，批评指正。我们真诚希望与您携手，共同打造职业培训教材的精品。

国家职业资格培训教材编审委员会

前　言

工程机械是广泛用于建筑、水利、电力、道路、矿山、港口和国防等领域建设的施工机械。我国的工程机械产品已出口到欧美等工程机械强国，正在向“制造大国”和“制造强国”迈进。工程机械装配与调试是保证工程机械质量的重要环节，其从业人员的技术水平直接影响着工程机械产品的质量和工程机械企业参与国内外市场竞争的能力。

随着自动控制技术、机电一体化等新技术在工程机械上的应用，以及机器人、数字检测调试工具在装配生产单元中的使用，企业对工程机械装配与调试从业人员提出了越来越高的要求。人力资源和社会保障部于2009年11月12日设立了“工程机械装配与调试工”这一新职业，并制定了相应的国家职业技能标准。本教材正是依据《国家职业技能标准　工程机械装配与调试工》对初级、中级和高级装载机装配与调试工的理论知识要求和技能要求，按照岗位培训需要的原则编写的。本教材主要内容包括：装载机基础知识，装载机动力系统，装载机传动系统，装载机液压系统，装载机电气系统，装载机整车装配与调试，装载机装配与调试工模拟试卷样例。每章章前有培训学习目标，章末有复习思考题，以便于企业培训和读者自测。

本教材既可作为各级职业技能鉴定培训机构、企业培训部门的培训教材，又可作为读者考前复习用书，还可作为职业技术院校、技工学校的专业实训课教材。

本教材由李清德任主编，李雪平、梁新刚参加编写，徐工集团铲运机械事业部传动所皇甫解明主任任主审。本教材在编写过程中得到了徐州工程机械技师学院领导、徐工集团铲运机械事业部领导，以及徐工集团铲运机械事业部传动所皇甫解明，装配分厂杨秋勇，售后服务中心王忠田、王中维，装载机调试中心刘文生，装配工艺技术中心马礼君、范建民等工程技术人员的大力帮助，在此一并表示感谢！

由于编者水平有限，书中错误、疏漏之处在所难免，敬请读者不吝指正。

编　者

目　录

第1章

装载机基础知识

培训学习目标

掌握装载机的分类方法。

了解装载机的作用。

了解装载机产品型号的命名规则。

了解装载机各组成部分的功用。

掌握装载机各系统的工作原理。

1.1 装载机概述

装载机是一种通过安装在前端的铲斗支承结构和连杆，随机器向前运行装载和挖掘物料，以及进行提升、运输和卸载作业的自行式履带或轮胎机械，如图 1-1 所示。

图 1-1 装载机外形图

1.1.1 装载机的用途

装载机是一种具有较高工作效率的工程机械，被广泛用于公路、铁路、建筑、水电、港口、矿山、油田、机场等建设工程施工中。装载机主要用于对松散的堆积物料进行铲、装、运、挖等作业，也可以用来整理、刮平场地以及进行牵引作业，换装相应的工作装置后，还可以进行挖土、起重以及装卸棒料等作业，对加速工程进度、保证工程质量、改善劳动条件、提高工作效率以及降低施工成本等都具有极为重要的作用。

1.1.2 装载机的分类

1. 按行走系统结构分类

（1）轮胎式装载机

1）定义。以轮胎式专用底盘作为行走机构，并配置工作装置及其操纵系统而构成的装载机。

2）优点。重量轻、速度快、机动灵活、作业效率高；制造成本低、使用维护方便；轮胎还具有较好的缓冲、减振等功能，提高操作的舒适性。

3）缺点。通过性差、重心高；附着力小、牵引力小。

（2）履带式装载机

1）定义。以履带式专用底盘或工业拖拉机作为行走机构，并配置工作装置及其操纵系统而构成的装载机。

2）优点。通过性好、重心低；稳定性好、附着力强、牵引力大。

3）缺点。速度低、灵活性相对较差；成本高、行走时易损坏路面。

2. 按发动机位置分类

（1）发动机前置式　发动机置于操作者前方的装载机。

（2）发动机后置式　发动机置于操作者后方的装载机。

目前，国产大中型装载机普遍采用发动机后置的结构形式。这是由于发动机后置，不但可以扩大驾驶人的视野，而且后置的发动机还可以兼作配重使用，以减轻装载机的整体装备质量。

3. 按转向方式分类

（1）偏转车轮转向式　是指利用轮式底盘的车轮进行转向的装载机，分为偏转前轮、偏转后轮和全轮转向三种。缺点是整体式车架，机动灵活性差，一般不采用这种转向方式。

（2）铰接转向式　依靠轮式底盘的前轮、前车架及工作装置，绕与前、后车架的铰接销做水平摆动进行转向的装载机。优点是转弯半径小、机动灵活、可以在狭小场地作业，目前最常用。

（3）滑移转向式　靠轮式底盘两侧的行走轮或履带式底盘两侧的驱动轮速度差实现转向。优点是整机体积小，机动灵活性高，可以实现原地转向，可以在更为狭窄的场地作业，是近年来微型装载机采用的转向方式。

4. 按驱动方式分类

（1）前轮驱动式　以行走结构的前轮作为驱动轮的装载机。

（2）后轮驱动式　以行走结构的后轮作为驱动轮的装载机。

（3）全轮驱动式　行走结构的前、后轮都作为驱动轮的装载机。现代装载机多采用全轮驱动方式。

5. 按作业场地分类

可分为露天装载机与地下用装载机。

6. 按动力传动形式分类

可分为机械传动、液力机械传动、全液压传动、电传动。

7. 按装卸方式不同分类

可以分为前卸式、回转式、后卸式。

8. 按铲斗分类额定装载量分类

小型（<1t）、轻型（1~3t）、中型（4~8t）及重型（≥10t）几种。轻中型装载机主要用于装卸搬运作业和工程施工，它机动性好，可适应多种作业要求；重型装载机主要用于矿山、建筑、道路修筑等场地做铲掘、装卸作业。

9. 按发动机功率分类

小型（<74kW）、中型（74~147kW）、大型（147~515kW）、特大型（大于515kW）。

装载机的分类见表1-1。

表 1-1 装载机的分类

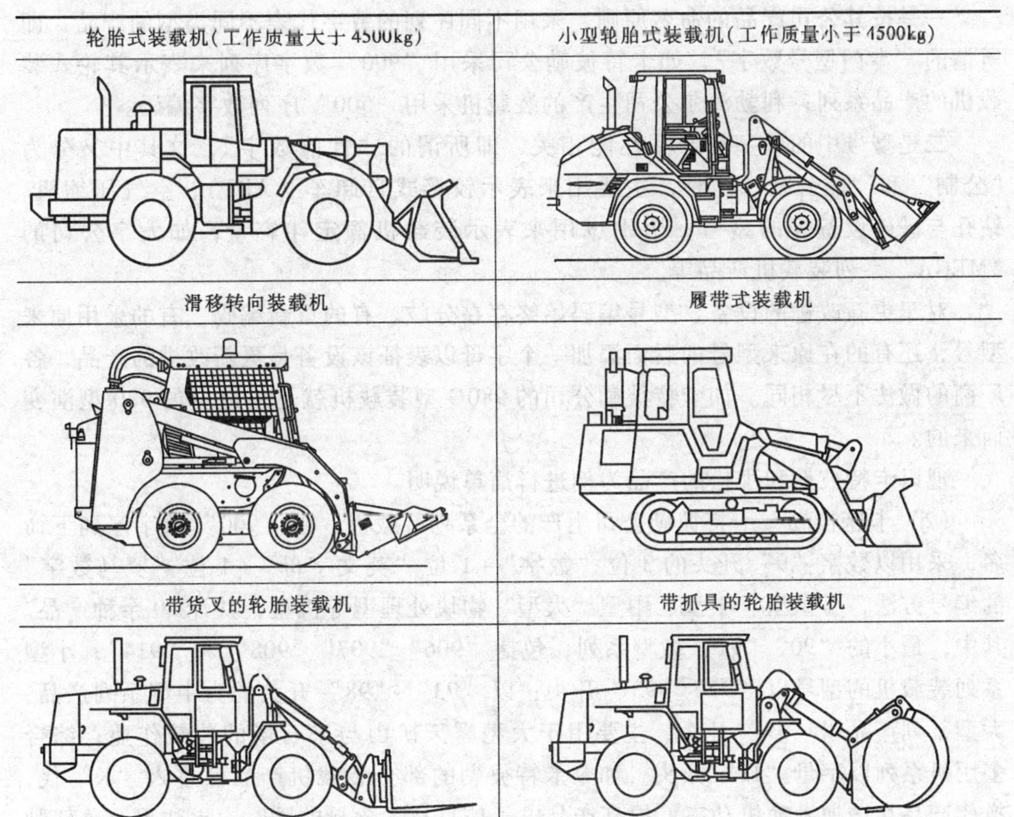

1.1.3 装载机产品型号

1. 国内装载机型号

国内生产的“ZL”系列装载机型号编制方法大同小异，其编号示例如图1-2所示。

其中“更新系列代号”用1、2、3或Ⅰ、Ⅱ、Ⅲ等表示，“变型代号”用A、B、C等表示；“主参数代号”用10、15、50、30、40、50等表示，代表装载机额定载重量（1/10t）；特殊用途代号，高原型用G，侧卸型用C（柳工、厦工、龙工、徐工），夹木机型用M（山工）或J（徐工、厦工）等。

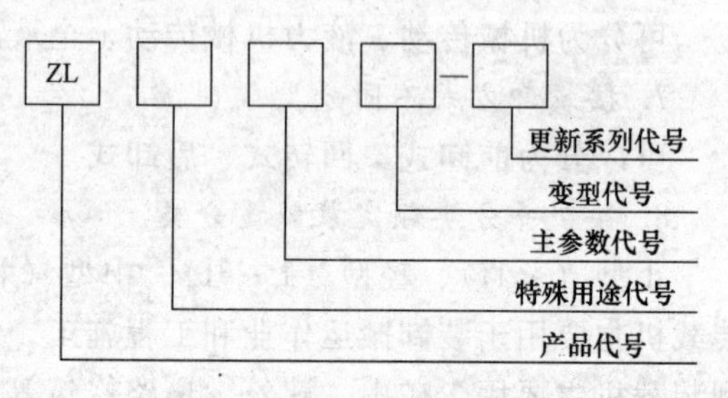

图1-2 装载机编号示例

2. 国外装载机型号

（1）型号中的“数字”含义 国外装载机生产厂商采用数字命名其产品型号时，所遵循的原则有如下两条。

一是按其公司产品的命名原则，采用不同序列的数字代表不同类型的产品，即所谓的“专门型号数字”，如卡特彼勒公司采用“900”数字序列来表示其轮式装载机的产品系列；利勃海尔公司生产的装载机采用“500”序列数字编码。

二是型号中的数字与产品性能相关，即所谓的“性能数字”，这其中又分为“公制”和“非公制”两种，主要用来表示铰接式自卸车（ADT）、空气压缩机、钻孔与破碎设备等的型号，个别也用来表示装载机额定斗容量，如大宇公司的“MEGA”系列装载机产品等。

对于更新改进的设备，型号编码始终存在分歧。有的重新编码，有的采用原来型号，还有的在原来型号的后面添加一个字母以表征该设备是更新改进的产品，各厂商的做法不尽相同。如卡特彼勒公司的980G型装载机就是由最早的980型演变而来的。

现以卡特彼勒和小松的产品为例进行简单说明。

（2）卡特彼勒 卡特彼勒公司生产的全系列装载机，在“900”数字序列下命名，采用以数字“9”开头的3位“数字”+1位“英文字母”+1位“罗马数字”的编号方法，有微型、小型、中型、大型、物块处理型等机型，共计20余种产品。其中，最小的“90”“91”微型系列，包括“906”“907”“908”和“914”；小型系列装载机的型号以“92”“93”开头；以“93”~“98”开头的为中型系列产品；大型系列产品以“99”开头，主要用于大型露天矿山与采石场的装载作业；综合多用机系列以字母“IT”开头。如今卡特彼勒的部分装载机产品已进入“K”代，换代产品在增加发动机功率、提高产品电子信息技术含量的同时，更注重改善驾驶

员的驾乘条件和减少机器对作业环境的污染，以提高作业效率。

(3) 小松　从小松公司的装载机产品型号中，我们不难看出其产品编号的基本公式为：字母“WA” +2~4位“数字” + “-” +1位“数字”。其中，开头字母“WA”的含义比较认可的解释为“世界领先（World Advance)”或“轮式铰接（Wheel Aticulated)”；中间2~4位“数字”表示产品规格，数字越大，产品的装载能力越大，目前从最小的50到最大的1200，最后1位“数字”代表产品更新的“代”，如WA900-6，目前其装载机产品已全面进入6代。

(4) 主要厂商产品型号特点　国外主要装载机生产厂商的产品型号有如下规律可循。

1）以2位或3位数字+1~3个“大写字母”（+“-” +1位“数字”）组成。主要代表商有凯斯（如721F)、卡特彼勒（如993K）等。

2）以1个或2个“大写英文字母” +3位“数字”（+“-” +1位“数字”）组成。主要代表商有小松（如WA800-6）等。

3）以1~3个“大写英文字母”（特别是大写字母“L”） +2位或3位“数字”组成。主要代表商有沃尔沃（如L220E)、利勃海尔（如L540)、莱图尔诺（如L-1850）等。其中，字母“L”即可以理解为“装载机（Loader)”。

4）对于一些特殊用途的装载机，常在基本型的型号后面加上相应的英文（缩写）字母。如高卸型，加“HL”或“High Lift”；物料处理型，加MH（Matiral Handler)；垃圾处理型，加“WH”“WHA”；夹木型，加“LOG”。

5）突出一机多用的工作装置特点，常在基本型的型号前或后面加上相应的英文缩写字母。型号中若有字母“Z”，表示工作装置为“Z形”连杆结构（如JCB公司的426ZX等)；型号中若有诸如“TC”“XT”“IT”“PT”等字样，表示为可加装不同工作装置的综合多用机型（Tool Carrier)；型号中若有“HT”字样，表示工作装置为“4杆”结构；型号中若有“XR”字样，表示工作装置为伸展型（Extended-Reach)，即加长卸载距离型。

6）个别厂商产品型号中的“数字”代表额定斗容量。

1.1.4 装载机的常用术语（见图1-3、图1-4）

1.1.5 装载机产品的主要技术参数

(1) 额定载重量　是指装载机在满足下列条件下，为保证所需的稳定性而规定铲斗内装载物料的重量。

① 配置基本型铲斗。

② 最高行驶速度不超过15km/h。

③ 在平坦硬实的地面上作业。

④ 额定载重量应不大于倾翻载荷的50%或提升能力的100%。

(2) 铲斗容量

(3) 发动机功率

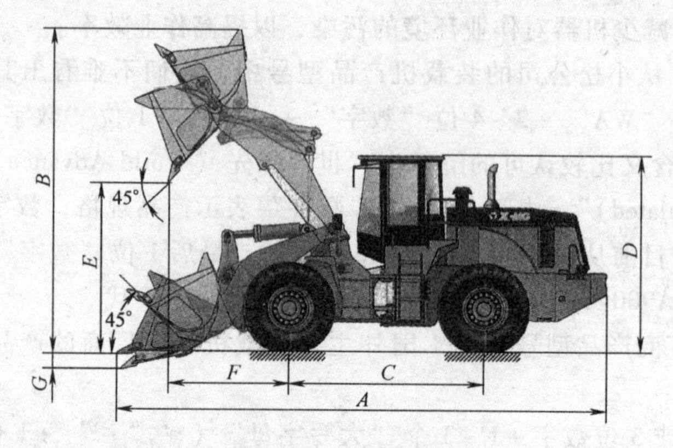

图 1-3　装载机主视图

A—整机长度　*B*—整机最大高度　*C*—轴距　*D*—主机高度　*E*—卸高　*F*—卸距　*G*—下挖深度

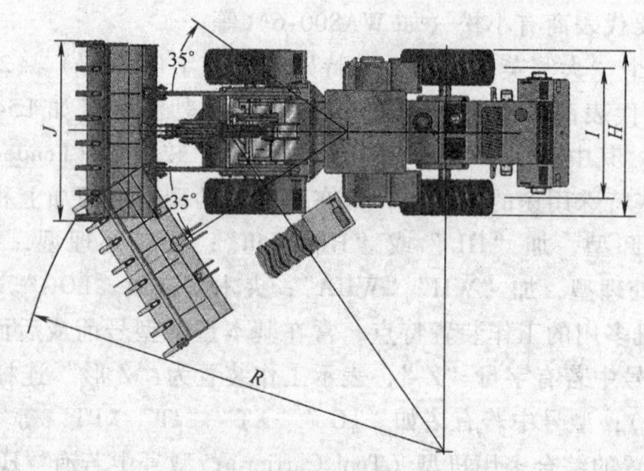

图 1-4　装载机俯视图

H—主机宽度　*I*—轮距　*J*—铲斗（整机）宽度　*R*—机器通过半径

（4）倾翻载荷　是指装载机在下列条件下，使装载机后轮离开地面而绕前轮与地面接触点向前倾翻（至少有一个后轮离开地面）时，在铲斗额定容量的几何重心处所允许作用的最小载荷（或在铲斗中装载物料的最小重量）。

① 装载机停在硬的较平整的水平路面上。

② 带基本型铲斗。

③ 装载机为操作重量。

④ 轮胎为规定的充气压力。

⑤ 动臂处于最大平伸位置，铲斗后倾。

⑥ 装载机处于最大偏转角位置。

（5）提升能力　指作用在载荷重心处，能将被动臂液压缸从地面连续地提升到最高位置的最大载荷。

（6）掘起力 装载机停在平坦坚实地面上，铲斗切削刃的底面放水平并高于底部基准平面20mm时，变速器挂空档，发动机在最大油门，操纵转斗液压缸，在铲斗切削刃向后100mm处产生的最大的向上铅垂力。非直线型切削刃铲斗，掘起力应在铲斗宽度的中心线上测量。

（7）额定斗容 为铲斗平装容量与堆尖部分体积之和。

（8）卸载角 铲斗处于最高位置并最大前倾时，其底部平面与水平面之间所成的角度。

（9）卸载高度 当动臂提升到最高位置，铲斗达到卸载角为45°时，从地面到斗刃最低点之间的垂直距离。若卸载角度小于45°时，则应注明卸载角度。

（10）卸载距离 当动臂提升到最高位置，铲斗卸载角为45°时，从装载机本体最前面一点（包括轮胎或车架）到斗刃之间的水平距离。若卸载角度小于45°时，则应注明卸载角度。

（11）动臂提升时间 将装有额定载荷的铲斗从地面水平位置举升到最高位置所需的时间。

（12）三项和 是铲斗提升、下降、前倾三项时间的总和。

（13）牵引力 装载机为操作重量、铲斗满载运输位置、平坦硬实路面上，发动机在最大供油位置以Ⅰ档速度所产生的最大驱动力。

（14）整机重量 装载机在空斗状态下，按规定注满冷却液、燃油、润滑油、液压油并包括工具、备件、驾驶人（75kg）和其他附件等的整机质量。

1.1.6 ZL50GL产品参数（见表1-2）

表1-2 ZL50GL产品参数

项 目	参 数
额定载荷	5000kg
倾翻载荷	123kN
铲斗容量	3.0m
卸载高度	3090mm
卸载距离	1130mm
举升高度	5262mm
铲斗宽度	3000mm
最大掘起力	170kN
最大牵引力	(160±5)kN
铰接角度	±35°
整机外形尺寸(长×宽×高)	8165mm×3016mm×3485mm
整机重量	17.5t
动臂提升时间	6s
三项和时间	11s
轴距	3300mm
轮距	2250mm
最小转弯半径(轮胎中心)	6400mm
最小转弯半径(铲斗外侧)	7320mm

（续）

项目		参数
额定功率/转速		162kW/2000r/min
发动机型号		WD10G220E23
爬坡能力		30°
速度	Ⅰ档（前/后）	11.5km/h/16.5km/h
	Ⅱ档（前）	37km/h
轮胎规格		23.5-25-16PR

1.2 装载机的基本结构组成

轮式装载机主要由动力系统、传动系统、车架、转向系统、制动系统、行走装置、工作装置、工作液压系统、电气系统和操纵系统等组成。图 1-6 所示装载机为我国目前最具代表性的 ZL50G 型轮式装载机的总体结构。

装载机动力系统（见图 1-5）一般是指柴油机系统，它是一种能量转换机构，是将燃料在气缸内燃烧所产生的热能转变为机械能的动力装置。

装载机传动系统（见图 1-7）主要由变速器、前驱动桥、后驱动桥、后桥传动轴、前桥传动轴等组成。

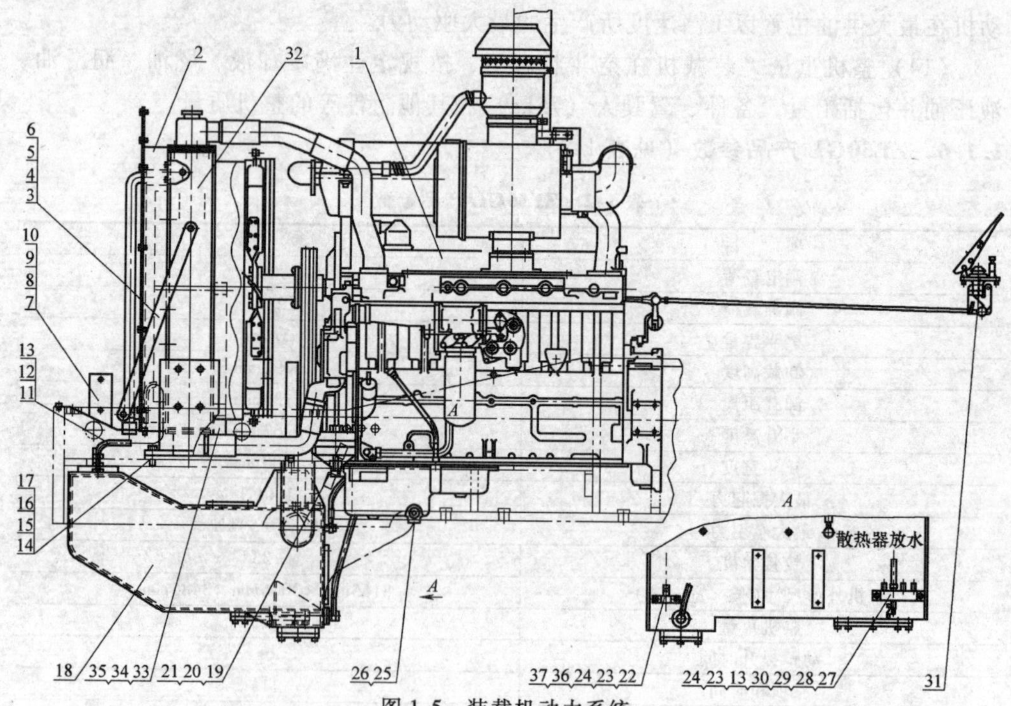

图 1-5 装载机动力系统

1—发动机总成 2—导风罩总成 3—散热器拉杆 4、8、15、19、23—螺栓
5、6、9、10、16、17、20、24、37—垫圈 7—封板合件 11—管夹 12、25、29—胶管
13—双钢丝喉箍 14—橡胶垫 18—燃油箱 21—螺母 22—接头 26—喉箍 27、30、33—接头
28—1/4 球阀 31—油门操纵 32—散热器总成 34、35—胶管总成 36—螺塞

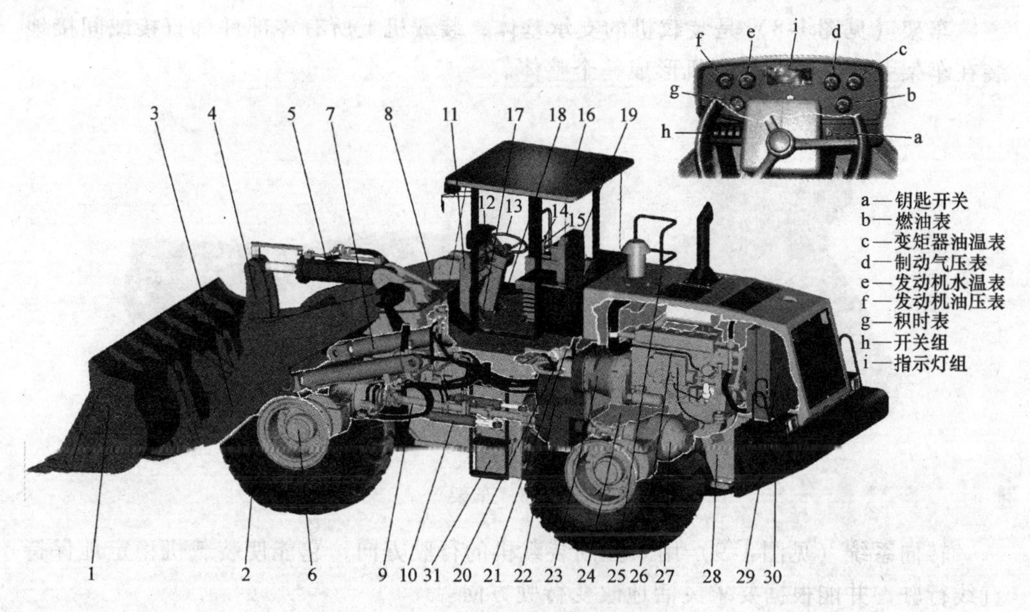

图 1-6 轮式装载机构造

1—铲斗 2—轮胎 3—动臂 4—摇臂 5—翻斗缸 6—前桥 7—动臂缸 8—前车架 9—前传动轴 10—转向液压缸 11—仪表盘 12—变速杆 13—转向盘 14—动臂缸操纵杆 15—翻斗缸操纵杆 16—驾驶室 17—制动踏板 18—加速踏板 19—座椅 20—转向泵 21—工作泵 22—变速器 23—变矩器 24—后传动轴 25—机罩 26—柴油机 27—后桥 28—后车架 29—散热器 30—配重 31—液压油箱

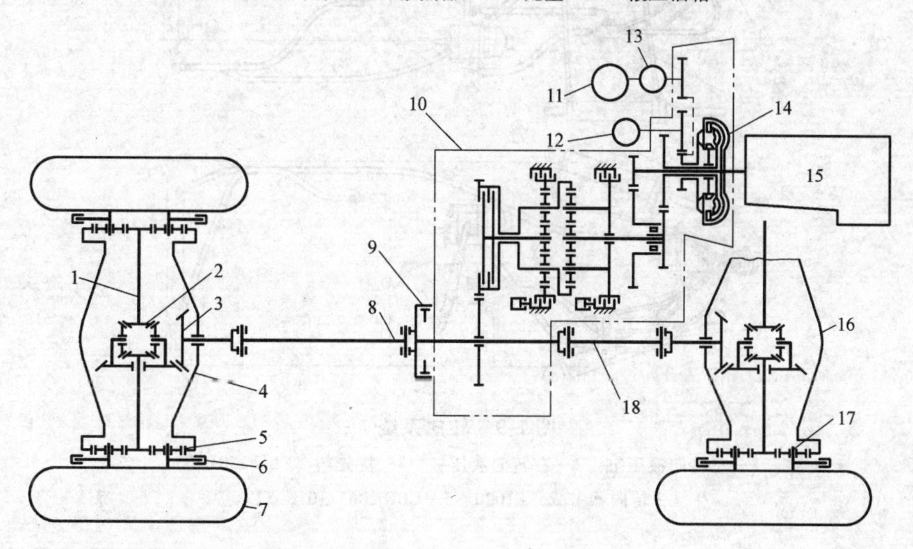

图 1-7 装载机传动系统

1—半轴 2—差速器 3—主传动器 4—前驱动桥 5—前轮边减速器 6—行车制动器 7—轮胎 8—前传动轴 9—驻车制动器 10—变速器 11—工作泵 12—转向泵 13—变速泵 14—变矩器 15—发动机 16—后驱动桥 17—后轮边减速器 18—后传动轴

车架（见图 1-8）是装载机的支承基体，装载机上所有零部件都直接或间接地装在车架上，使整台装载机形成一个整体。

图 1-8 车架

转向系统（见图 1-9）用来控制装载机的行驶方向，它能使装载机稳定地保持直线行驶，并能根据要求灵活地改变行驶方向。

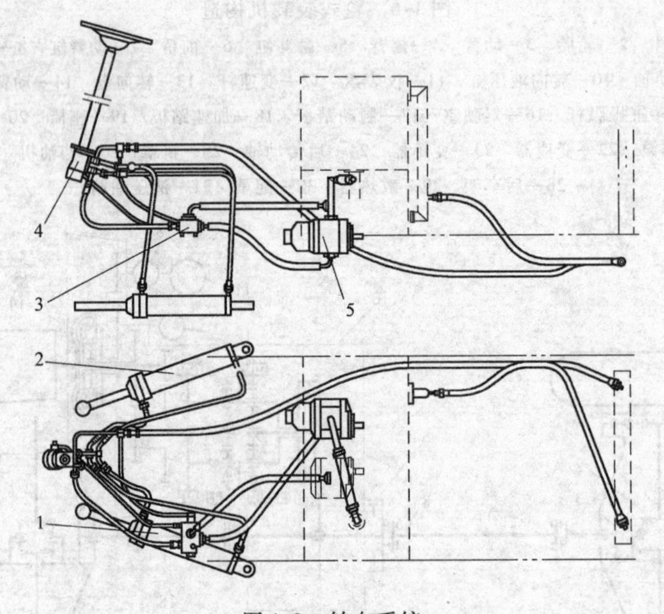

图 1-9 转向系统

1—左转向液压缸 2—右转向液压缸 3—优先阀 YXL-F250L-N7
4—转向器 BZZ5-E1000 5—CBGj2063/1016-XF

装载机制动系统（见图 1-10）用于行驶时的降速或停止，以及在平地或坡道上较长时间停车。其分为两部分，一部分是行车制动，另一部分是驻车制动。

工作装置（见图 1-11、图 1-12）由动臂、动臂液压缸、铲斗、铲斗液压缸、摇臂和拉杆等零部件组成。

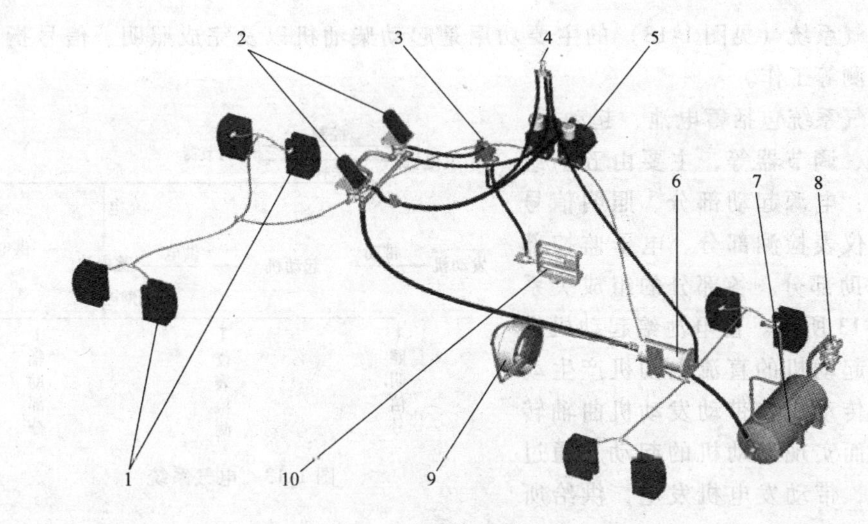

图 1-10　装载机制动系统

1—盘式制动器　2—制动踏板　3—截止阀　4—手控制动阀　5—加力缸　6—制动气缸　7—气罐　8—组合阀　9—驻车制动器　10—变速操纵阀

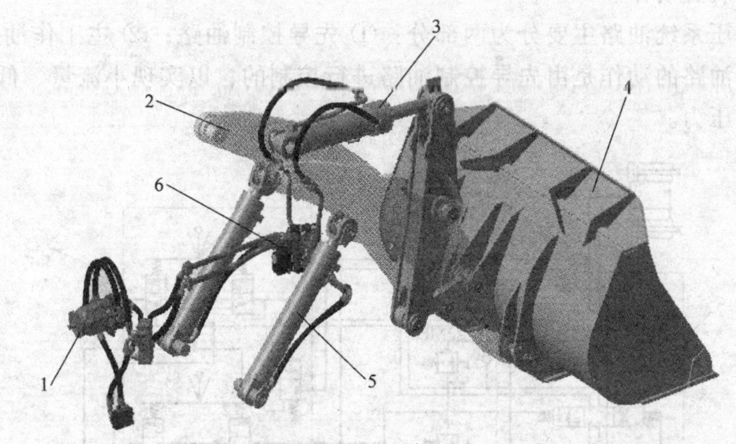

图 1-11　工作装置一

1—泵　2—动臂　3—铲斗液压缸　4—铲斗　5—动臂液压缸　6—阀

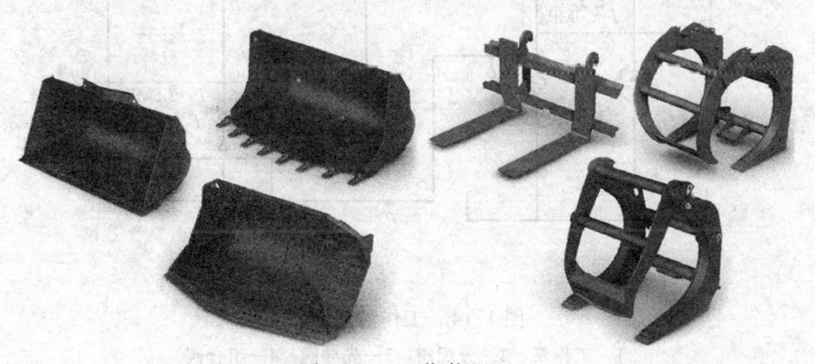

图 1-12　工作装置二

电气系统（见图1-13）的主要功用是起动柴油机以及完成照明、信号指示、仪表检测等工作。

电气系统包括蓄电池、起动机、发电机、调节器等，主要由五个组成部分：电源起动部分、照明信号部分、仪表检测部分、电子监控部分和辅助部分。各部分的组成关系如图1-13所示。蓄电池给起动机供电，由起动机的直流电动机产生动力，经传动机构带动发动机曲轴转动，从而实现发动机的起动。通过带传动，带动发电机发电，供给所有用电设备电能，并给蓄电池充电。调节器控制发电机输出稳定的电压。

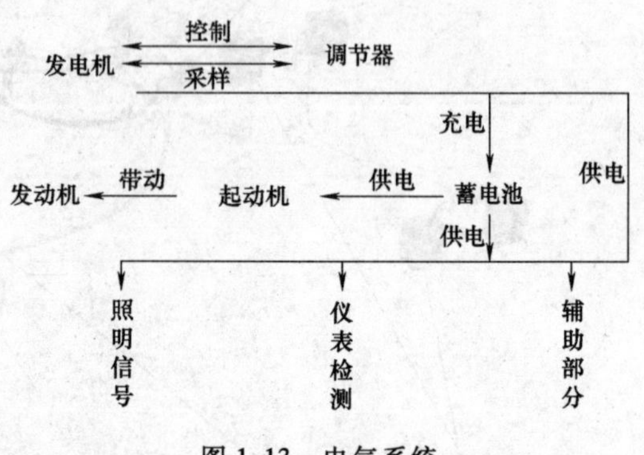

图1-13　电气系统

工作液压系统（见图1-14）是用于控制装载机工作装置中动臂和转斗以及其他附加工作装置动作。

工作液压系统油路主要分为两部分：① 先导控制油路；② 主工作油路。

主工作油路的动作是由先导控制油路进行控制的，以实现小流量、低压力控制大流量、高压力。

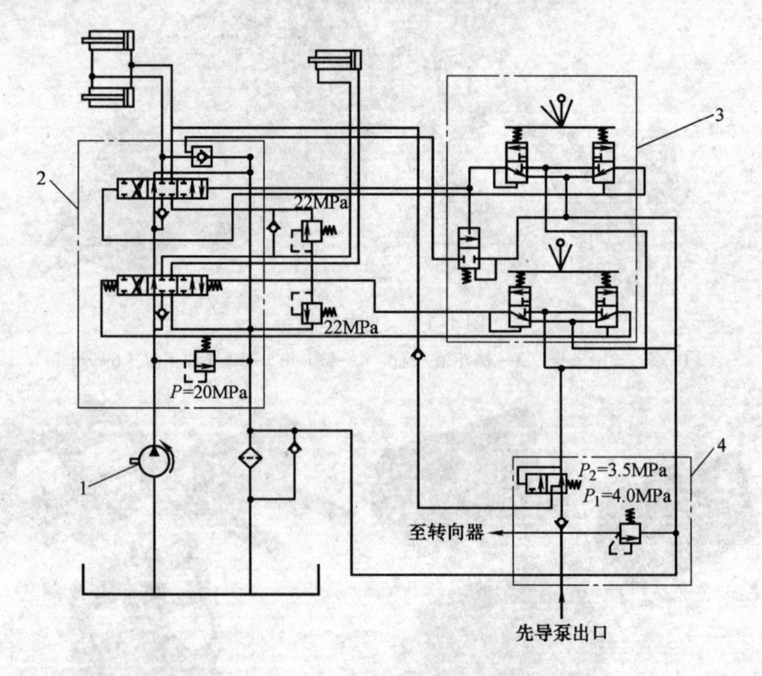

图1-14　工作液压系统

1—工作泵　2—分配阀　3—先导阀　4—组合阀

复习思考题

一、填空题

1. LW500K 型装载机 L 的含义是____________________，W 的含义是________________。

2. 装载机的工作装置一般由____________、____________、____________和____________等组成。

3. LW500F 型装载机采用____________式变速器，该变速器使用的油品是____________油。

4. LW500K 型装载机的前桥安装固定在____________上，后桥安装固定在____________上。

5. 通常所说的柴油机有三滤，是指____________、机滤和____________。

6. 徐工自制变速器现用在 3Y18/21、YL16、YZ18JC 等上，它们的三个功能是变速、____、____。

二、选择题

1. 当环境温度为 0℃时，装载机应选择使用什么标号的燃油？(　　)

A．10 号　　B. 0 号　　C. －10 号　　D. －20 号

2. 下面哪种型号装载机的变速泵是安装在变矩器上的？(　　)

A. LW300F　　B. LW500F　　C. LW500K　　D. ZL50G

3. 优先型流量放大阀是下面哪种型号装载机使用的元件？(　　)

A. LW300F　　B. LW300K　　C. LW500F　　D. ZL50G

4. 离合器的主要功能是（　　）。

A. 传递动力　　B. 切断动力　　C. 缓冲　　D. 以上都对

第2章

装载机动力系统

培训学习目标

了解发动机在装载机上所处的位置。

了解装载机动力系统的作用。

了解装载机动力系统各组成部分的名称。

掌握装载机动力系统各组成部分的功用。

2.1 柴油机基础知识

迄今为止除为数不多的电动汽车外，汽车发动机都是热能动力装置，或者简称热机。在热机中借助工质的状态变化将燃料燃烧产生的热能转变为机械能。热机有内燃机和外燃机两种。直接以燃料燃烧所生成的燃烧产物为工质的热机为内燃机，反之则为外燃机。内燃机包括活塞式内燃机和燃气轮机。外燃机则包括蒸汽机、汽轮机和热气机等。内燃机与外燃机相比，具有结构紧凑、体积小、质量轻和容易起动等许多优点。因此，内燃机尤其是往复活塞式内燃机被极其广泛地用作汽车动力。本教材主要介绍四冲程水冷六缸往复活塞式柴油机。

装载机的动力系统一般是指柴油机系统。这是由于柴油机（见图2-1）具有良好的经济性、有效热效率高、功率范围广、起动方便、加速性能好、有较宽的转速和负荷调节范围、可靠性高、寿命长、维修方便等优点。

2.1.1 柴油机的结构组成

柴油机一般由两大机构和四大系统组成。

1. 曲柄连杆机构和机体组件

曲柄连杆机构是柴油机最基本的运动部件和传力机构，它将活塞的往复直线运动转变为曲轴的旋转运动，并将作用在活塞上的燃气压力转变为转矩，通过曲轴向外输出。机体组件是柴油机的基础和骨架，几乎所有的运动部件和辅助系统都支承和安装在它的上面。

曲柄连杆机构主要包括活塞组、连杆组和曲轴飞轮组等运动组件。机体组件主

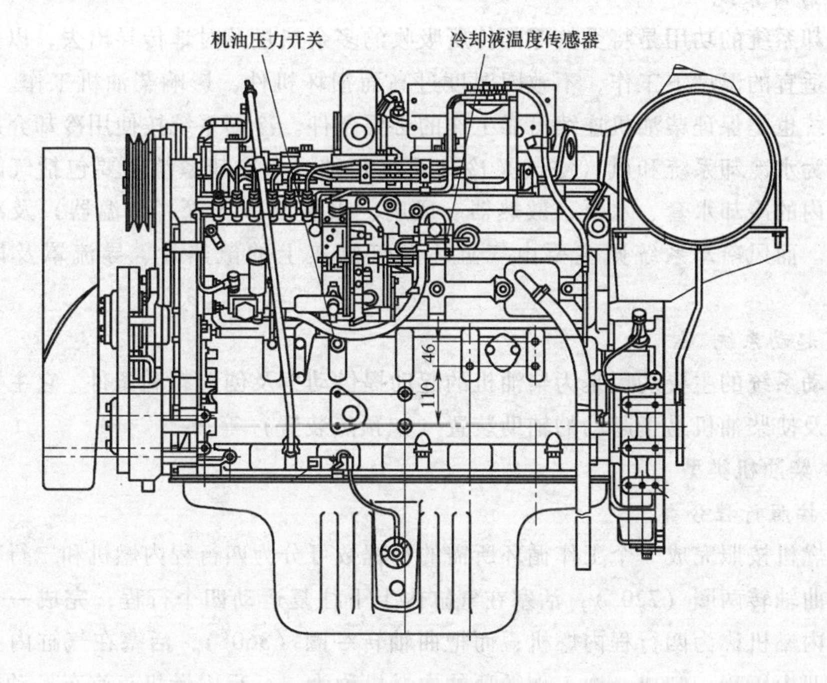

图2-1 柴油机

要包括气缸体、气缸盖、曲轴箱和油底壳等。

2. 配气机构

配气机构的功用是适时地开闭进、排气门，使新鲜空气进入气缸，使废气排出气缸。它主要包括气门组、传动组（包括挺柱、推杆、摇臂、摇臂轴、凸轮轴、正时齿轮）、空气滤清器、进排气管及消音器等。

3. 燃料供给系统

燃料供给系统的功用是根据工况需要，定时、定量、定压地向燃烧室内供给一定雾化质量的洁净柴油，并创造良好的燃烧条件，以满足燃烧过程的需要。燃料供给系统基本组成包括燃料供给装置、进气装置、排气装置。燃料供给系统主要包括燃油箱、输油管、输油泵、燃油滤清器、喷油泵、喷油器及调速装置等。

4. 润滑系统

润滑系统的任务是将机油送到柴油机各运动零部件的摩擦表面，减小零部件的摩擦和磨损，流动的机油可以带走摩擦表面产生的热量，并可清除摩擦表面上的磨屑等杂物。另外，机油还具有辅助密封及防锈等作用。因此，润滑系统是保证柴油机连续可靠工作、延长柴油机使用寿命的必要条件。润滑系统主要包括机油泵、机油集滤器、机油滤清器、机油散热器、润滑油道、调压阀、机油标尺及油底壳等。

5. 冷却系统

冷却系统的功用是将受热零部件所吸收的多余热量及时地传导出去，以保证柴油机在适宜的温度下工作，不致因温度过高而损坏机件，影响柴油机工作。因此，冷却系统也是保证柴油机连续可靠工作的必要条件。冷却系统按使用冷却介质的不同可分为水冷却系统和风（空气）冷却系统两种。水冷却系统主要包括气缸体及气缸盖内的冷却水套、水泵、散热器、风扇、水温调节装置（节温器）及冷却水管路等。而风冷却系统则主要由气缸体及气缸盖上的散热片、导流罩及风扇等组成。

6. 起动系统

起动系统的主要功用是为柴油机的起动提供动力及创造有利条件。它主要包括起动机及使柴油机易于起动的辅助装置（如预热装置）等。

2.1.2 柴油机类型

1. 按照行程分类

内燃机按照完成一个工作循环所需的行程数可分为四行程内燃机和二行程内燃机。把曲轴转两圈（720°），活塞在气缸内上下往复运动四个行程，完成一个工作循环的内燃机称为四行程内燃机；而把曲轴转一圈（360°），活塞在气缸内上下往复运动两个行程，完成一个工作循环的内燃机称为二行程内燃机。汽车发动机广泛使用四行程内燃机。

2. 按照冷却方式分类

内燃机按照冷却方式不同可以分为水冷发动机和风冷发动机。水冷发动机是利用在气缸体和气缸盖冷却水套中进行循环的冷却液作为冷却介质进行冷却的；而风冷发动机是利用流动于气缸体与气缸盖外表面散热片之间的空气作为冷却介质进行冷却的。水冷发动机冷却均匀，工作可靠，冷却效果好，被广泛地应用于现代车用发动机。

3. 按照气缸数目分类

内燃机按照气缸数目不同可以分为单缸发动机和多缸发动机。仅有一个气缸的发动机称为单缸发动机；有两个以上气缸的发动机称为多缸发动机。例如双缸、三缸、四缸、五缸、六缸、八缸、十二缸等都是多缸发动机。现代车用发动机多采用四缸、六缸、八缸发动机。

4. 按照气缸排列方式分类

内燃机按照气缸排列方式不同可以分为单列式和双列式。单列式发动机的各个气缸排成一列，一般是垂直布置的，但为了降低高度，有时也把气缸布置成倾斜的甚至水平的；双列式发动机把气缸排成两列，若两列之间的夹角 <180°（一般为90°），则称为V型发动机，若两列之间的夹角等于180°，则称为对置式发动机。

5. 按照进气系统是否采用增压方式分类

内燃机按照进气系统是否采用增压方式可以分为自然吸气（非增压）式发动机和强制进气（增压式）发动机。汽油机常采用自然吸气式；柴油机为了提高功率有采用增压式的。

6. 按照额定转速的不同分类

按额定转速的不同分为低速柴油机（600r/min 以下）、中速柴油机（600 ~ 1000r/min）、高速柴油机（1000r/min 以上）。

目前，装载机上广泛应用的是四冲程水冷直列六缸增压柴油发动机。

2.1.3　柴油机的基本名词定义（见图 2-2）

（1）上止点　活塞离曲轴回转中心最远处，通常指活塞上行到最高位置。

（2）下止点　活塞离曲轴回转中心最近处，通常指活塞下行到最低位置。

（3）活塞行程（S）　上、下两止点间的距离，曲轴每转半周相当于一个活塞行程。

（4）曲柄半径（R）　与连杆下端（即连杆大头）相连的曲柄销中心到曲轴回转中心的距离。曲轴每转一转，活塞移动两个行程，即 $S = 2R$。

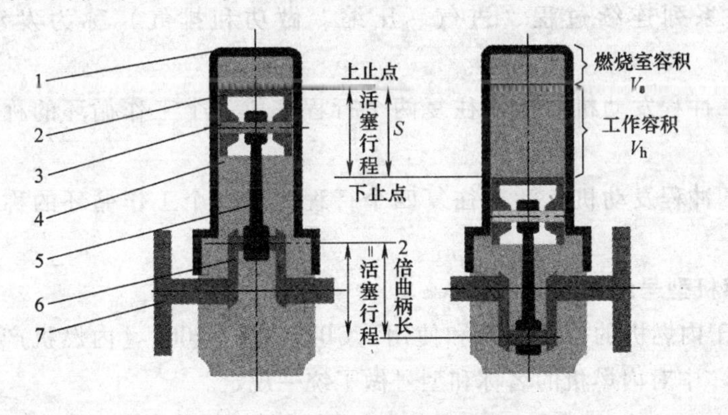

图 2-2　发动机单缸结构图

1—气缸盖　2—活塞　3—活塞销　4—气缸　5—连杆　6—曲轴　7—飞轮

（5）气缸工作容积（V_h）　活塞从上止点到下止点所让出的空间容积（单位为 L）。

$$V_h = \frac{\pi D^2}{4 \times 10^6} S$$

式中　D——气缸直径（mm）；

S——活塞行程（mm）。

（6）发动机排量（V_L）　发动机所有气缸工作容积之和（单位为 L）。设发动机的气缸数为 i，则

$$V_L = V_h i$$

（7）燃烧室容积（V_c） 活塞在上止点时，活塞上方的空间称为燃烧室，它的容积称为燃烧室容积（单位为L）。

（8）气缸总容积（V_a） 活塞在下止点时，活塞上方的容积称为气缸总容积（单位为L）。它等于气缸工作容积与燃烧室容积之和，即

$$V_a = V_h + V_c$$

（9）压缩比（ε） 气缸总容积与燃烧室容积的比值，即

$$\varepsilon = \frac{V_a}{V_c} = \frac{V_h + V_c}{V_c} = 1 + \frac{V_h}{V_c}$$

它表示活塞由下止点运动到上止点时，气缸内气体被压缩的程度。压缩比越大，压缩终了时气缸内的气体压力和温度就越高。一般车用汽油机的压缩比为6~10，柴油机的压缩比为15~22。

（10）发动机的工作循环 在气缸内进行的每一次将燃料燃烧的热能转化为机械能的一系列连续过程（进气、压缩、做功和排气）称为发动机的工作循环。

（11）二冲程发动机 活塞往复两个行程完成一个工作循环的称为二冲程发动机。

（12）四冲程发动机 活塞往复四个行程完成一个工作循环的称为四冲程发动机。

2.1.4 内燃机型号编制规则

为了便于内燃机的生产管理和使用，GB/T 725—2008《内燃机产品名称和型号编制规则》中对内燃机的名称和型号做了统一规定。

1. 内燃机的名称和型号

内燃机名称均按所使用的主要燃料命名，如汽油机、柴油机、煤气机等。内燃机型号由阿拉伯数字和汉语拼音字母组成，其由以下四部分组成。

首部：为产品系列符号和换代标志符号，由制造厂根据需要自选相应字母表示，但需主管部门核准。

中部：由缸数符号、行程符号、气缸排列形式符号和缸径符号等组成。

后部：结构特征和用途特征符号，以字母表示。

尾部：区分符号。同一系列产品因改进等原因需要区分时，由制造厂选用适当符号表示。

2. 内燃机型号的排列顺序及符号所代表的意义

内燃机型号的排列顺序及符号所代表的意义规定如下。

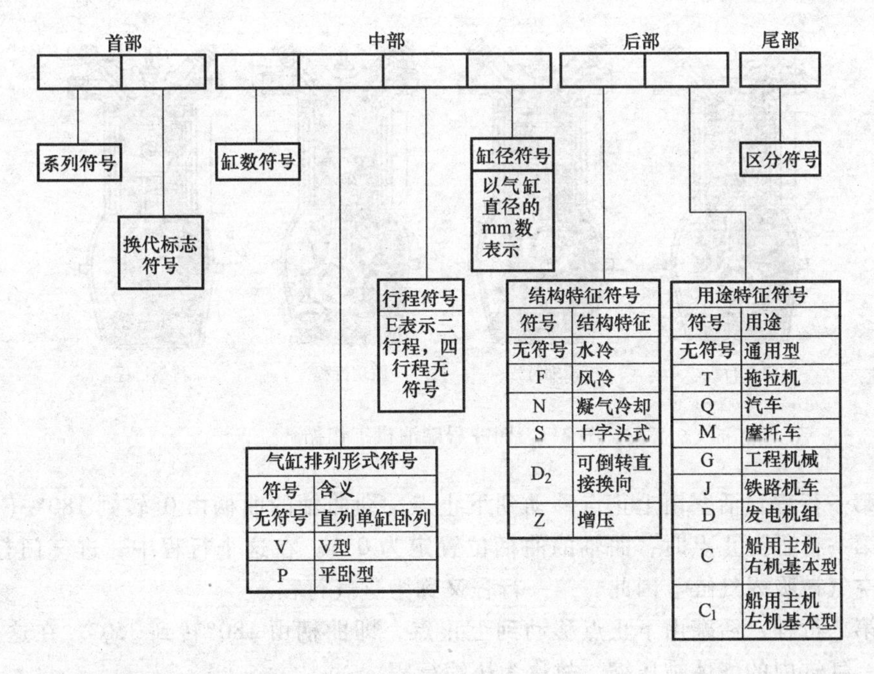

3. 型号编制举例

（1）汽油机

1E65F：表示单缸，二行程，缸径 65mm，风冷通用型。

4100Q：表示四缸，四行程，缸径 100mm，水冷车用。

4100Q-4：表示四缸，四行程，缸径 100mm，水冷车用，第四种变型产品。

CA6102：表示六缸，四行程，缸径 102mm，水冷通用型，CA 表示系列符号。

8V100：表示八缸，四行程，缸径 100mm，V 型，水冷通用型。

TJ376Q：表示三缸，四行程，缸径 76mm，水冷车用，TJ 表示系列符号。

CA488：表示四缸，四行程，缸径 88mm，水冷通用型，CA 表示系列符号。

（2）柴油机。

195：表示单缸，四行程，缸径 95mm，水冷通用型。

165F：表示单缸，四行程，缸径 65mm，风冷通用型。

495Q：表示四缸，四行程，缸径 95mm，水冷车用。

6135Q：表示六缸，四行程，缸径 135mm，水冷车用。

X4105：表示四缸，四行程，缸径 105mm，水冷通用型，X 表示系列代号。

2.2　柴油机工作原理与排列方式及工作循环

2.2.1　柴油机的工作原理

四冲程柴油机工作循环如图 2-3 所示。由进气行程、压缩行程、做功行程和排气行程组成一个工作循环。

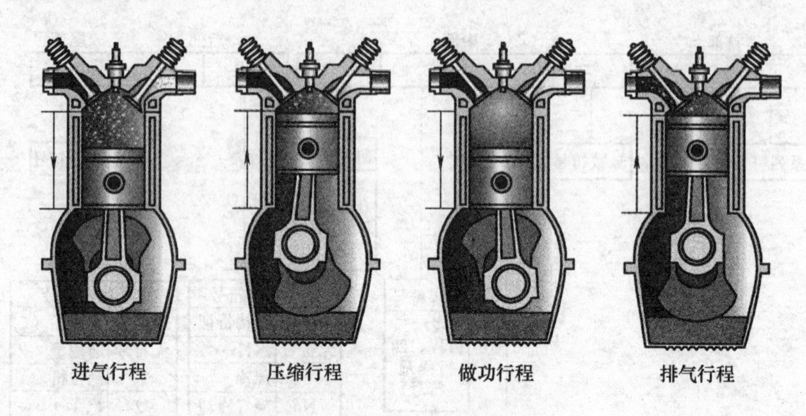

图 2-3　四冲程柴油机工作循环

第一行程：活塞由上止点移动到下止点，即曲轴的曲柄由 0°转到 180°（活塞位于第一行程上止点时，曲轴的曲柄位置定为 0°）。在这个行程中，进气门打开，新鲜空气被吸入气缸。因此，第一行程又称为进气行程。

第二行程：活塞由下止点移动到上止点，即曲柄由 180°转到 360°。在这个行程中，气缸内的气体被压缩，故称为压缩行程。

第三行程：活塞再由上止点移动到下止点，即曲柄由 360°转到 540°。在这个行程中燃气膨胀做功，所以又称为工作行程或做功行程。

第四行程：活塞再由下止点移动到上止点，即曲柄由 540°转到 720°。在这个行程中排气门打开，燃烧后的废气经排气门排出气缸，又称为排气行程。

四冲程柴油机由上述四个行程组成了一个工作循环，为了便于讲解，现对单缸四冲程柴油机（自然吸气式）的四个工作过程分别进行阐述。

（1）进气行程　进气行程（见图 2-4）是由进气门开始开启到进气门关闭为止的。为了获得较多的进气量，活塞到达上止点前，进气门就开始开启。当活塞到达上止点时，进气门和进气门座之间已有一定的通道面积。活塞由上止点下行不久，气缸内的压力很快低于大气压力，形成了真空，空气在大气压力作用下经空气滤清器、进气管道、进气门充入气缸。当活塞到达下止点时，空气还具有较大的流动惯性，继续向气缸内充气，为了充分利用气体流动的动量，使更多的空气充入气缸，进气门在下止点之后才关闭。

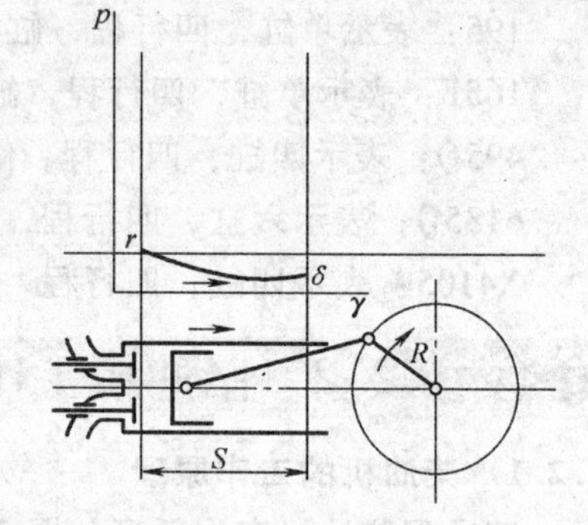

图 2-4　进气行程

在进气门关闭之前，由于气体流动惯性的作用使气缸内的气体压力有所回升，但由于气体流动的节流损失，气缸内的压力仍低于外界大气压力 P_a，进气终点压力 P_s 约为（0.8～0.95）P_a。

充入气缸的空气与燃烧室壁及活塞顶等高温机件的接触，以及与上一循环没有排净而留在气缸内残余废气的混合，使进气温度升高。进气终点温度 T_s 可达 30 ~ 65℃。

（2）压缩行程　图 2-5 所示为压缩行程。当进气行程终了时，活塞继续在曲轴的推动下越过下止点而向上止点移动。由于此时进气门和排气门都关闭，所以活塞上移时气缸容积逐渐减小，缸内空气逐渐被压缩，其压力和温度也随之逐渐升高，直至活塞到达上止点时，空气完全被压缩至燃烧室内，此时压力可达 2.94 ~ 4.9MPa，温度可达 680 ~ 730℃，这就为柴油喷入气缸后的着火燃烧和充分膨胀创造了必要条件。柴油的自燃温度约为 300℃，为保证柴油喷入气缸后能及时迅速燃烧和冷启动时可靠着火，其压缩终点温度应高出于柴油自燃温度的一倍左右。压缩终了的状态参数主要决定于空气的压缩程度，也就是压缩前活塞处于下止点时气缸中气体所占有的容积（即气缸总容积 V_t）与压缩后活塞处于上止点时气体所占有的容积（即燃烧室容积 V_c）之比，此比值称为压缩比，以符号 ε_c 表示

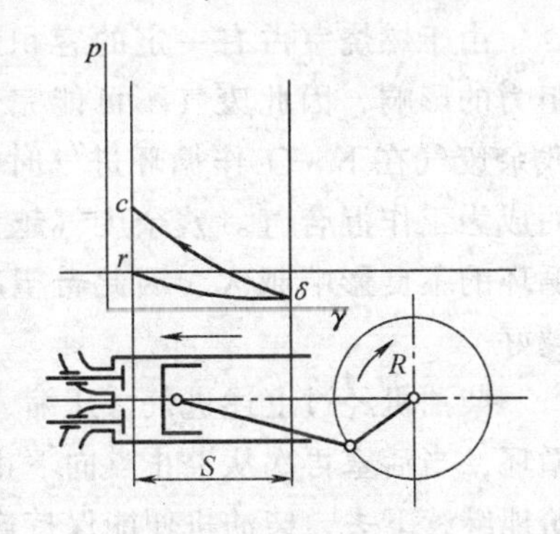

图 2-5　压缩行程

$$\varepsilon_c = V_a/V_c = 1 + V_h/V_c$$

（3）做功行程　图 2-6 所示为做功行程。在压缩行程接近终了，活塞到达上止点前的某一时刻，柴油开始（并经历一小段时间）从喷油器以高压喷入燃烧室而形成油雾状，并在高温压缩空气中迅速蒸发而混合成可燃混合气（这种在气缸内部形成可燃混合气的方式称为“内混合”），随后便自行着火燃烧放出大量热量，使气缸中的气体温度和压力急剧升高，最高温度可达 2000℃左右，最高爆发压力可达 5.88 ~ 8.83MPa（随燃烧室的结构形式不同而有所差异，增压及增压中冷柴油机此数值还要更高）。由于此时进气门和排气门是关闭着的，所以高温高压气体便膨胀而推动活塞内上止点迅速向下止点移动，并通过连杆的传递而迫使曲轴旋转对外输出动力。这样，热能便转化成了机械功。随着活塞的下移，气缸内的气体压力和温度也随之逐渐降低，待活塞接近下止点时，做功行程便告终了，此时缸内压力降到 0.29 ~ 0.39MPa，而温度降到 800 ~ 900℃。

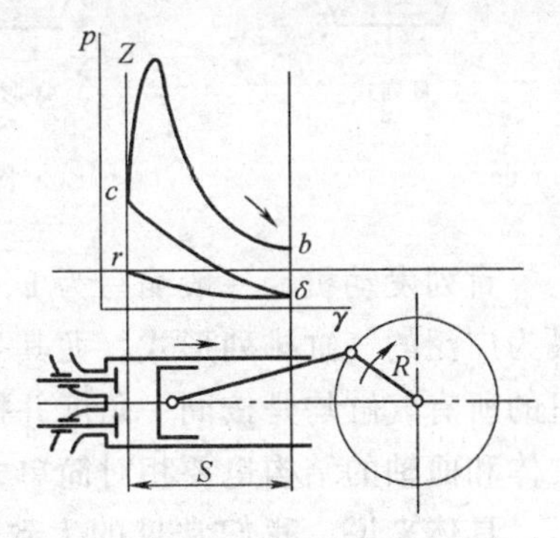

图 2-6　做功行程

（4）排气行程　图 2-7 所示为排气行程。做功行程终了，曲轴靠飞轮的转动惯性继续旋转，推动活塞越过下止点向上止点移动。这时排气门

开启，进气门仍关闭。由于膨胀后的废气压力仍高于外界大气压力，所以废气在此压差作用下，以及受活塞的排挤作用下，迅速从排气门排出。出于受到排气系统的阻力作用，因此排气终了时的缸内废气压力仍略高于大气压力，为 0.1～0.12MPa，温度为 300～700℃（在排气门附近）。

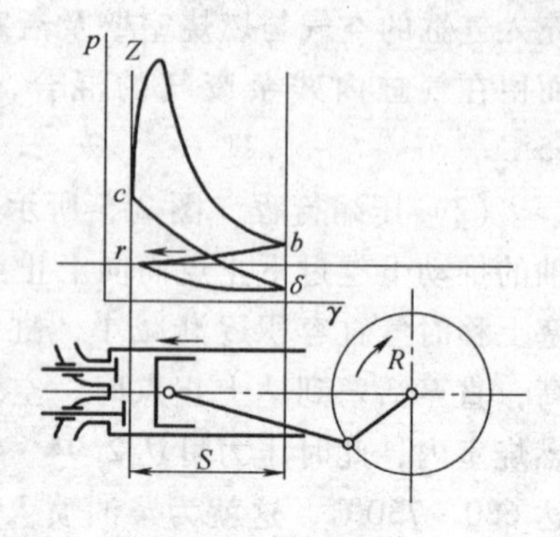

图 2-7　排气行程

由于燃烧室占有一定的容积，以及上述排气阻力的影响，因此废气不可能完全排出，留下的残余废气在下一工作循环进气时与新鲜空气混合而成为工作混合气。残余废气越多，对下一工作循环的不良影响越大，因此希望废气排得越干净越好。

柴油机经过上述进气、压缩、做功、排气四个连续行程后，便完成了一个工作循环，当活塞再次从上止点向下止点移动时，又将开始新的工作循环。如此周而复始地继续下去，柴油机便能保持连续运转而对外输出动力。

2.2.2　多缸四冲程柴油机的排列方式及工作循环

气缸排列形式（见图 2-8），顾名思义，是指多气缸内燃机各个气缸排布的形式，直白地说，就是一台发动机上气缸所排出的队列形式。目前主流发动机汽缸排列形式有：直列（L）和 V 形排列。其他非主流的汽缸排列方式有：W 形排列、水平对置发动机（H）、转子发动机（R）。

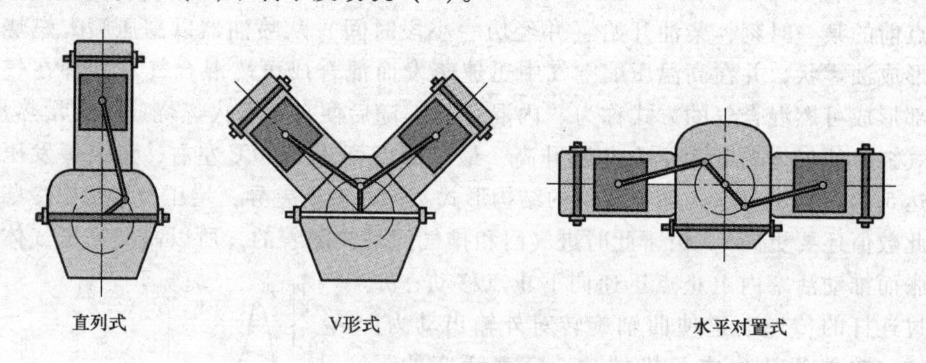

图 2-8　气缸排列形式

直列发动机，一般缩写为 L，比如 L4 就表示直列 4 缸。直列布局是如今使用最为广泛的气缸排列形式，尤其是在 2.5L 以下排量的发动机上。这种布局的发动机的所有气缸均是按同一角度并排成一个平面，并且只使用了一个气缸盖，同时其缸体和曲轴的结构也要相对简单，好比气缸们站成了一列纵队。

具体来说，我们常见的大致有 L3、L4、L5、L6 四款（数字代表气缸数量）。这种布局发动机的优势在于尺寸紧凑，稳定性高，低速转矩特性好并且燃料消耗也

较少，当然也意味着制造成本更低。同时，采用直列式气缸布局的发动机体积也比较紧凑，可以适应更灵活的布局，也方便于布置增压器类的装置。但其主要缺点在于发动机本身的功率较低，并不适合配备6缸以上的车型。

所谓V型发动机，简单地说，就是将所有气缸分成两组，把相邻气缸以一定夹角布置在一起（左右两列气缸中心线的夹角$\gamma<180°$），使两组气缸形成一个夹角的平面，从侧面看气缸呈V字形（通常的夹角为60°），故称V型发动机。

与上面介绍的直列布局形式相比，V型发动机缩短了机体的长度和高度，而更低的安装位置可以便于设计师设计出风阻系数更低的车身，同时得益于气缸对向布置，还可抵消一部分振动，使发动机运转更为平顺。例如一些追求舒适平顺驾乘感受的中高级车型，还是在坚持使用大排量V型发动机，而不使用技术更先进的“小排量直列型布局发动机+增压器”的动力组合。概括地说：可以这样理解，发动机气缸采用V型布局，在结构层面上克服了一些传统直列布局的劣势，但同样，精密的设计让制造工艺更复杂，同时由于机体的宽度较大，也不方便安装其他辅助装置。

在上面介绍气缸V型发动机的时候已经提过，V型布局形成的夹角通常为60°（左右两列气缸中心线的夹角$\gamma<180°$），而水平对置发动机的气缸夹角为180°。但是水平对置发动机的制造成本和工艺难度相当高，所以目前世界上只有保时捷和斯巴鲁两个厂商在使用。

水平对置发动机的最大优点是重心低。由于它的气缸为“平放”，不仅降低了汽车的重心，还能让车头设计得又扁又低，这些因素都能增强汽车的行驶稳定性。同时，水平对置的气缸布局是一种对称稳定结构，这使得发动机的运转平顺性比V型发动机更好，运行时的功率损耗也是最小的。当然更低的重心和均衡的分配也为车辆带来了更好的操控性。

那为什么其他厂家没有研发水平对置发动机呢？除了因为水平对置结构较为复杂外，还有如机油润滑等问题很难解决。横置的气缸因为重力的原因，会使机油流到底部，使一边气缸得不到充分的润滑。显然保时捷和斯巴鲁都很好地解决了众多技术难题，但高精度的制造要求也带来了更高的养护成本，并且由于机体较宽，因而并不利于布局。

四冲程柴油机每个工作循环中，只有燃烧膨胀行程才做功，而进气、压缩和排气三个辅助行程不但不做功，而且还消耗一部分功，用来压缩气体和克服进、排气时的阻力。因此，在柴油机运行时，由于各行程中有的获得能量而有的消耗能量，造成转速不均匀，有时加速有时减速。

柴油机运转不均匀，既达不到匀速运转的要求，又使各运动零件在工作过程中受到冲击，引起零件的严重磨损，有时会造成损坏。因此，提高运转的均匀性是柴油机结构上的一个重要问题。

提高柴油机运转均匀性，通常采用两种方法：①在曲轴上安装飞轮；②采用多缸结构形式。

飞轮是一个具有较大转动惯量的圆盘，安装在柴油机的曲轴后端。当柴油机在燃烧膨胀行程中气体压力通过活塞连杆推动曲轴时，也带动飞轮一起转动。此时飞轮将获得的一部分能量“储存”起来。当柴油机运转到其他三个辅助行程时，飞轮便放出所“储存”的能量，使曲轴仍然保持原有的转速，从而大大提高柴油机运转的均匀性。因此，单缸柴油机上必须安装一个尺寸与质量相当大的飞轮，以保证它的正常运转。

由于生产发展的需要，对柴油机功率的增加提出了新的要求，于是就出现了多缸柴油机。多缸柴油机具有两个和两个以上的气缸，各缸的活塞连杆机构都连接在同一根曲轴上。一般常用的多缸柴油机有直列 2、4、6 缸和 V 型 6、8、12 缸等机型，大型船用柴油机还有 16 缸或更多缸的机型。

在多缸柴油机中，对每个气缸来讲，它是按照前述的单缸柴油机的工作过程进行工作的。但在同一时刻每缸所进行的工作过程却不相同。它们是根据气缸数目和曲柄排列方式的不同、按照一定的着火顺序而工作的。为了保证柴油机运转均匀性和平衡性的要求，对四冲程柴油机，曲轴转动两转（即 720°）内，每个气缸都必须完成一个循环。因此，各缸应相隔一定的转角而均匀地着火。若多缸柴油机有 i 个气缸，则着火间隔角应为

$$\theta = 720/i \tag{2-1}$$

1. 四缸柴油机的着火顺序

由式（2-1）可知：四缸柴油机的着火间隔角为 180°。各缸的着火顺序可为 1-3-4-2，即表示第 1 缸着火以后，依次以第 3、4、2 缸的顺序相继着火。

图 2-9 所示为四缸柴油机曲轴布置图，四缸柴油机的曲轴由四个曲拐构成，各曲拐平面之间的相互夹角为 180°。若第 1、4 缸内的活塞运行到上止点位置时，第一缸进行做功行程，则第四缸进行吸气行程，而第三缸和第二缸分别开始进行压缩行程和排气行程。在曲轴转过 180°后，则第二缸和第三缸的活塞处于上止点位置，第三缸开始进入做功行程，第二缸为进气行程。此时一、四缸分别为排气和压缩行程。如此循环，使四个气缸每隔 180°曲轴转角，交替进入做功行程推动活塞运动。4135 型和 4125 型柴油机即按此着火顺序工作。根据四缸柴油机曲拐排列的特点，也可按 1-2-4-3 的着火顺序工作。着火顺序为 1-3-4-2 的四缸柴油机工作状态见表 2-1。着火顺序为 1-2-4-3 的四缸柴油机工作状态见表 2-2。

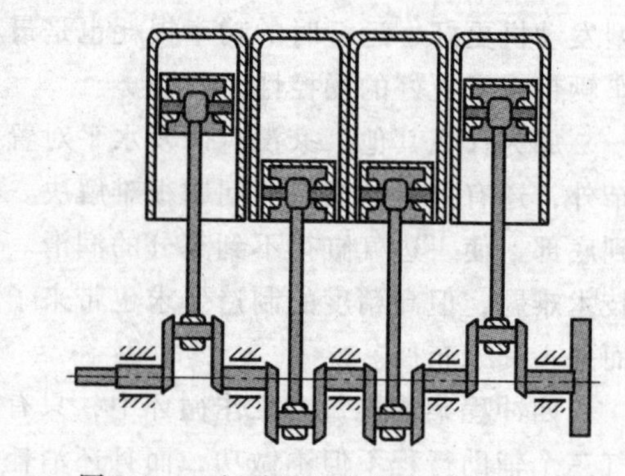
图 2-9　四缸柴油机曲轴布置图

表2-1 四缸柴油机工作状态（着火顺序：1-3-4-2）

曲轴转角/°	第一缸	第二缸	第三缸	第四缸
0~180	做功	排气	压缩	进气
180~360	排气	进气	做功	压缩
360~540	进气	压缩	排气	做功
540~720	压缩	做功	进气	排气

表2-2 四缸柴油机工作状态（着火顺序：1-2-4-3）

曲轴转角/°	第一缸	第二缸	第三缸	第四缸
0~180	做功	压缩	排气	进气
180~360	排气	做功	进气	压缩
360~540	进气	排气	压缩	做功
540~720	压缩	进气	做功	排气

2. 六缸柴油机的着火顺序

根据式（2-1），对于六缸柴油机的着火间隔角应为120°曲轴转角（见图2-10），各曲拐平面之间的相互夹角也为120°，各缸着火顺序一般为1-5-3-6-2-4（如6135型柴油机等）。这种着火顺序既能保证柴油机有较好的运转均匀性和平衡性，又不使相邻网气缸连续着火，对曲轴主轴承的工作有利。由表2-3可见六缸柴油机的运转均匀性比四缸柴油机更好。因此，六缸柴油机的结构布置是最为常见的柴油机布置方式之一。

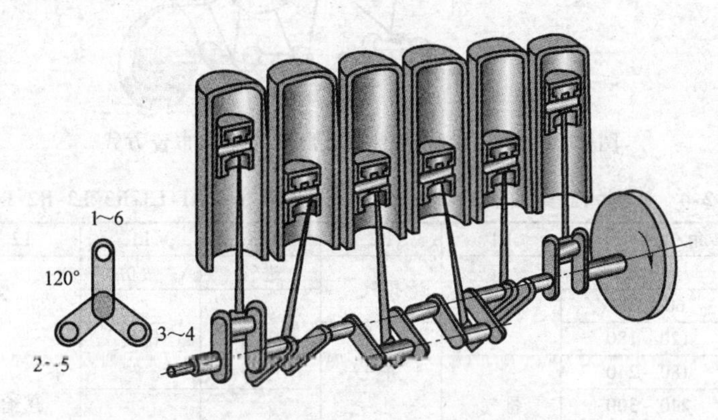

图2-10 六缸柴油机的曲拐布置

3. V型六缸柴油机着火顺序

V型六缸柴油机最常见的曲拐布置方式如图2-11所示。其着火间隔角仍为120°，3个曲拐互成120°夹角。着火顺序是R1-L3-R3-L2-R2-L1。面对柴油机的冷却风扇，右列气缸用R表示，由前向后气缸号分别为R1、R2、R3；左列气缸用L表示，气缸号分别为L1、L2和L3。V型六缸柴油机的着火顺序见表2-4。

表 2-3　六缸柴油机工作状态（着火顺序：1-5-3-6-2-4）

<table>
<tr><th colspan="2">曲轴转角/°</th><th>第一缸</th><th>第二缸</th><th>第三缸</th><th>第四缸</th><th>第五缸</th><th>第六缸</th></tr>
<tr><td rowspan="3">0～180</td><td>0～60</td><td rowspan="3">做功</td><td rowspan="2">排气</td><td>进气</td><td>做功</td><td rowspan="2">压缩</td><td rowspan="3">进气</td></tr>
<tr><td>60～120</td><td rowspan="3">压缩</td><td rowspan="3">排气</td></tr>
<tr><td>120～180</td><td rowspan="3">进气</td><td rowspan="3">做功</td></tr>
<tr><td rowspan="3">180～360</td><td>180～240</td><td rowspan="3">排气</td><td rowspan="3">压缩</td></tr>
<tr><td>240～300</td><td rowspan="3">做功</td><td rowspan="3">进气</td></tr>
<tr><td>300～360</td><td rowspan="3">压缩</td><td rowspan="3">排气</td></tr>
<tr><td rowspan="3">360～540</td><td>360～420</td><td rowspan="3">进气</td><td rowspan="3">做功</td></tr>
<tr><td>420～480</td><td rowspan="3">排气</td><td rowspan="3">压缩</td></tr>
<tr><td>480～540</td><td rowspan="3">做功</td><td rowspan="3">进气</td></tr>
<tr><td rowspan="3">540～720</td><td>540～600</td><td rowspan="3">压缩</td><td rowspan="3">排气</td></tr>
<tr><td>600～660</td><td rowspan="2">进气</td><td rowspan="2">做功</td></tr>
<tr><td>660～720</td><td>排气</td><td>压缩</td></tr>
</table>

如果 V 型夹角的布置不是 120°，而是 90°或 60°或者曲拐的布置也不是互成 120°时，其着火间隔角度就不会是均匀的 120°，因此，柴油机的着火间隔角度将与曲拐的布置和 V 型角度有关。

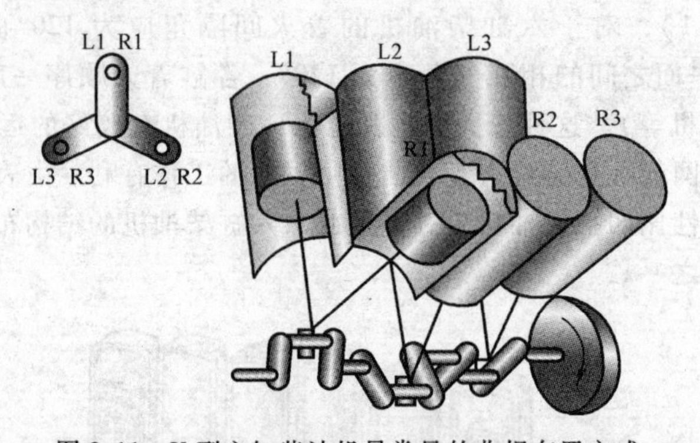

图 2-11　V 型六缸柴油机最常见的曲拐布置方式

表 2-4　V 型六缸柴油机的着火顺序（着火顺序：R1-L3-R3-L2-R2-L1）

<table>
<tr><th colspan="2">曲轴转角/°</th><th>R1</th><th>R2</th><th>R3</th><th>L1</th><th>L2</th><th>L3</th></tr>
<tr><td rowspan="3">0～180</td><td>0～60</td><td rowspan="3">做功</td><td rowspan="2">排气</td><td>进气</td><td>做功</td><td rowspan="3">进气</td><td rowspan="2">压缩</td></tr>
<tr><td>60～120</td><td rowspan="3">压缩</td><td rowspan="3">排气</td></tr>
<tr><td>120～180</td><td rowspan="3">进气</td><td rowspan="3">做功</td></tr>
<tr><td rowspan="3">180～360</td><td>180～240</td><td rowspan="3">排气</td><td rowspan="3">压缩</td></tr>
<tr><td>240～300</td><td rowspan="3">做功</td><td rowspan="3">进气</td></tr>
<tr><td>300～360</td><td rowspan="3">压缩</td><td rowspan="3">排气</td></tr>
<tr><td rowspan="3">360～540</td><td>360～420</td><td rowspan="3">进气</td><td rowspan="3">做功</td></tr>
<tr><td>420～480</td><td rowspan="3">排气</td><td rowspan="3">压缩</td></tr>
<tr><td>480～540</td><td rowspan="3">做功</td><td rowspan="3">进气</td></tr>
<tr><td rowspan="3">540～720</td><td>540～600</td><td rowspan="3">压缩</td><td rowspan="3">排气</td></tr>
<tr><td>600～660</td><td rowspan="2">进气</td><td rowspan="2">做功</td></tr>
<tr><td>660～720</td><td>排气</td><td>压缩</td></tr>
</table>

如果柴油机的 V 型夹角不是 120°，则左右排缸的着火间隔时间（角度）是一样的。

复习思考题

一、填空题

1. 往复活塞式点燃发动机一般由______、______、______、______、______、______和______组成。

2. 四冲程发动机曲轴转两周，活塞在气缸里往复行程____次，进、排气门各开闭____次，气缸里热能转化为机械能____次。

3. 二冲程发动机曲轴转____周，活塞在气缸里往复行程____次，完成____工作循环。

4. 发动机的动力性指标主要有______、______等；经济性指标主要是______。

5. 发动机的有效功率与指示功率之比称为______。

6. 汽车用活塞式内燃机每一次将热能转化为机械能，都必须经过____、____、______和______这样一系列连续工程，这称为发动机的一个______。

二、选择题

1. 发动机的有效转矩与曲轴角速度的乘积称为（　　）。

A. 指示功率　　B. 有效功率　　C. 最大转矩　　D. 最大功率

2. 发动机在某一转速发出的功率与同一转速下所可能发出的最大功率之比称为（　　）。

A. 发动机工况　　B. 有效功率　　C. 工作效率　　D. 发动机负荷

3. 燃油消耗率最低的负荷是（　　）。

A. 发动机怠速时　　B. 发动机大负荷时

C. 发动机中等负荷时　　D. 发动机小负荷时

4. 汽车耗油量最少的行驶速度是（　　）。

A. 低速　　B. 中速　　C. 全速　　D. 超速

5. 汽车发动机的标定功率是指（　　）。

A. 15min 功率　　B. 1h 功率　　C. 12h 功率　　D. 持续功率

6. 在测功机上测量发动机功率，能直接测量到的是（　　）。

A. 功率　　B. 功率和转速　　C. 转矩和转速　　D. 负荷

第 3 章

装载机传动系统

培训学习目标

了解动力换档变速器、变矩器、驱动桥在装载机上所处的位置。

了解动力换档变速器、变矩器、驱动桥的作用。

了解动力换档变速器、变矩器、驱动桥各组成部分的名称。

了解动力换档变速器、变矩器、驱动桥的工作原理。

轮式装载机动力系统与轮胎之间的传动部件称为传动系统，主要由动力换档变速器、变矩器、前后驱动桥、前后传动轴等组成。传动系统具有降低转速、增大扭矩，实现装载机前进、后退等档位变换，中断动力传输，使左右车轮差速行驶的作用。

3.1 动力换档变速器

变速器按换档方式可分为人力换档和动力换档两种。人力换档变速器进行换档时必须分离主离合器，切断来自发动机的动力后换档。动力换档变速器是采用离合器将变速器中的某两个换档元件（多片湿式离合器）结合，或者采用制动器将某一换档元件制动实现换档，换档时不需切断动力。

动力换档变速器又可分为行星式和定轴式两种。行星式动力换档变速器中有许多行星排，换档动作主要靠制动器制动各行星排的齿圈来实现。定轴式动力换档变速器是将变速器的换档齿轮用离合器与其轴连接起来，通过离合器的分离、接合实现换档。

3.1.1 2BS315A 行星式动力换档变速器

2BS315A 行星式动力换档变速器总成用于 4t、5t 级装载机传动系统。它由变矩器、动力换档机械变速器两大部分组成。其中变矩器采用单级、二相、四元件双涡轮结构；变速器采用液力动力换档行星结构，可实现二前一倒一空四个档位，具有结构简单紧凑、刚性大、传动效率高，操作简便可靠，齿轮及摩擦片离合器寿命长等优点。2BS315A 中“2”表示两个前进档位的行星式动力换档变速器；“B”表示变速器；“S”表示手动操控；“315”表示变矩器循环圆直径；“A”表示第一次变型代号。图 3-1 所示为 2BS315A 行星式动力换档变速器总成结构。

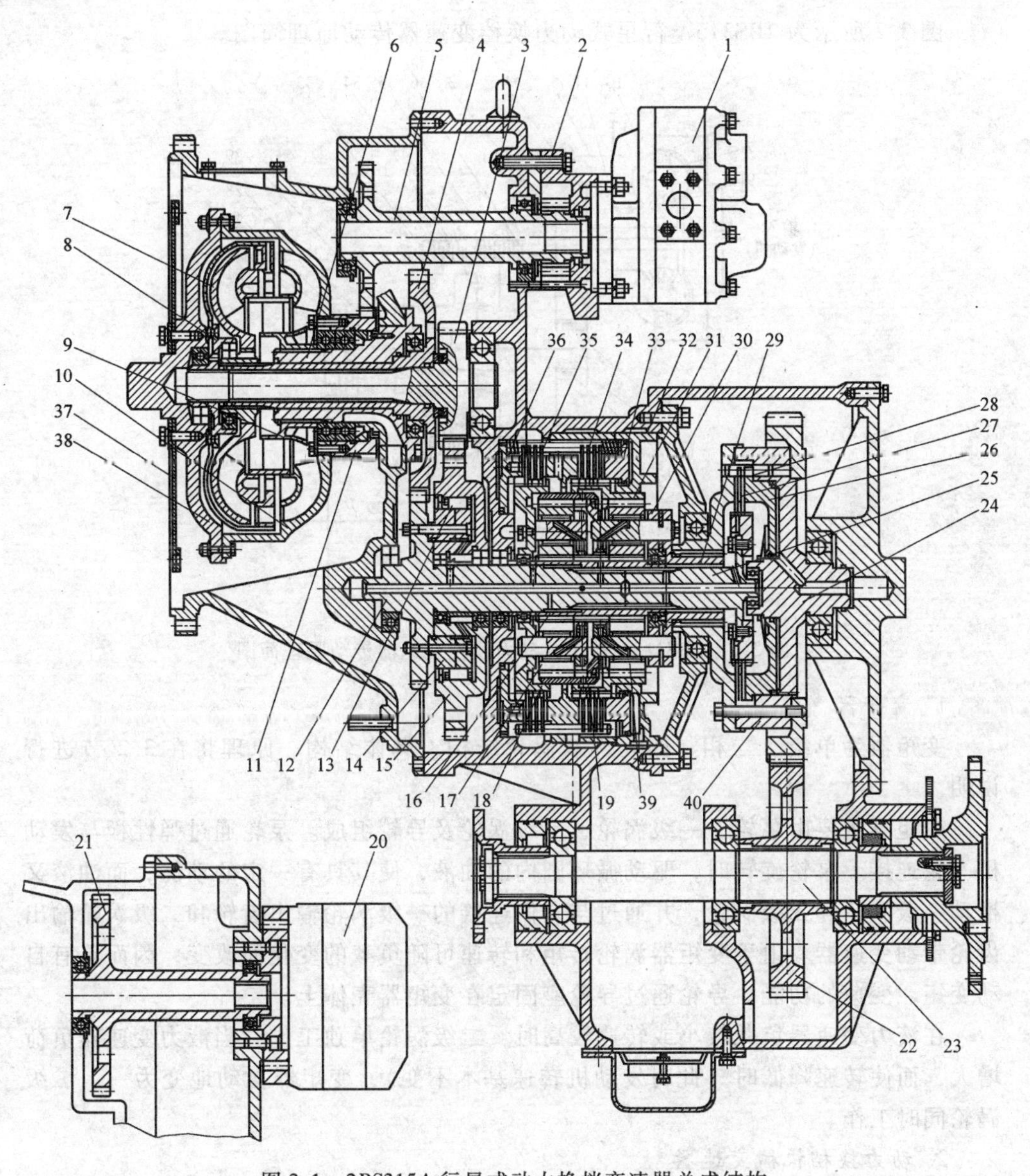

图 3-1 2BS315A 行星式动力换档变速器总成结构

1—工作液压泵 2—变速液压泵 3—一级涡轮输出齿轮 4—二级涡轮输出齿轮 5—工作泵轴齿轮 6—导轮座 7—二级涡轮 8—一级涡轮 9—导轮 10—泵轮 11—分动齿轮 12—中间输入轴 13—超越离合器滚柱 14—超越离合器内环凸轮 15—超越离合器外环齿轮 16—太阳轮 17—倒档行星轮 18—倒档行星架 19—倒档内齿圈 20—转向液压泵 21—转向泵轴齿轮 22—输出轴齿轮 23—输出轴 24—直接档输出齿轮 25—直接档轴 26—直接档活塞 27—Ⅱ档摩擦片 28—直接档受压盘 29—直接档连接盘 30—Ⅰ档行星架 31—Ⅰ档内齿圈 32—Ⅰ档液压缸 33—Ⅰ档活塞 34—Ⅰ档摩擦片 35—倒档摩擦片 36—倒档活塞 37—弹性板 38—罩轮 39—Ⅰ档行星轮 40—直接档液压缸

图 3-2 所示为 2BS315A 行星式动力换档变速器传动原理简图。

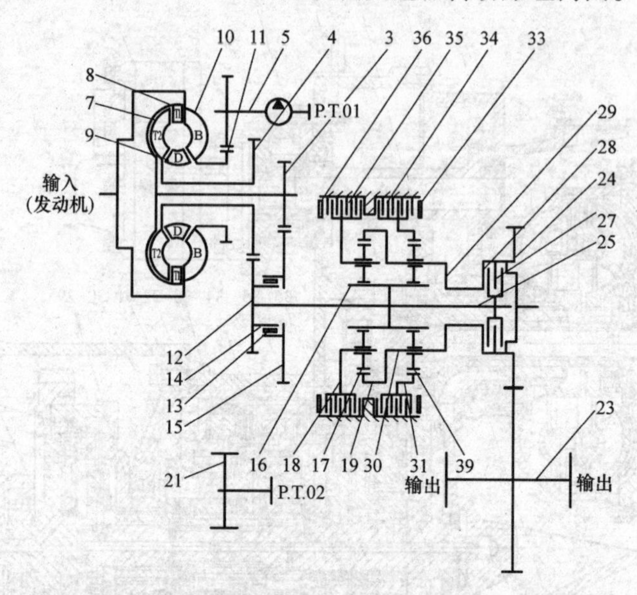

图 3-2　2BS315A 行星式动力换档变速器传动原理简图

1. 变矩器

变矩器为单级、二相、四元件双涡轮结构，具体结构、原理将在 3.2 节进行说明。

变矩器主要由泵轮、一级涡轮、二级涡轮及导轮组成。泵轮通过弹性板与发动机飞轮连接。泵轮旋转时，驱动循环圆内的油液，使其具有一定的动能，而油液又推动一级涡轮和二级涡轮，并通过与它们连接的一级涡轮输出齿轮和二级涡轮输出齿轮带动变速器。由于变矩器涡轮转矩和转速可随负载的变化而改变，因而具有自动变矩、变速的功能。导轮通过导轮座固定在变矩器壳体上。

在液力变速器负载较小或转速较高时，二级涡轮单独工作；当液力变速器负荷增大，而使转速降低时（此时发动机转速基本不变），变矩器自动地变为一、二级涡轮同时工作。

2. 动力换档机械变速器

变矩器二级涡轮的动力经二级涡轮输出齿轮传至中间输入轴，一级涡轮的动力传至一级涡轮输出齿轮，再传至超越离合器外环齿轮。当外负荷较小时，因变速器中间输入轴比超越离合器外环齿轮的转速高，使超越离合器滚柱空转。此时二级涡轮单独工作。

当外负荷增加时，迫使中间输入轴转速逐渐下降，如中间输入轴的转速小于超越离合器外环齿轮转速时，滚柱被楔紧，由一级涡轮传来的动力经滚柱传至超越离合器内环凸轮，由于超越离合器内环凸轮与中间输入轴为螺栓连接，故此时一级涡轮与二级涡轮同时工作。机械变速器有两个前进档，一个倒退档，现分别介绍

如下。

(1) 前进Ⅰ档　当变速阀杆处于Ⅰ档位置时，液压油经变速阀进入Ⅰ档液压缸，使Ⅰ档活塞左移，Ⅰ档磨擦片接合，Ⅰ档内齿圈被制动，动力从中间输入轴经太阳轮传至Ⅰ档行星轮。由于Ⅰ档内齿圈被制动，Ⅰ档行星架转动，通过直接档连接盘再传到直接档受压盘，经直接档输出齿轮传至输出轴齿轮作为Ⅰ档动力输出。前进Ⅰ档传动路线如图3-3所示。

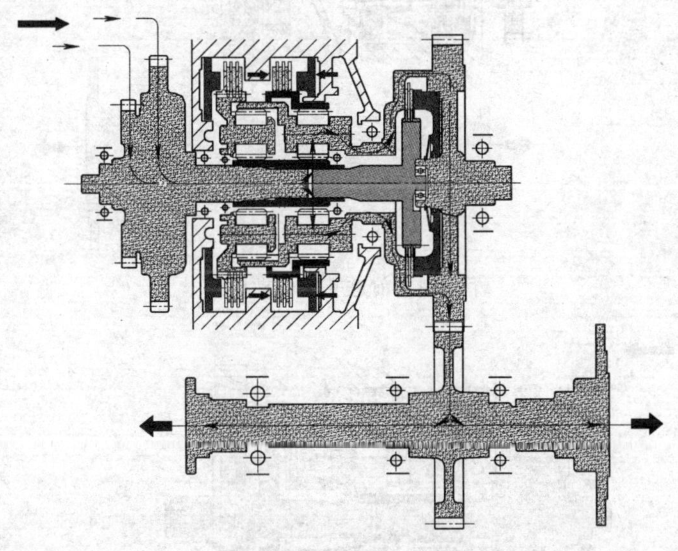

图3-3　前进Ⅰ档传动路线

Ⅰ档传动路线：中间输入轴→太阳轮→Ⅰ档行星架→直接档受压盘→直接档输出齿轮→输出轴齿轮→输出轴。

(2) 前进Ⅱ档　当变速阀杆处于Ⅱ档位置时，液压油经变速阀进入Ⅱ档液压缸，使直接档活塞左移，Ⅱ档磨擦片接合，动力从中间输入轴经太阳轮传至直接档轴，由于Ⅱ档磨擦片的接合，动力传至直接档受压盘，经直接档输出齿轮传至输出轴齿轮作为Ⅱ档动力输出。前进Ⅱ档传动路线如图3-4所示。

Ⅱ档传动路线：中间输入轴→太阳轮→直接档轴→直接档摩擦片→直接档输出齿轮→输出轴齿轮→输出轴。

(3) 倒退档　当变速阀杆处于倒档位置时，液压油经变速阀进入倒档液压缸，使倒档活塞右移，倒档磨擦片接合，倒档行星架被制动。动力从中间输入轴经太阳轮传至倒档行星轮，由于倒档行星架被制动，动力即由倒档内齿圈换向传给Ⅰ档行星架，通过直接档连接盘再传到直接档受压盘，经直接档输出齿轮传至输出轴齿轮作为倒档动力输出。倒档传动路线如图3-5所示。

倒档传动路线：中间输入轴→太阳轮→倒档内齿圈→Ⅰ档行星架→直接档受压盘→直接档输出齿轮→输出轴齿轮→输出轴。

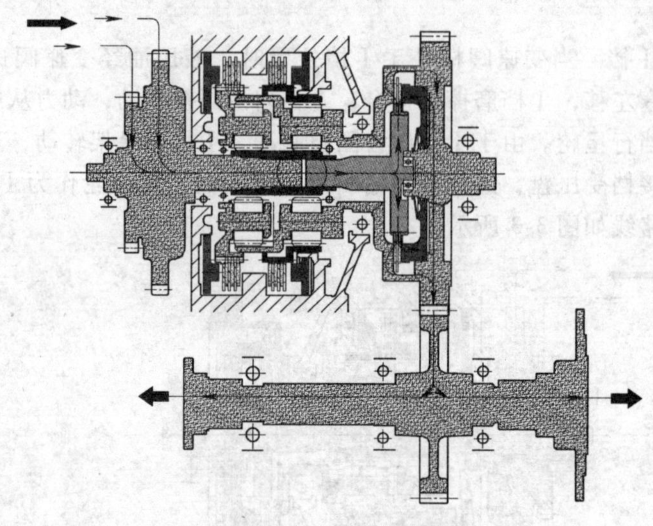

图 3-4　前进Ⅱ档传动路线

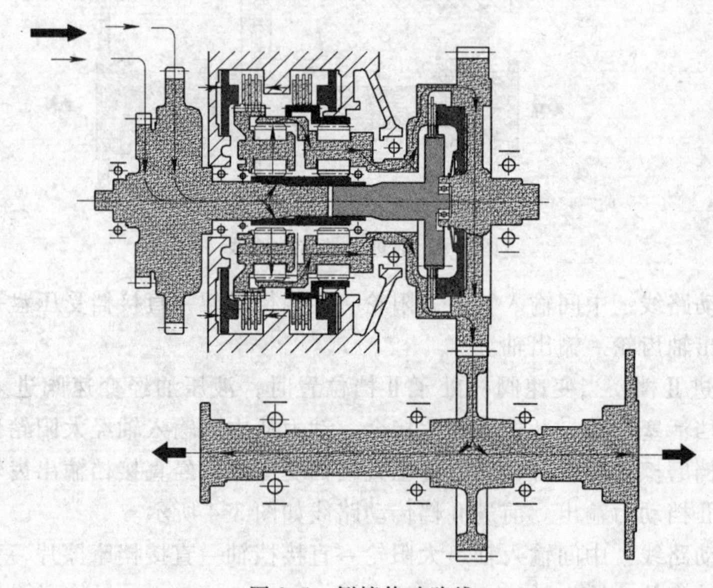

图 3-5　倒档传动路线

3. 液压系统

变速器带有三个液压泵，由于泵轮与分动齿轮相连，分动齿轮又与工作泵轴齿轮、转向泵轴齿轮相啮合。工作液压泵和变速液压泵由工作泵轴齿轮带动，转向液压泵则由转向泵轴齿轮带动。转向液压泵和工作液压泵分别向整机转向和工作系统供油，变矩器及变速操纵阀由变速液压泵提供。液压系统原理如图 3-6 所示。

变速器油底壳工作油由变速液压泵吸入，经管路滤清器（装有旁通阀，当滤清器堵塞时，油经旁通阀流出，旁通阀的压力为 0.08 ~ 0.098 MPa）进入变速操纵

阀中的减压阀，液压油从减压阀杆的小孔流至减压阀杆的左端，将阀杆右推，液压油分两路，一路经变矩器减压阀进入变矩器，另一路通过离合器切断阀进入换向阀。

由于人为操纵变速阀杆而使液压油进入不同的离合器，活塞缸完成不同档位的工作，与此同时液压油经节流小孔进入减压阀蓄能器柱塞右侧，使减压阀蓄能器柱塞左移，以达稳定的操纵控制油压（1.1~1.5MPa）。制动时气压进入离合器切断阀将气阀杆左移，使液压油从回油孔回到油箱，活塞缸内液压油也因油路接通油箱而使离合器脱开，变速器自动处于空档状态。

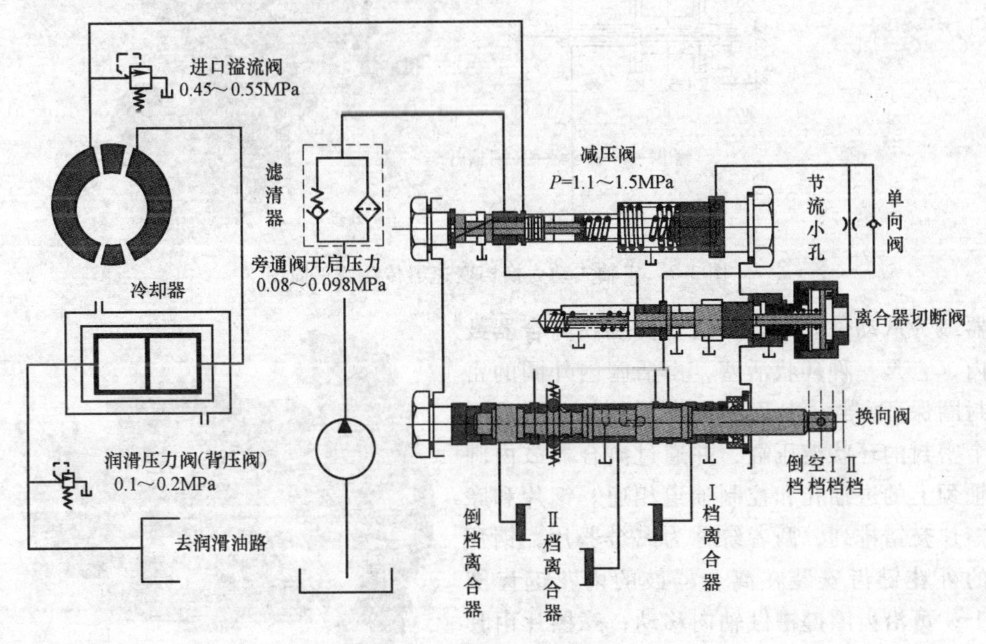

图3-6 液压系统原理

变矩器的回油进入冷却器后经润滑压力阀进入变速器进行润滑和冷却，润滑压力阀的压力为0.1~0.2MPa。

3.1.2 定轴式动力换档变速器

定轴式动力换档变速器采用多片湿式离合器传递动力，这是由于其表面积较大，所传递的转矩也较大，并且多片湿式离合器片表面单位面积压力分布均匀，摩擦材料磨损均匀，还能通过增减片数和改变施加压力的大小，即可按要求容量调节工作转矩，便于系列化和通用化。定轴式动力换档变速器传动原理简图如图3-7所示。多片湿式离合器剖视图如图3-8所示。

多片湿式离合器通常由离合器鼓、离合器活塞、回位弹簧、弹簧座、钢片、摩擦片、调整垫片、离合器毂及几个密封圈组成。离合器鼓和离合器毂分别以一定的方式和变速器输入轴或行星排的某个基本元件连接，一般离合器鼓为主动件，离合合

图 3-7　定轴式动力换档变速器传动原理简图

器毂为从动件。离合器活塞安装在离合器鼓内，它是一种环状活塞，由活塞内外圈的密封圈保证密封，从而和离合器鼓一起形成一个密封的环状液压缸，并通过离合器鼓内圆轴颈上的进油孔和控制油道相通。钢片和摩擦片交错排列，两者统称为离合器片。钢片的外花键齿安装在离合器鼓的内花键齿圈上，可沿齿圈键槽做轴向移动；摩擦片由其内花键齿与离合器毂的外花键齿连接，也可沿键槽做轴向移动。摩擦片两面均为摩擦因数较大的铜基粉末冶金层或合成纤维层，受压力和温度变化影响很小。并且在摩擦衬面表面上都带有油槽，其作用：一是破坏油膜，提高滑动摩擦时的摩擦因数；二是保证液流通过，以冷却摩擦表面。有些离合器在活塞和钢片之间有一个碟形环，它具有一定的弹性，可以减缓离合器接合时的冲击力。

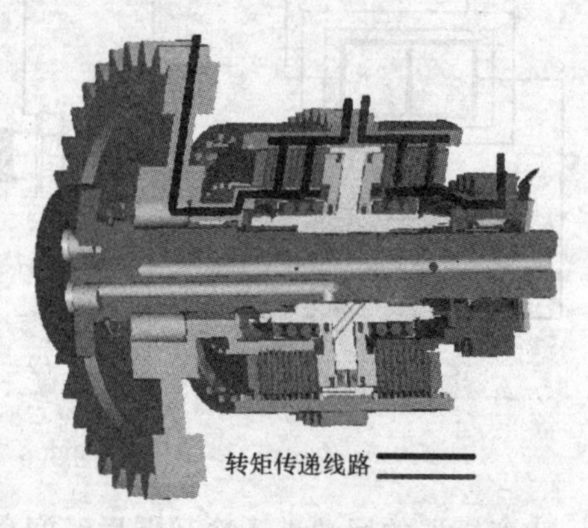

图 3-8　多片湿式离合器剖视图

两个离合器的外毂连成一体安装在同一根轴上，换档时，从轴端来的液压油推动活塞，将离合器内的主、被动摩擦片压紧并结合而传递转矩，因为有较高的摩擦力，便以相同速度旋转，离合器处于接合状态；当撤除油压时，回位弹簧使活塞复位至原始位置，离合器片相互脱开，离合器处于分离状态，中断动力传递。定轴式动力换档变速器传动路线见表 3-1。

表 3-1 定轴式动力换档变速器传动路线

前进档传动路线

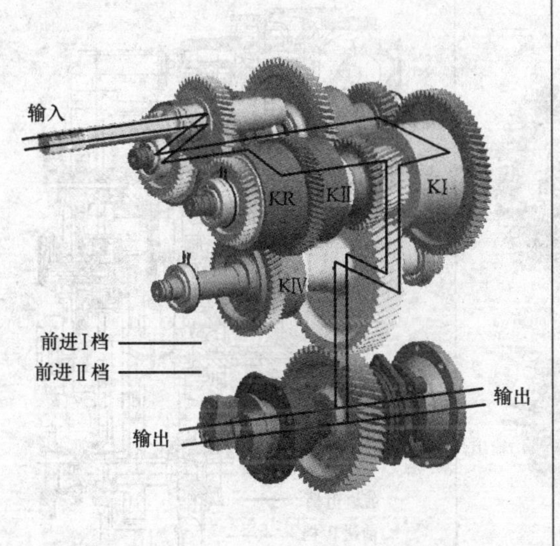

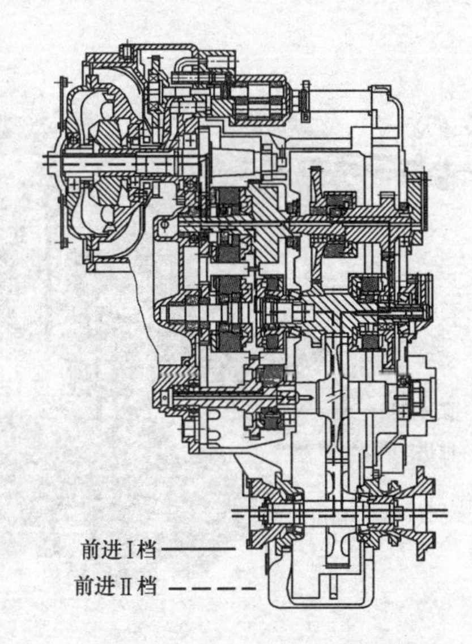

$Z_0 \rightarrow Z_v \rightarrow Z_{v1} \rightarrow Z_1 \rightarrow Z_2 \rightarrow Z_3 \rightarrow Z_{出}$ 前进Ⅰ档

$Z_0 \rightarrow Z_v \rightarrow Z_{v1} \rightarrow Z_{R2} \rightarrow Z_2 \rightarrow Z_3 \rightarrow Z_{出}$ 前进Ⅱ档

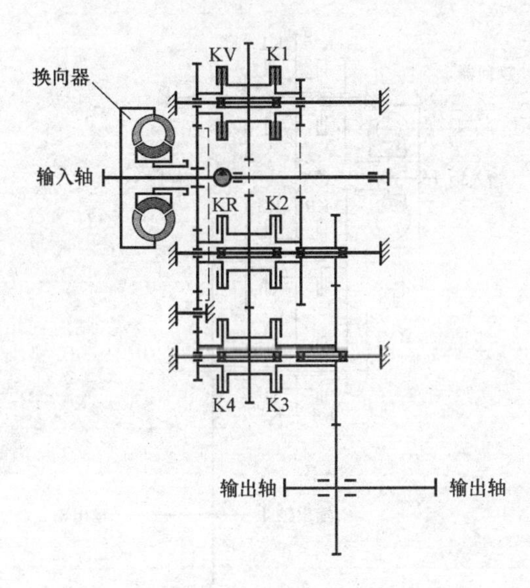

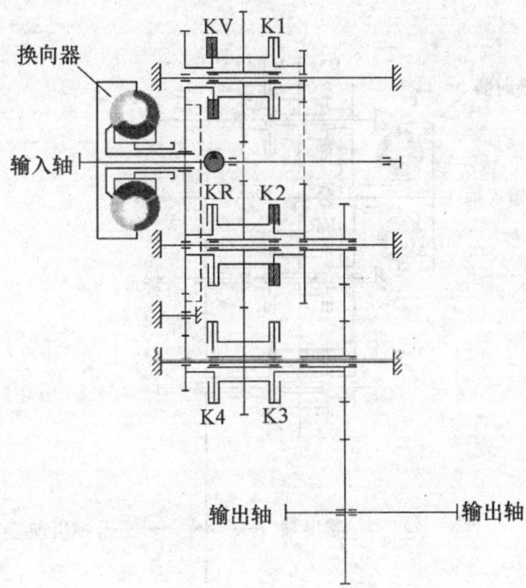

（续）

前进档传动路线

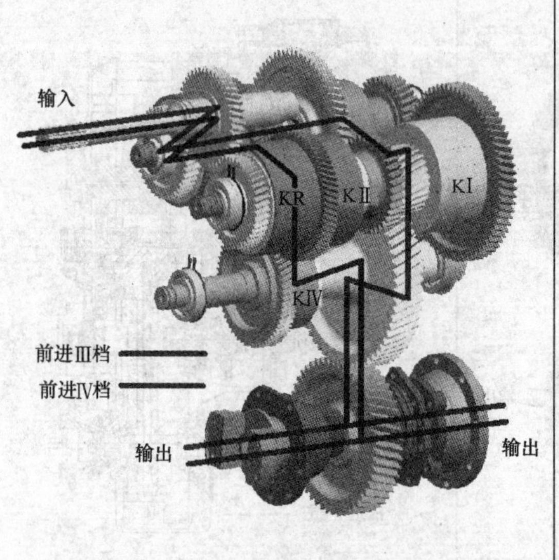

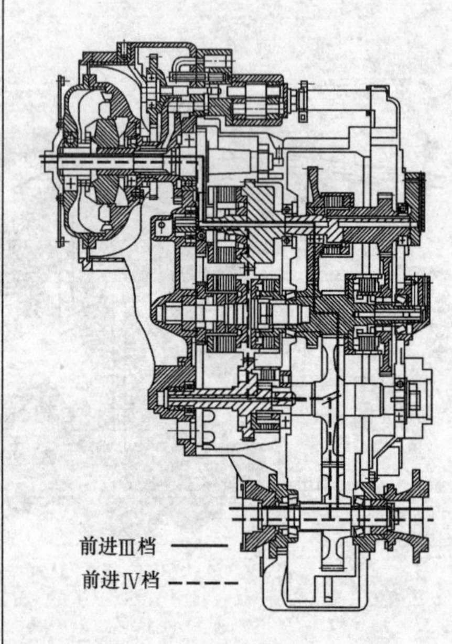

$Z_0 \to Z_v \to Z_{v1} \to Z_{R2} \to Z_{34} \to Z_3 \to Z_{出}$ 前进Ⅲ档

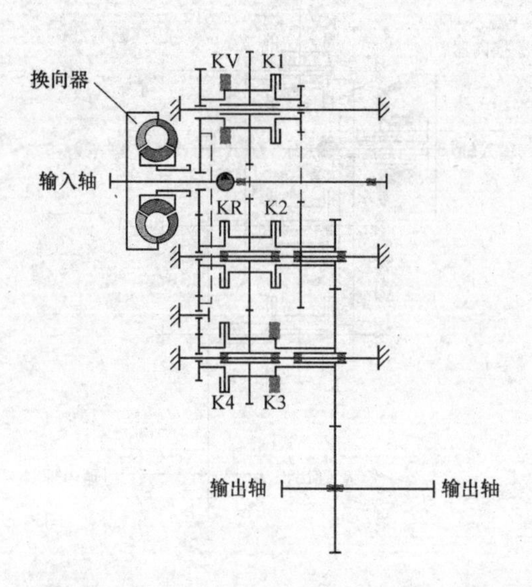

$Z_0 \to Z_v \to Z_{中} \to Z_4 \to Z_{34} \to Z_3 \to Z_{出}$ 前进Ⅳ档

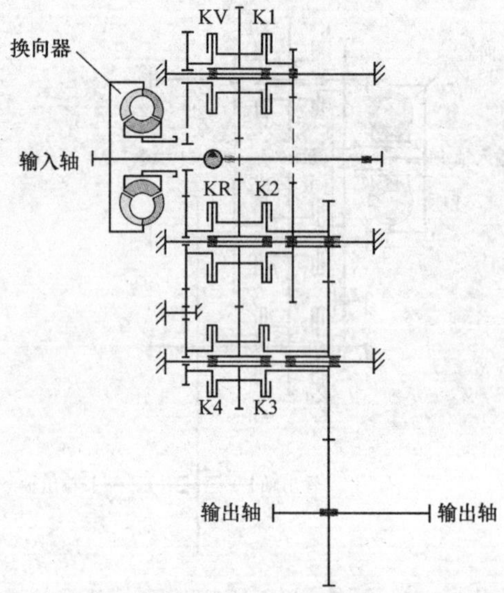

（续）

倒档传动路线

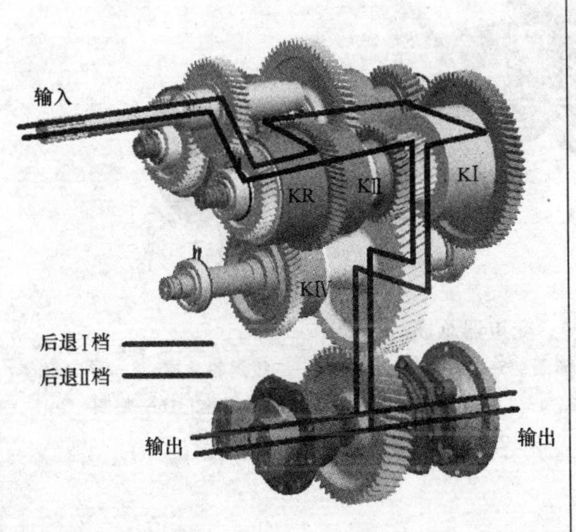

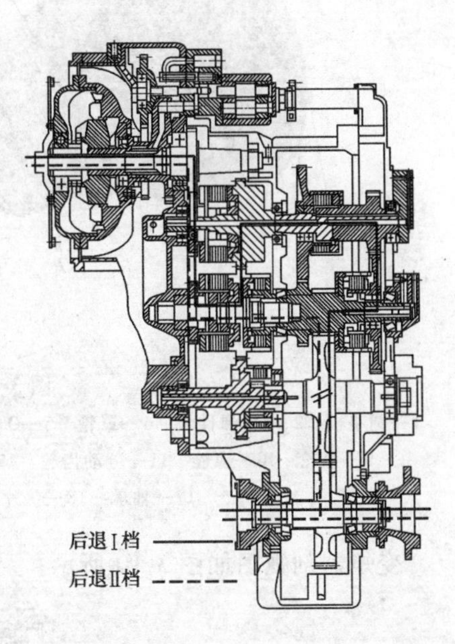

$Z_0 \rightarrow Z_R \rightarrow Z_{R2} \rightarrow Z_2 \rightarrow Z_3 \rightarrow Z_{出}$　倒Ⅱ档

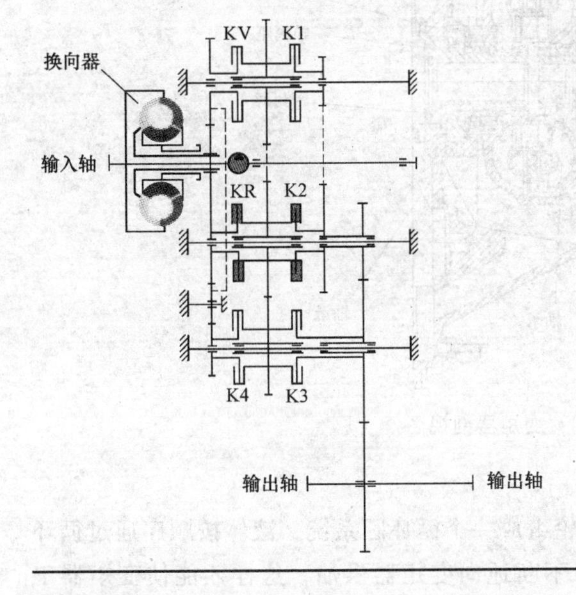

$Z_0 \rightarrow Z_R \rightarrow Z_{R2} \rightarrow Z_{V1} \rightarrow Z_1 \rightarrow Z_2 \rightarrow Z_3 \rightarrow Z_{出}$　倒Ⅰ档

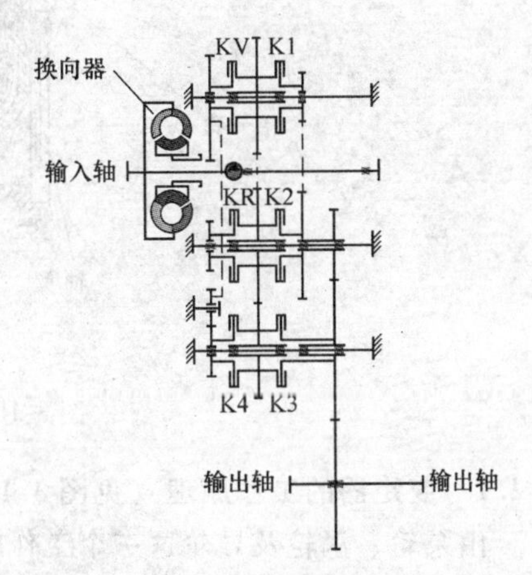

3.2　变矩器

变矩器总成如图 3-9 所示。

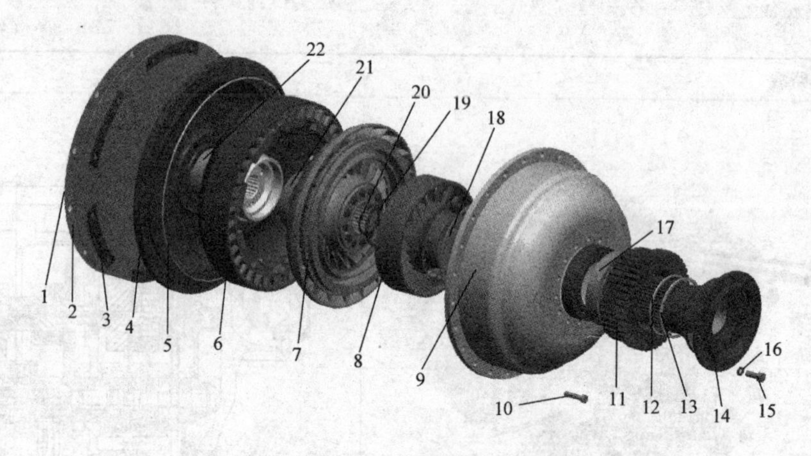

图 3-9　变矩器总成

1—圆垫板　2、3—弹性板　4—罩轮　5—O 形圈　6—一级涡轮总成　7—二级涡轮总成　8—导向轮　9—泵轮　10—螺栓　11—分动齿轮　12、13—密封环　14—导轮座　15—螺栓　16—垫圈　17—轴承　18—垫片　19、20—挡圈　21、22—轴承

变矩器剖视图如图 3-10 所示。

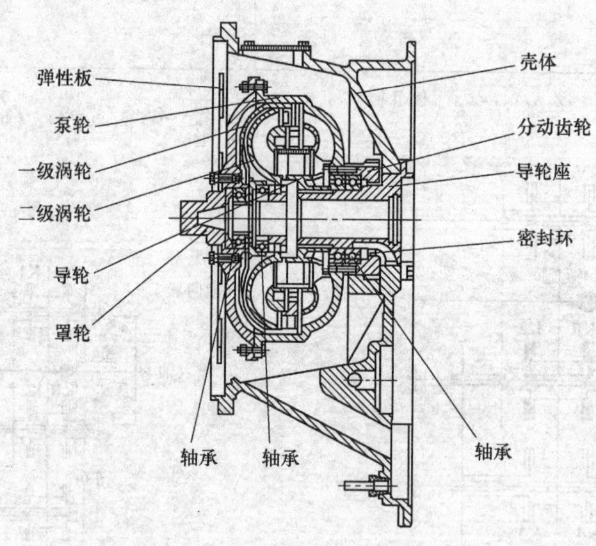

图 3-10　变矩器剖视图

3.2.1　变矩器的工作原理（见图 3-11）

由泵轮、涡轮及导轮这三个工作轮组成一个循环圆系统，液体按顺序通过循环圆流动。变速器的供油泵（变速泵）不断地向变矩器供油，这样才能使变矩器工作并发挥其作用，体现在增加发动机的输出转矩上，同时通过变矩器排出的油带走变矩器产生的热量。

当发动机带动泵轮高速旋转时，泵轮流道中的工作液体在叶片的作用下，以一

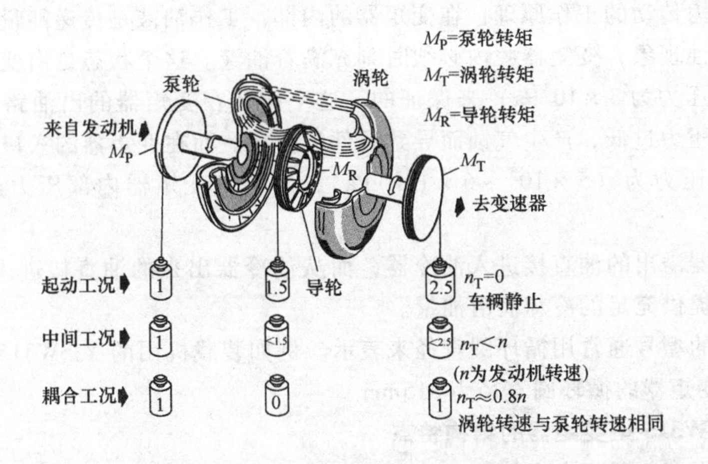

图 3-11　变矩器的工作原理

定的速度从叶片出口离开泵轮，由于工作液体流入和流出叶片的绝对速度大小和方向发生变化，使液流的动量矩发生变化，液流动量矩变化是由于发动机传给泵轮的转矩 M_p 通过叶片对液流作用的结果，此时机械能就转换成工作液体的动能和液压能。从泵轮流出的高速液流进入涡轮叶片间的流道，推动涡轮旋转，由于液流与叶片的相互作用，液流动量矩同样发生变化，一部分液体动能就转变为涡轮的机械能；而流入和流出涡轮叶片的那部分液流速度发生变化，引起液流动量矩的变化，由于涡轮叶片改变了液流的动量矩，使涡轮获得了来自液流作用的转矩 M_T，由涡轮流出的液流进入导轮，导轮固定不动，液流在导轮内没有液能和机械能的转换，但由于导轮叶片的限制，流入和流出其叶片液流的速度截然不同，液流的动量矩发生变化；动量矩发生变化使液流对导轮产生一个作用转矩 M_R；液流从导轮流出后，再次流入泵轮、涡轮，从而构成变矩器充满油液的封闭工作循环，不断地实现能量转换和传递。根据动量矩守恒定律可知三工作轮转矩 $M_R+M_T+M_p=0$。

涡轮及输出轴所得到的转矩大小，取决于外界负载（通常是高速轻载与低速重载作业模式）；导轮的作用是将从涡轮流出的液流经其油道改变方向后再流入泵轮，因此导轮受一反作用转矩。将涡轮转矩与泵轮转矩之比称为变矩比，通常变矩比随涡轮与泵轮之间转速比的降低而增大。因此，最大的变矩比在涡轮不转（停止）时产生，随着输出转速的提高，变矩比会降低。通过变矩器，输出转速可做无级变化，驱动转矩能自动适应所需要的负载转矩的变化。当涡轮转速达到泵轮转速的80%时，变矩比接近1，涡轮转矩等于泵轮转矩，此时变矩器相当于一个耦合器。

在变矩器的输入轴与输出轴之间没有直接的刚性连接，动力是通过液压油来传递的，液体能吸收和衰减传递动力时从柴油机或外界载荷传来的振动和冲击。从而，对整个传动系统和柴油机起保护作用。

根据液力传动的工作原理：在变矩器的内部，工作油液是传递能量的介质。为防止油的气蚀现象，变矩器腔内必须时刻充满着油液。这个状态是由变矩器压力控制阀（开启压力为3×10^5Pa）来保证的，这个阀装在变矩器的出油路上，以防止变矩器内部压力过低，产生气蚀而导致元件的损坏。而在变矩器的入口处配一个溢流阀（开启压力为（$5\times10^5\sim6\times10^5$）Pa），以防止变矩器内部压力过高而损坏元件。

从变矩器溢出的油直接进入油冷器，而从油冷器出来的油直接进入润滑油路，为各润滑点提供充足的冷却润滑油量。

变矩器的型号通常用循环圆直径来表示。例如装载机用的 YJSW315 型变矩器，315 即代表变矩器的循环圆直径为 315mm。

3.2.2 YJSW315 型变矩器的结构特点

目前，很多装载机上多使用 YJSW315 型变矩器，它是双涡轮、四元件、单级、两相向心式变矩器。其结构工作原理如图 3-12 所示。

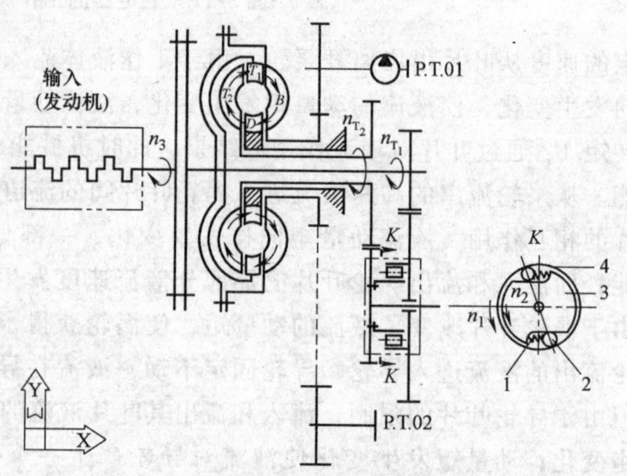

图 3-12　YJSW315 型变矩器结构工作原理

1—弹簧　2—滚柱　3—内环凸轮　4—外环齿轮

（1）动力输入部分　发动机的动力按如下路线输入至泵轮：发动机飞轮→弹性板→罩轮→泵轮。

柴油机飞轮和弹性板的外缘用螺柱连接，弹性板的内缘则用螺栓与罩轮相连。罩轮与泵轮之间为了密封，应用了一个 O 形圈，并用较多的螺栓连接，罩轮和泵轮连接处用配合面定位，以保证泵轮与发动机曲轮的同心度。

为了使装载机工作液压系统和转向系统正常工作，要求发动机的一部分功率直接输出到工作液压泵上。因此在变矩器上设有取力接口，柴油机的一部分功率由罩轮、泵轮传给分动齿轮，再由与分动齿轮啮合的工作泵泵轴和转向泵泵轴传给齿轮泵，驱动液压泵工作。

变矩器动力输入部分共有三个支承点（以下简称支点）。第一个支点是固定支点，其通过罩轮的轴端插入发动机的中心孔内，将变矩器支承于发动机上，从而解决了变矩器与发动机曲轴旋转的同心度问题，同时也可防止变矩器工作轮的径向移动并可承受系统的径向负荷。

第二个支点是泵轮通过两排球轴承支承在导轮座上。装配时，先将分动齿轮支承在导轮座的两排轴轮上，再用螺栓将泵轮与分动齿轮相连。

第三个支点是罩轮和一级涡轮轮毂间用一个球轴承相互支承，这对泵轮系统来说是多余的，但对一级涡轮和二级涡轮来说却是一个必要的支承点。

动力输入系统各零件，除泵轮和罩轮外，一般不需要进行平衡试验。罩轮的各个表面虽然进行了机械加工，但因是铸铁件，所以要进行平衡试验。泵轮是铝铸件，而且有许多非加工表面，叶片的分布也可能有误差，因此也应进行平衡试验。

在动力输入系统中，弹性板除了传递转矩外，还可以缓冲和减小由于偏心和膨胀等引起的附加载荷。罩轮除了作为动力的中间传递零件外，在变矩器中还与泵轮等一起构成循环圆的一部分。

（2）动力输出部分　YJSW315型变矩器中有两个涡轮，即一级涡轮和二级涡轮，动力的输出比较复杂。

与双涡轮变矩器的涡轮相适应，动力输出部分采用两根输出轴输出，即一级涡轮输出轴和二级涡轮输出轴。这两根输出轴的输出齿轮分别与变速器中的一个称为超越离合器的装置上的两个齿轮相啮合，从而扩大了速度的变化范围。

当装载机在低速、重载工况下运行时，二级涡轮的转速较低，超越离合器的内环凸轮与外环齿轮处于楔紧状态。这时，一、二级涡轮实际上就像一个整体涡轮，一起起作用，以增大变矩器克服外界阻力的能力。此时，一级涡轮的传动路线为：一级涡轮→一级涡轮轮毂→一级涡轮输出轴→变速器超越离合器。二级涡轮输出路线则为：二级涡轮→二级涡轮输出轴→变速器超越离合器。

当装载机高速、轻载运行时，虽然一、二级涡轮的动力输出路线相同，但是由于内环凸轮的转速高于外环齿轮，外环齿轮处于空转状态。此时，只有二级涡轮输出动力，一级涡轮处于空转状态，对外无动力输出。

一、二级涡轮的轮毂与涡轮输出轴之间均采用花键连接。为使涡轮在涡轮轴上轴向固定，在二级涡轮轮毂的左侧装有一个轴用挡圈，并配有间隙调整片。在一级涡轮输出轴的右侧轴承座上也配有调整垫片，以保证间隙适宜。重新装配时，应特别注意该间隙的调整。

一级涡轮的输出轴通过两个球轴承支承，左端的球轴承安装在罩轮上的轴承座孔内，右端的球轴承安装在变速器上的轴承座孔中；二级涡轮的输出轴也通过两个球轴承支承，左端的球轴承压装在二级涡轮轮毂中，并支承在一级涡轮的轮毂上，右端的球轴承支承在壳体的轴承座孔内。

动力输出系统的平衡，主要是对涡轮进行的。涡轮与涡轮轴的同心度则是由花键定心来保证的。涡轮是由铝合金浇注而成的，涡轮流道内有均布的叶片。它的循环圆形状和叶片进出口轴面轮廓线位置与泵轮大致相对称。

（3）导轮的固定支承部分　导轮是变矩器中固定不动的工作轮。它与变矩器壳体之间的连接：导轮→导轮固定座→变矩器壳体。

导轮和导轮固定座之间采用花键连接。为了防止涡轮轴向移动，在导轮的左端应用了一个挡圈。导轮座与变矩器壳体之间采用螺栓固定连接，导轮座中还开有油道。

（4）循环圆的密封　当变矩器工作时，在循环圆内充满着具有一定压力和高速流动的液体。为了防止液体渗出循环圆，必须对循环圆的有关连接部分采取密封措施。

此外，变矩器供油系统要求进入变矩器的低温工作液体和流出的高温工作液体相互隔离，即各自有自己的独立流道，因此也应该有密封措施。

在变矩器上一般采用如下三种密封类型。

① 对于没有相对运动的两连接件间，采用 O 形圈密封。例如，罩轮和泵轮的连接处就采用了 O 形圈，以防止液体从轴承座处渗漏。

② 对于有相对运动的连接处，采用合金铸铁的密封环。例如，在分动齿轮与导轮座之间就采用了这种密封形式，以防止液体从轴承座处渗漏。

③ 唇式密封圈（又称为旋转油封）是接触式密封的一种，在液力传动装置的输出轴与壳体处，常采用唇式油封。例如，二级输出轴与导轮座之间、一级输出轴与二级输出轴之间均采用唇式油封。装配时应注意：唇式密封圈的唇口应对着来流的方向。

双涡轮的变矩器具有在较大的传动比范围内效率较高的特点，即高效区较宽。正是由于这一特点，装载机可以采用较少档位的变速器，以简化机构。

3.3　驱动桥与主减速器及差速器

3.3.1　驱动桥的作用

图 3-13 所示为驱动桥外形图。图 3-14 所示为驱动桥爆炸图。驱动桥是位于传动系统末端，在传动轴之后、轮胎之前的传动机构。驱动桥的功用是将万向传动装置传来的发动机转矩传给驱动车轮，并经降速增矩、改变动力传动方向，使汽车行驶，而且允许左右驱动车轮以不同的转速旋转。

具体来说，主减速器的功用为降速增矩，改变动力传动方向；差速器的功用是允许左右驱动车轮以不同的转速旋转；半轴的功用是将动力由差速器传给驱动车轮。

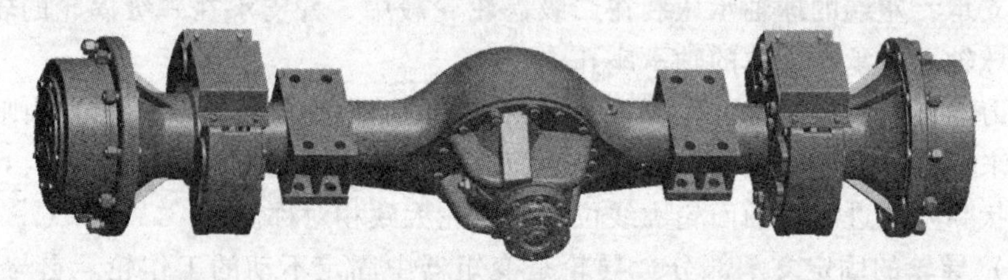

图 3-13　驱动桥外形图

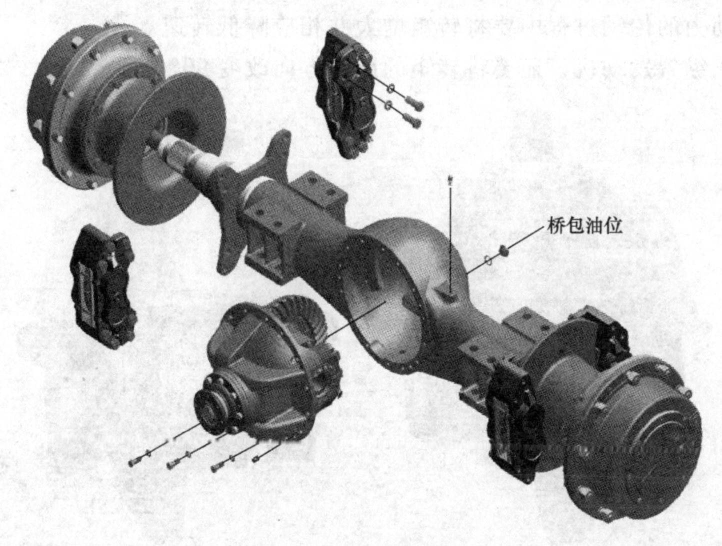

图 3-14 驱动桥爆炸图

3.3.2 驱动桥的组成（见图 3-15）

驱动桥一般是由主减速器、差速器、半轴、桥壳等组成的。

驱动桥是传动系的最后一个总成，发动机的动力传到驱动桥后，首先传到主减速器，在这里将转矩放大并降低转速后，经差速器分配给左右半轴，最后通过半轴外端的凸缘传到驱动车轮的轮毂。驱动桥的主要零部件都装在驱动桥的桥壳中。桥壳由主减速器壳和半轴套管组成。

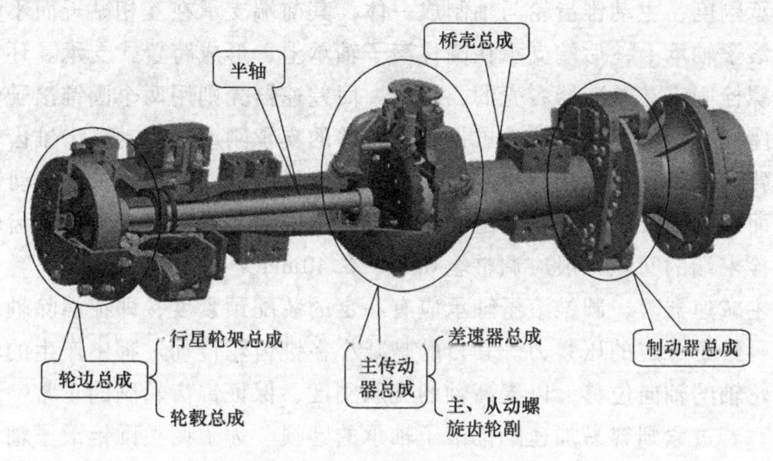

图 3-15 驱动桥的组成

3.3.3 主减速器概述

前面已经简述过主减速器的功用，这里将详细说明。主减速器结构如图 3-16所示。

1）将万向传动装置传来的发动机转矩传给差速器。

2）在动力的传动过程中要将转矩增大并相应降低转速。

3）对于纵置发动机，还要将转矩的旋转方向改变90°。

图3-16　主减速器

主传动器主要由差速器和一对由弧齿锥齿轮组成的主减速器总成构成。主动弧齿锥齿轮和从动弧齿锥齿轮之间，必须有正确的相对位置才能使两齿轮啮合传动时的冲击噪声较小，而且使轮齿沿其长度方向磨损较均匀。为此，在结构上一方面要使主动和从动弧齿锥齿轮有足够的支承刚度，使其在传动过程中不至于发生较大变形而影响正常啮合；另一方面，应有必要的啮合调整装置。为了保证主动锥齿轮有足够的支承刚度，主动锥齿轮与轴制成一体，其前端支承在互相贴近而小端相向的两个圆锥滚子轴承上，后端支承在圆柱滚子轴承上，形成跨置式支承。环状的从动锥齿轮用螺栓固定在差速器右壳的凸缘上。而差速器壳则用两个圆锥滚子轴承支承在托架的座孔中。为了保证从动锥齿轮有足够的支承刚度，主动弧齿锥齿轮在从动锥齿轮的背面装有止推螺栓，以限制从动弧齿锥齿轮的变形量，防止从动锥齿轮因过度变形而影响正常工作。在装配和调试过程中应当注意：从动弧齿锥齿轮的背面和止推螺栓末端的间隙一般应调整至0.25～0.40mm之间。

装配主减速器时，圆锥滚子轴承应有一定的装配预紧度，即在消除轴承间隙的基础上，再给予一定的压紧力。其目的是减小在锥齿轮传动过程中产生的轴向力所引起的齿轮轴的轴向位移，以提高轴的支承刚度，保证锥齿轮副的正常啮合。但也不能过紧，若过紧则容易加速圆锥滚子轴承的磨损。为了调整圆锥滚子轴承的预紧度，在轴承内座圈之间隔套的一端装有调整垫片。如果发现过紧，则增加垫片的总厚度；反之，则减少垫片的总厚度。圆锥滚子轴承的预紧转矩值可通过测量主动锥齿轮的旋转转矩获得。一般其旋转转矩为1.5～2.6N·m。

支承差速器壳的圆锥滚子轴承的预紧度靠拧动两端的调整螺母调整。调整时，用手转动从动锥齿轮，使轴承滚子处于正确位置。调整好后，应能以2.9～3.9N·m

的转矩转动差速器组件。必须指出：圆锥滚子轴承预紧度的调整必须在齿轮啮合之前进行。

主传动器壳中所贮存的齿轮油，靠从动锥齿轮转动时甩溅到各齿轮、轴和轴承上进行润滑。为保证主动弧齿锥齿轮轴前端的圆锥滚子轴承能得到可靠润滑，在主传动壳体上铸有进油道和回油道。将主动弧齿锥齿轮总成装入托架时，应注意对准油道口，防止堵塞油道。在驱动桥的壳体上，还装有通气塞，防止壳体内气压过高而使齿轮油渗漏。

3.3.4　差速器的结构和原理

装载机驱动桥差速器为对称式锥齿轮差速器。它主要由锥齿轮（行星轮）、十字轴、半轴齿轮、差速器左壳和差速器右壳等零件组成。差速器结构如图3-17所示。差速器左、右壳用螺栓连成一体。主传动器的从动弧齿锥齿轮用螺栓固定在差速器右壳的凸缘上。十字轴的轴颈嵌在左壳与右壳分界面上相应的凹槽所形成的孔内。在每个轴颈上浮套着一个直齿锥齿轮（行星轮），它们均与两个直齿圆锥半轴齿轮啮合。而两个半轴齿轮的轴颈分别支承在差速器壳体相应的左右座孔中，并通过内花键与半轴相连。

图3-17　差速器结构

行星轮的背面和差速器壳体相应位置的内表面均做成球面，以保证行星轮对正中心，利于和两个半轴齿轮正确啮合。由于行星轮和半轴齿轮都是直齿锥齿轮，在传递转矩时，沿行星轮和半轴齿轮的轴线方向都作用着很大的轴向力，而且齿轮和差速器壳体之间又有相对运动。为了减少齿轮和差速器壳体之间的磨损，在半轴齿轮和差速器壳体之间，装有平减摩垫片；而在行星轮和差速器壳体之间则装有球形减摩垫片。减摩垫片一般采用铜材料制成，当装载机使用一定的时间，垫片磨损后，可更换新的减摩垫片，以延长差速器的使用寿命。

差速器中的齿轮靠差速器壳体中的齿轮油润滑。在差速器的壳体上开有窗口，供润滑油进出。为了保证行星轮和十字轴颈之间有良好的润滑，在十字轴颈上铣有一平面，并在行星轮的齿间钻有小孔作为油道。

动力自主减速器的主动弧齿锥齿轮、从动弧齿锥齿轮，再依次经差速器壳体、十字轴、行星轮、半轴齿轮、半轴传给驱动轮。当两侧车轮以相同的转速转动时，行星轮绕半轴轴线转动（公转）。若两侧车轮的阻力不同，则行星轮在做上述公转运动的同时，还绕其自身轴线转动（自转），因而，使两个半轴齿轮带动两侧车轮以不同转速转动。

复习思考题

一、选择题

1. 变矩器内油的循环顺序是____。

A. 泵轮→二级涡轮→一级涡轮→导轮　　B. 泵轮→一级涡轮→二级涡轮→导轮

C. 泵轮→导轮→一级涡轮→二级涡轮　　D. 导轮→一级涡轮→二级涡轮→泵轮

2. 40A、50D 采用的双变总成是____。

A. 双涡轮定轴式变速器　　B. 单涡轮行星式变速器

C. 双涡轮行星式变速器　　D. 单涡轮定轴式变速器

3. 40A、50D 变矩器类型为____。

A. 单级双相　B. 单级单相　C. 双级单相　D. 双级双相

4. ZL40、50 变速器一档离合共有摩擦片____片，其中主动片____片。

A. 8　B. 4　C. 5　D. 6

5. 装载机工作装置在任一位置时的卸载角必须大于____。

A. 30°　B. 35°　C. 40°　D. 45°

6. 倒档的传动路线是____。

A. 中间输入轴→太阳轮→倒档行星架→倒档内齿圈→Ⅰ档行星架→直接档受压盘→中间输出齿轮→输出轴齿轮→前后输出轴

B. 中间输入轴→太阳轮→Ⅰ档行星轮→Ⅰ档行星架→直接档受压盘→中间输出齿轮→输出轴齿轮→前后输出轴

C. 中间输入轴→太阳轮→直接档摩擦片中间输出齿轮→输出轴齿轮→前后输出轴

D. 中间输入轴→太阳轮→倒档行星架→Ⅰ档行星架→直接档受压盘→中间输出齿轮→输出轴齿轮→前后输出轴

二、简答题

1. 简述变矩器的特点。

2. 简述变矩器的工作原理。

3. 简述定轴式变速器的特点。

4. 简述行星式变速器的特点。

第4章

装载机液压系统

培训学习目标

了解装载机液压系统常用的液压元件的名称。

熟悉装载机液压系统常用液压元件所处的位置。

掌握装载机液压系统常用液压元件的作用及工作原理。

4.1 装载机液压系统常用的液压元件

4.1.1 齿轮泵

1. 齿轮泵的结构（见图4-1）

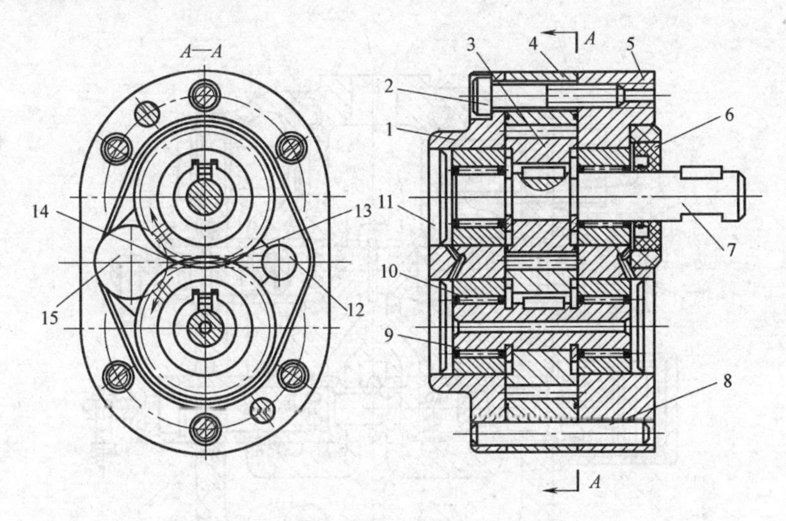

图4-1 齿轮泵的结构

1—后盖 2—螺栓 3—主齿轮 4—泵体 5—前盖 6—密封圈 7—花键 8—圆柱销 9—从动齿轮 10—轴承 11—挡圈 12—压油口 13—T腔 14—P腔 15—吸油口

2. 齿轮泵的工作原理

当齿轮泵按图4-1所示方向旋转时，P腔由于齿轮脱开容积逐渐增大，形成局部真空从油箱吸油，随着齿轮的持续旋转，充满在齿槽内的液压油被带到 T 腔，T 腔由于齿轮的相向啮合，容积逐渐减少，把液压油排挤出去。通过齿轮连续不断地旋转，P 腔不断吸油，T 腔不断排油，从而完成齿轮泵的吸油过程。

3. 判别进出油口方法

进油口较大，排油口较小；主动齿轮进入啮合腔为高压油口。

4. 功用概述

齿轮泵是将机械能转换为液压能的能量转换装置。在液压系统中，齿轮泵作为动力源，向液压系统源源不断地提供液压油。

4.1.2 多路阀

1. 手动式多路阀

（1）分配阀的结构性能与工作原理　图 4-2 所示为分配阀，分配阀又称多路阀，由二联换向阀和溢流阀组成，铲斗换向阀是三位阀，它可以控制铲斗上转、后转、封闭三个动作，动臂换向阀是四位六通阀，它可以控制动臂的提升、封闭、下降和浮动四个动作。溢流阀是控制系统压力的，当系统压力超过额定压力时，溢流阀打开，压力油液流回液压油箱，保护工作液压系统各元件和管路不因受过高压力而损坏。其“P”口为进油口，“O”口为出油口，“H”“F”口分别与铲斗液压缸大腔、小腔相通，“N”“K”口分别与动臂液压缸的大腔、小腔相通。油槽均为左右对称布置，中立位置卸荷油道为三槽结构，从而可消除换向时的液动力，减少回

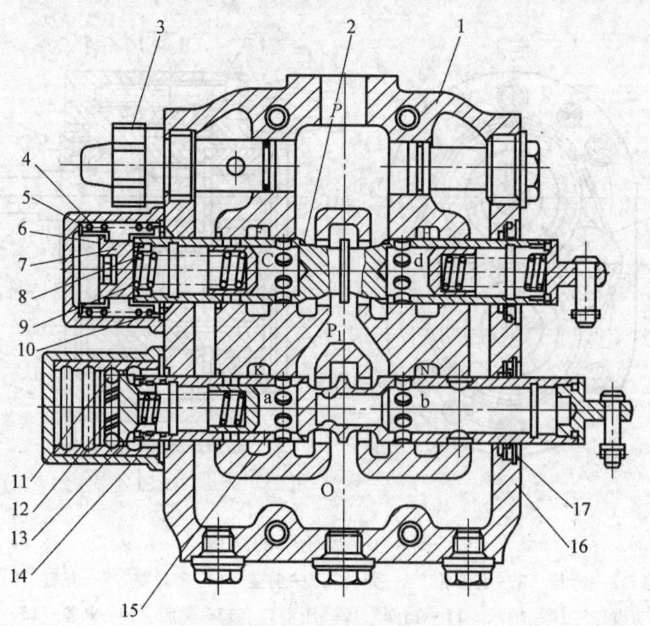

图 4-2　分配阀

1—阀体　2—转斗阀杆　3—溢流阀　4、14—端盖　5—回位弹簧　6—限位柱　7、10、16—O 形圈　8—弹簧　9—单向阀　11—钢球　12—定位弹簧　13—定位柱　15—动臂阀杆　17—防尘圈

油阻力。多路阀各阀杆中均装有单向阀，其作用是避免换向时液压油向油箱倒流，从而克服工作过程中的“点头”现象，此外，回油产生的背压也能稳定系统的工作。

1）中立位置。当转斗滑阀、动臂滑阀处于中间位置时，来自工作液压泵的油，由进油口“P”经“P_1”腔通回出油口“O”回油箱。

2）动臂提升。将动臂滑阀往右移动使“O”腔关闭，液压油由“P_1”腔进入“a”口，顶开单向阀，经“K”口进入液压缸上腔，使动臂提升，液压缸上腔的液压油经“N”“b”口通“O”腔回油箱。

3）动臂下降。将动臂滑阀往左移动，使“O”腔关闭，液压油由“P_1”腔进入“b”口经“N”口进入液压缸上腔，使动臂下降。液压缸下腔的液压油经“K”“a”口顶开单向阀流回油箱。

4）动臂浮动。将动臂滑阀往左移动，这时“N”　“K”口均与“b”　“O”“P_1”腔相通，液压缸上、下腔相通，并处于低压状态，液压缸受工作装置的重量和地面作用力处于自由浮动状态。

5）铲斗上转。将转斗滑阀往右移动，使“P_1”“O”腔关闭，液压油由“P”腔进入“c”口，顶开单向阀经“F”口到液压缸后腔，使铲斗上转，液压缸前腔的液压油由“H”口进入“d”口顶开单向阀回油。

6）铲斗下转。将转斗滑阀往左移动，使“P_1”“O”腔关闭，液压油由“P”腔进入“d”口，顶开单向阀经“H”口到液压缸前腔，使铲斗上转，液压缸后腔的液压油由“F”口进入“c”口顶开单向阀回油。当转斗滑阀移动的外力取消，转斗滑阀靠回位弹簧的弹力自动回位，处于中间（封闭）位置。

（2）双作用溢流阀的结构与工作原理　双作用溢流阀装于多路阀上的转斗液压缸前、后腔油路中（前、后腔油路各一件），其由补油阀和溢流阀组成，作用如下。

1）转斗换向阀处于中位时，转斗液压缸前后腔均闭死。此时，如果铲斗受到外界冲击载荷，引起局部压力剧升，将导致换向阀和液压缸之间的液压元件或管路破坏，设置双作用溢流阀就能有效防止该现象的发生。

2）动臂的升降过程中，双作用溢流阀可以自动进行泄油和补油。为了防止连杆机构超过极限位置，同时为了使铲斗内的物料能够卸净，在工作装置的连杆机构设有限位块。限位块的设置，使得动臂在升降至某一位置时，可能会出现连杆机构的干涉现象。例如动臂提升至某一位置时，会迫使转斗液压缸的活塞杆向外拉出，造成转斗液压缸前腔的压力急剧上升，这种急剧上升的压力可能会破坏液压缸和管路。但由于设置有双作用溢流阀，可使困在液压缸前腔中的油经过溢流阀返回液压油箱。在液压缸前腔容积减小的同时，后腔容积增大，形成局部真空。双作用溢流阀的补油阀打开，向转斗液压缸后腔补充液压油，以消除局部真空。

3）装载机在卸载时，能够实现铲斗靠自重快速下翻，并顺势撞击限位块，使铲斗内的物料卸净。在铲斗快速下翻的过程中，当铲斗重心越过下铰接点后，铲斗在重力作用下加速翻转，但转斗液压缸的运动速度受到液压泵供油速度的限制，由于双作用溢流阀及时向转斗液压缸前腔补油，使铲斗能快速下翻，撞击限位块，实现铲斗卸料。

2. 先导阀（见图4-3）

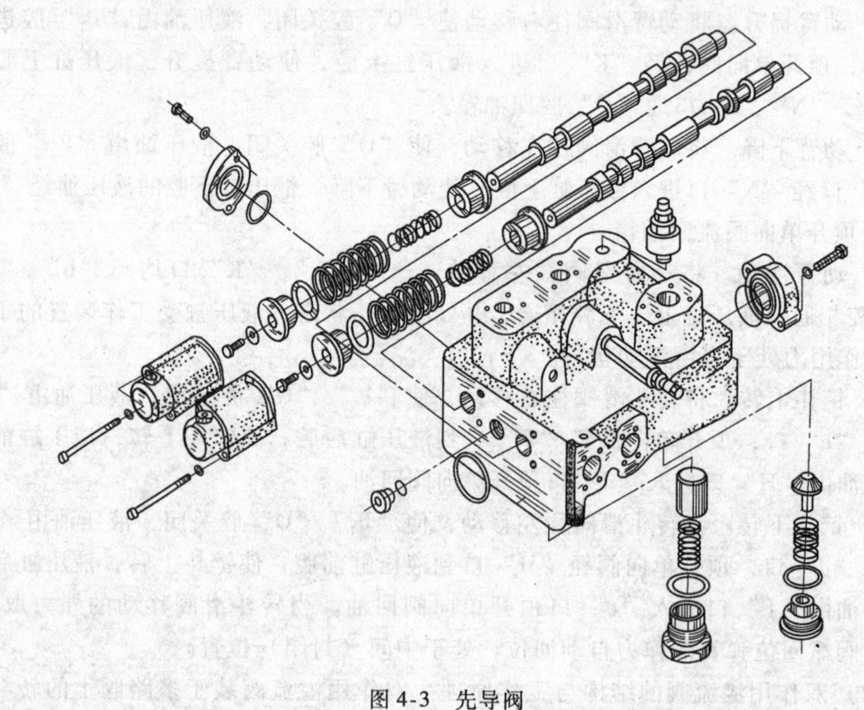

图4-3 先导阀

（1）功用概述 利用改变动臂或转斗阀芯的相对位置来改变油口的连接关系，从而变换油液的流动方向。其中内部过载阀起溢流阀作用，补油阀是防止液压缸某腔吸空而起补油作用的。

（2）工作原理 多路阀（见图4-4）内有转斗阀杆和动臂阀杆。转斗阀杆有中位、前倾和后倾三个位置，动臂阀杆有中位、提升、下降三个位置；在先导阀处于浮动位时，通过2C口的作用可实现浮动工况。阀杆的移动依靠先导油的推动，而回位则依靠复位弹簧的作用。

1）中立位置。先导阀操纵杆位于中立位置，先导油不能通过，则多路阀在中立位置，工作泵来油经多路阀直接返回油箱。

2）工作位置（提升或下降）。当先导阀位于工作位置，先导油进入多路阀某一阀杆端部，推动该阀杆向左或向右移到工作位置，该阀杆另一端的先导油则流回先导阀最后至油箱。由于先导油使多路阀的某一阀杆移到工作位置，工作泵的来油打开多路阀内单向阀，经油道从A口或B口流出进入转斗液压缸或动臂液压缸的

某一腔，液压缸另一腔的工作油则流回多路阀另一口 B 或 A，经阀内油道流入油箱。工作油的最高压力由主溢流阀控制。

3）浮动位置。此时，动臂阀杆的位置与其下降位置相同，只是由于先导阀操纵杆在浮动位置，先导阀内的顺序阀被打开，多路阀内的排泄孔道的 C2 油经先导阀内的排泄口 C2 通往油箱，使多路阀内的动臂液压缸小腔补油阀打开，P、A2、B2、T 四口连通，此时，动臂液压缸活塞杆在外力的作用下自由浮动。

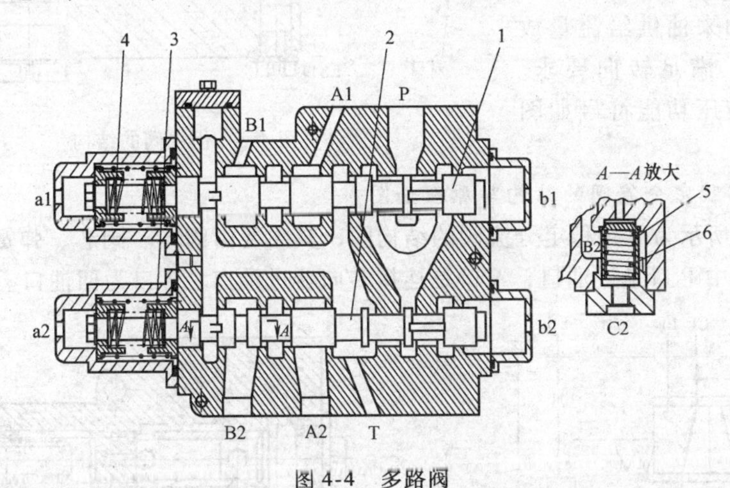

图 4-4 多路阀

1—转斗阀杆 2—动臂阀杆 3、4、6—弹簧 5—阀芯

先导阀的动臂联在下降油口有一压力选择阀，左端弹簧初始设定压力为 2.5MPa，动臂下降先导油 b2 作用在其右端上；在分配阀的动臂联油路上也有一个液控浮动单向阀，其结构为一逻辑阀，阀芯上带有小孔 O，使动臂缸小腔 B2 与阀芯背面的 C2 腔相通。先导阀无压力输出时，C2 油口封闭。当操作者操纵动臂先导手柄 b 时，先导油由 P 口进入 b2，b2 先导油推动分配阀芯右移，使 P 口与液压缸 B2 口相通，动臂下降。如果 b2 油口压力达不到 2.5MPa，压力选择阀无动作，此时 B2 腔的高压油由小孔 O 进入 C2 腔，使逻辑阀无动作。当实现浮动功能时，b2 腔油压达到 2.5MPa，推动压力选择阀左移，使 C2 腔油口与 T 口相通，阀芯的背面压力为零，B2 腔的高压油作用在阀芯斜面上的作用力大于复位弹簧力，使 B2 与 T 口相通，这样液压缸的 A2 与 B2 均与 T 口相通，实现浮动功能。

4.1.3 优先阀和单稳阀

1. 优先阀的结构（见图 4-5）与原理

流量放大转向器在中位时，优先阀的出油经流量放大转向器内节流孔传到 LS 口作用在优先阀芯的一侧，优先阀的出油经优先阀芯内控口作用在另一侧（PP 口）。优先阀 PP 口端的压力大于 LS 口端的压力及弹簧的弹力，在优先阀 PP 口端的压力作用下使优先阀仅有少量的油经 CF 口流向流量放大转向器，剩余的转向泵

供油全部经 EF 口流向工作液压系统。

当流量放大转向器偏离中位时，LS 口的压力升高，并在弹簧力的作用下使优先阀芯向 PP 口方向移动，将转向液压泵的来油供给流量放大转向器，满足转向要求。优先阀的液压功能符号如图 4-6 所示。

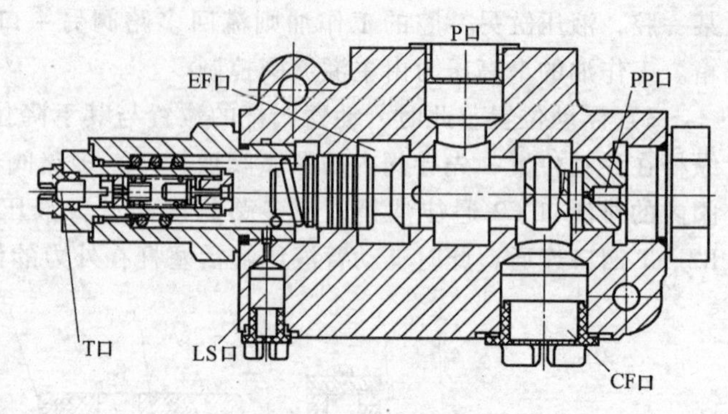

图 4-5　优先阀的结构

2. 单路稳定分流阀的结构与原理如图

图 4-7 所示为单路稳定分流阀的结构图，其主要由阀体、阀芯、弹簧及阻尼塞等组成。其中 P 口是进油口，A 口是连接转向器进油口，B 口为回油口。

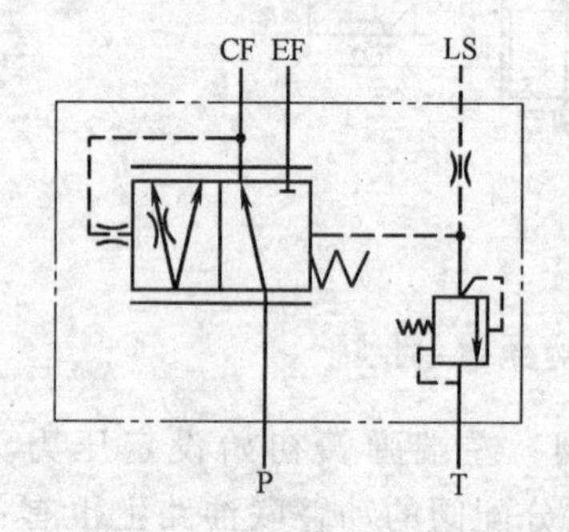

图 4-6　优先阀的液压功能符号

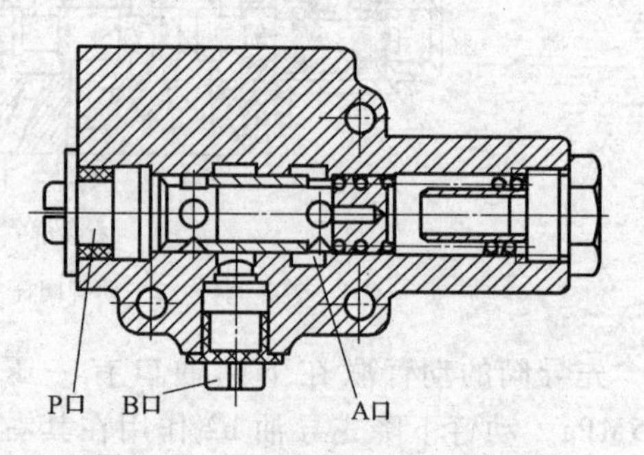

图 4-7　单路稳定分流阀的结构

单路稳定分流阀是全液转向系统的主要配套元件。在液压泵供油量及液压系统负荷变化的情况下，单路稳定分流阀可保证转向器所需的稳定流量，以满足转向性能的要求。单路稳定分流阀的液压功能符号如图 4-8 所示。

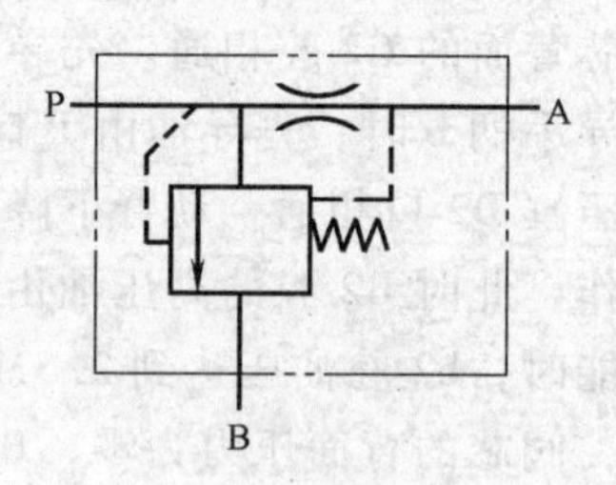

图 4-8　单路稳定分流阀的液压功能符号

当进口油量小于稳定公称流量时，全部液压油通过一个定节流口、变节流孔，再输入到转向系统。此时，变节流口处于全封闭状态。当进油量超过稳定公称流量时，通过定节流口的流量增加，定节流口前后压差也相应增大，破坏了原来的平衡状态，阀芯向右移动，使变节流口的开度变小，提高了定节流口后面的压力，从而又保持定节流孔前后的压差基本不变，通过定节流孔的流量与原工况时的流量的变化就不大。即流向转向系统的流量趋于恒流，而多余的液压油由于变节流口的开启而流走。

4.1.4 全液压转向器

全液压转向器按阀芯的功能形式分：开芯无反应、开芯有反应、闭芯无反应、闭芯有反应（实际运用中没有人使用）、负荷传感（和不同的优先阀分别可以构成静态系统与动态系统）、同轴流量放大等几类。

1. 全液压转向器的结构（见图4-9）

全液压转向器（以下简称转向器）主要有以下几部分组成。

（1）阀芯、阀套剖面结构（见图4-10） 随动转阀的作用是控制油流的方向。阀体上有四个和外界管路相连的孔，分别与转向液压泵、液压油箱及转向液压缸的两腔相连。阀芯通过连接块直接与转向盘的转向柱连接，阀芯、阀套起配油作用。

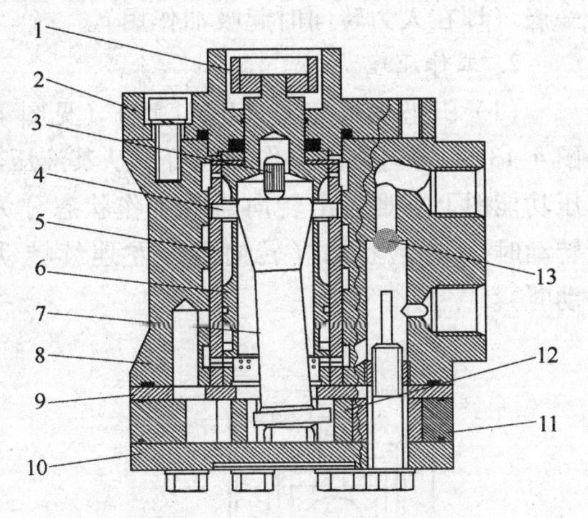

图4-9 全液压转向器的结构

1—连接块 2—前盖 3—弹簧片 4—拔销 5—阀套 6—阀芯 7—联动轴 8—阀体 9—隔板 10—后盖 11—定子 12—转子 13—钢球

（2）转子、定子剖面结构（见图4-11） 定子在阀体的下端固定不动，它有7个内齿，转子在定子内转动，它有6个齿，定子与转子组成了一组没有太阳轮的行星轮机构。动力转向时，转子和定子组成的一对内啮合齿轮起计量马达的作用，以保证流进转向液压缸的流量与转向盘的转角成正比；在人力转向时，该啮合副相当于手动液压泵。

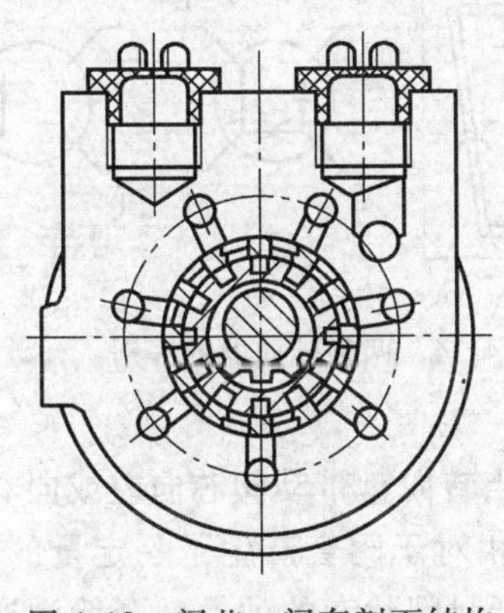

图4-10 阀芯、阀套剖面结构

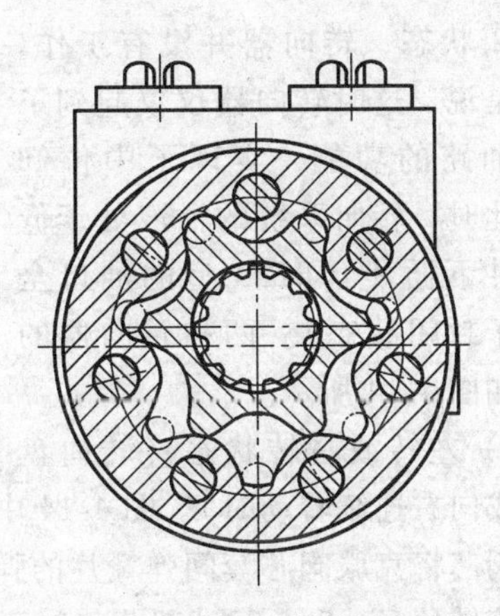

图4-11 转子、定子剖面结构

（3）接转子和阀套的联动轴及拔销 在动力转向时，保证阀套与转子同步（起反馈作用）；在人力转向时，起传递转矩作用。

（4）弹簧片　弹簧片的作用是确保伺服阀的中间位置，起定中作用。所以弹簧片又称定中弹簧。

（5）单向阀　进油口与回油口之间装有单向阀，在人力转向时，把转向液压缸一腔的油经回油口吸入进油口，然后再通过摆线针轮啮合副压入转向液压缸的另一腔（即在人力转向时起吸油作用）。

2. 工作原理

（1）开芯无反应型（BZZ1 型）（见图 4-12）与闭芯无反应型（BZZ3 型）（见图 4-13）　转向器的工作原理可以从其液压功能图所展示的油路原理来理解，从液压功能图上不难看出转向器的工作状态分为三个工况，即：中位状态（转向盘不转动时）；左转状态（转向盘向左连续转动时）；右转状态（转向盘向右连续转动时）。

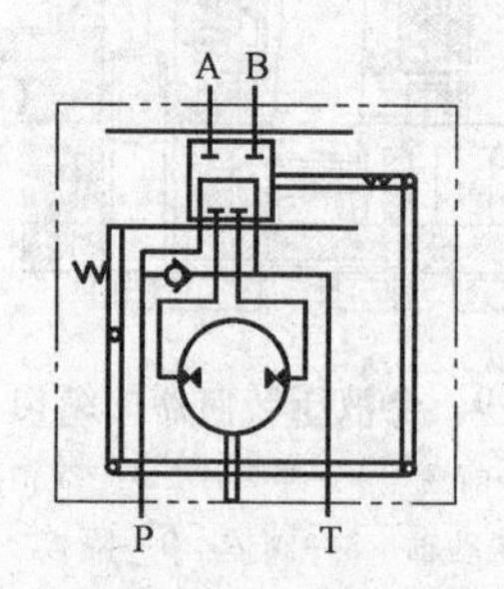

图 4-12　开芯无反应型（BZZ1 型）

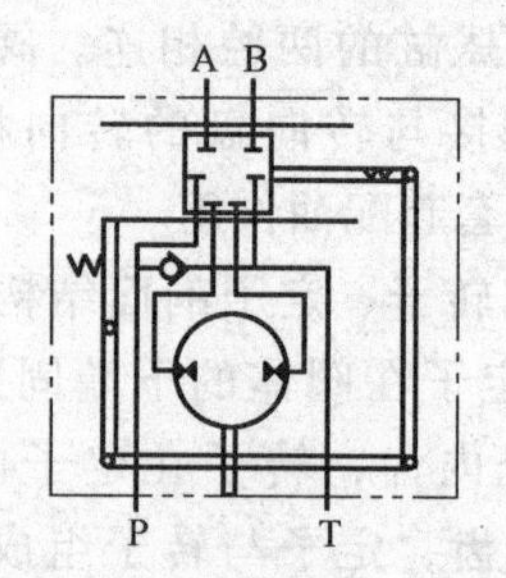

图 4-13　闭芯无反应型（BZZ3 型）

1）中位状态（转向盘不转动时）。从转向器的液压功能图可以看出，进入转向器进口（P 口）的液压油流进转阀后就直接回到了转向器的回油口（T 口）流回油箱，BZZ1 型其余的油口全部处于封闭状态，转向器并没有工作。也就是说，这时转向器仅仅起到了沟通油路的功能，实现了中位卸荷；此时，转向系统的油液处于低压条件下循环（BZZ3 型的油口全部处于封闭状态）。两种转向器的区别如图 4-14 所示。

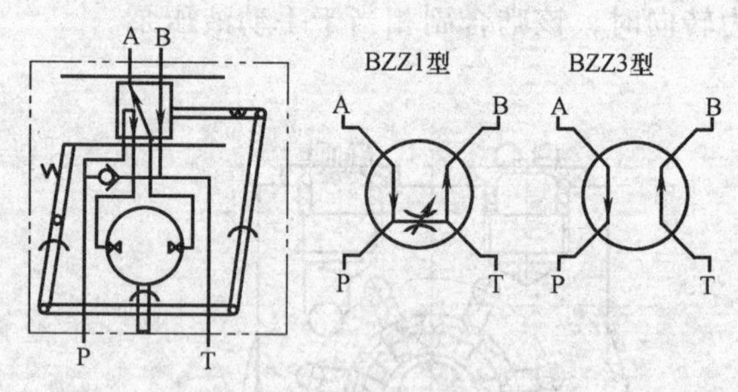

图 4-14　两种转向器的区别

2）左转或右转状态（转向盘向左或向右连续转动时）。图 4-14 中可以看出，当转向盘带动阀芯向左或向右转动时，阀芯将克服阀芯套间弹簧片的弹力，使阀芯相对于阀套产生了一定量的转角，只要该转角 >1.5°~2°，阀芯与阀套间中位时处于封闭状态的油槽就开始沟通，且随着转向器其相互间的转角增大，各配油槽的开口也随之增大，使进入转向器进油口的油液经过阀芯套以及阀体的配油槽进入到摆线啮合副（即转、定子啮合副）一侧的容积腔，使油液得以计量的同时又推动转子相对于定子做行星运动。

实现这一运动的目的：一方面，通过另一侧排油腔容积腔的变化（容积腔的缩小）将经过计量的油液排入转向器的左或右转向油口（A口或B口）。从而使进入转向液压缸的液压油与计量马达的排量建立起比例关系。另一方面，利用该转子的同向自转运动（与阀芯的转动方向相同）通过齿轮联轴器的运动传递，将该同向转动运动反馈至起配油机构作用的阀套上，使阀套与阀芯的转动实现随动，即当转向盘带动阀芯的转动一旦停止，在转子的自转运动带动下，阀套就会自动将与阀芯间的配油槽关闭，使转向器进油口（P口）的液压油无法进入转向器内部，转向器便立即处于中位状态，从而使进入转向液压缸的液压油容积与转向盘的转速建立起联系。

（2）BZZ1型转向器的工作　中位：转向器的P、A、B、T口互不相通。转向盘转动时，便带动阀芯旋转，定位弹簧片单向受压，转子、阀套瞬时不动，在转过1.5°后，逐渐打开计量马达通向转向液压缸的开口，液压油驱动转子转动，并把油排入转向液压缸。液压缸另一端的回油，经伺服阀上的孔槽流回油箱。转向盘转动的角度大小，就决定了进入转向液压缸的油量的多少。从而也就决定了转向盘与前、后车架的相对转角的对应关系。与此同时转子转动，带动与其相连的联动轴由于联动轴与阀套用销子连在一起，故使阀套同步转动，直到转子转角与转向盘转角相等时，阀套回到中间位置，即关闭通往液压缸的通道，供油停止。

当转向盘不转动时，即阀套、阀芯在定位弹簧的作用下处于中间位置，油液从阀芯和阀套端部小孔进入阀芯内腔，并经油管回油箱。在发动机熄火时，液压泵停止工作，转向盘通过转向轴、阀套、联动轴驱动转子转动，此时，转子、定子相当于一个手动液压泵，将液压缸一腔的油经回油管、单向阀吸入，然后再排到液压缸的另一腔，实现静压转向。为了保证人力转向的实现，转向器不应安装在高于油箱液面500mm以上的地方，以提高吸油效果。

（3）负荷传感型液压功能（见图4-15）　来自液压泵的液压油先通往优先阀，无论负荷和压力大小、转向盘转速高低、发动机怠速还是高速，优先阀优先向转向器分配流量，保证转向供油充足，使转向动作平稳可靠；当发动机处于高速或不转向、慢转向时，优先阀将剩余的油全部供给工作液压系统使用，从而消除转向系统供油过多而造成的功率损失，减少液压系统液压泵的总排量数，提高了液压系统效率。

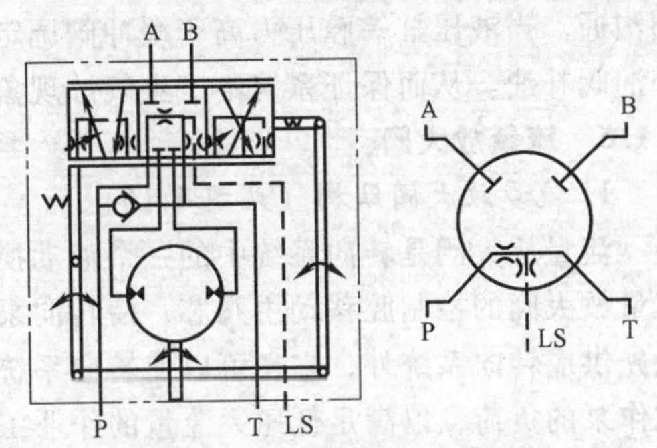

图4-15　负荷传感型液压功能

转向器与转向液压缸组成一个位置控制系统，转向液压缸活塞杆的位移与转向器阀芯的角位移成正比。转向器内的摆线马达是一个计量装置（熄火转向时起液压泵作用），它把分配给转向液压缸的油液体积量转化为转向器阀套的角位移量，阀套相对阀芯的角位移决定了配油窗口的开口面积。转向盘转速越高，相对角位移越大；转向盘停止转动时，相对角位移为零，配油窗口关闭，实现反馈控制。回位弹簧使阀套越过死区与阀芯对中。优先阀是一个定差减压元件，无论负载压力和液压泵供油量如何变化，优先阀均能维持转向器内变节流口 C1 两端的压差基本不变，保证供给转向器的流量始终等于转向盘转速与转向器排量的乘积。优先阀向转向器的供油量将等于转向盘转速与转向器排量的乘积。

另外转向器还具有流量放大功能，当快速转向时，阀套上的可变节流口打开，一部分油液可通过此节流口进入转向液压缸，加快转向速度。优先阀是一个定差减压元件，无论负载和供油流量如何变化，优先阀均能维持转向器内变节流两端压差基本不变，保证转向器所需的流量。

3. 转向器阀块

（1）转向器阀块的结构　转向器阀块主要由单向阀、溢流阀、双向溢流阀、补油阀等组成。

（2）转向器阀块的功能

1）单向阀。从液压泵来的高压油经单向阀进入转向器的进油口，作用是防止油液倒流，使其转向盘自动偏转，造成转向失灵。

2）溢流阀。安装在阀体内与进油口和回油口相通的阀孔内，以防止系统过载。

3）双向溢流阀。安装在阀体上与通向转向液压缸左右腔油孔相通的阀孔内并和回油口相通，保护转向液压免受过高的压力冲击，确保油路安全。

4）补油阀。安装在阀体内与通往转向液压缸左右腔油孔相通，并与双向缓冲阀沟通。当液压缸一腔压力高于缓冲阀调定压力时，缓冲阀卸荷，液压缸另一腔的补油阀补油。从而保证系统不产生气蚀现象。

4.1.5 流量放大阀

1. 流量放大阀结构（见图 4-16）

流量放大阀是转向系统中的一个液动换向阀，先导控制油由转向器经限位阀到流量放大阀的控制腔移动主阀芯，使转向泵来的油去转向液压缸完成转向动作，除优先供应转向系统外，它还可以使转向系统多余的油合流到工作系统，这样可降低工作泵的负荷，以满足低压大流量的作业工况。

2. 工作原理

1）中立位置。当放大阀阀芯处于中立位置时，转向泵的油进入 P 口，推动优先阀芯右移，油液全部从 PF 口流出，进入工作液压系统；封闭在左右转向口 L、R 腔的液压油通过内部通道作用在溢流阀的锥阀上；当转向轮受到外加阻力时，L（或）R 腔的压力升高，直到打开锥阀卸载以保护转向液压缸等液压元件。

2）右转向位置。当转向盘向右转时，先导油进入 R1 口，推动放大阀阀芯向

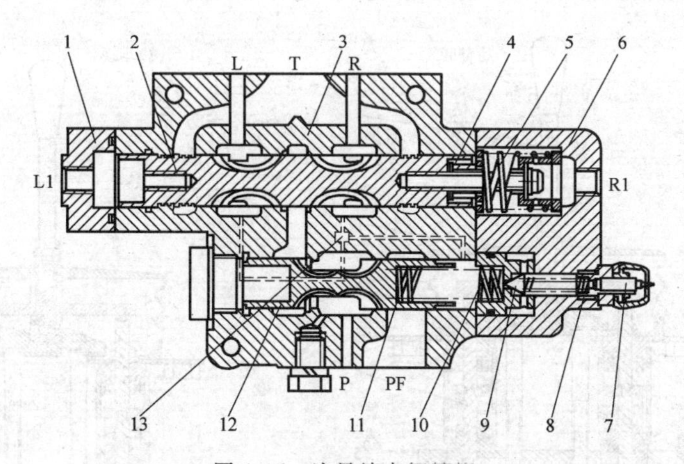

图4-16　流量放大阀结构

1—前盖　2—放大阀阀芯　3—阀体　4、11—调整垫片　5、8、10—弹簧　6—后盖　7—调压螺钉　9—锥阀　12—优先阀　13—梭阀

左移动，使P、R接通，L、T接通，实现右转向。在优先满足右转向的同时，其多余油从PF口合流到工作液压系统去。转向盘转动越快，先导油就越多，放大阀阀芯位移就越大，转向速度也越快。液压油流入右转向口R的同时，由于负载反作用，使得作用在优先阀芯两端的压差保持不变，从而保证去转向液压缸的流量只与阀芯的位移有关而与负载压力无关，油的压力经过梭阀作用在锥阀左端和优先阀阀芯的右端，起自动控制流量的作用。如果压力继续上升超过调定压力时，锥阀开启，优先阀阀芯右移，流量从PF口去工作液压系统；当负载消除后，压力降低，优先阀阀芯恢复到正常位置，锥阀又关闭。

3）左转向位置。其工作原理与右转向相似。

4.1.6　先导阀（见图4-17）

先导阀是先导液压系统中一个很重要的控制元件，具有转斗操纵杆和动臂操纵杆两联。其中转斗操纵杆有前倾、中立和后倾三个位置，动臂操纵杆有提升、中立、下降和浮动四个位置。在提升，浮动和后倾位置设有电磁铁定位。P口为进油口，T口为回油口，a1、b1、a2、b2为控制油口，分别与多路阀的相应控制油口相连。

当手柄在中立位置时，P、T口不通，控制油口与T口相通，多路阀处于中立。

当扳动手柄压下压销，推动压杆向下移动时，计量弹簧推动计量阀芯向下移动，截断控制油口与T口的通路，连通P与控制油腔，先导液压油从控制油口流进多路阀阀芯的一端，推动多路阀阀芯，实现换向动作。控制油口的油压作用在计量阀芯的下端，并与计量弹簧力平衡。先导阀手柄保持在某一位置，则弹簧力一定，控制油口对应的压力也一定，类似定值减压阀的动作过程。弹簧力随手柄改变角度的变化而变化，手柄改变角度越大，弹簧力就越大，控制油口的油压也就越

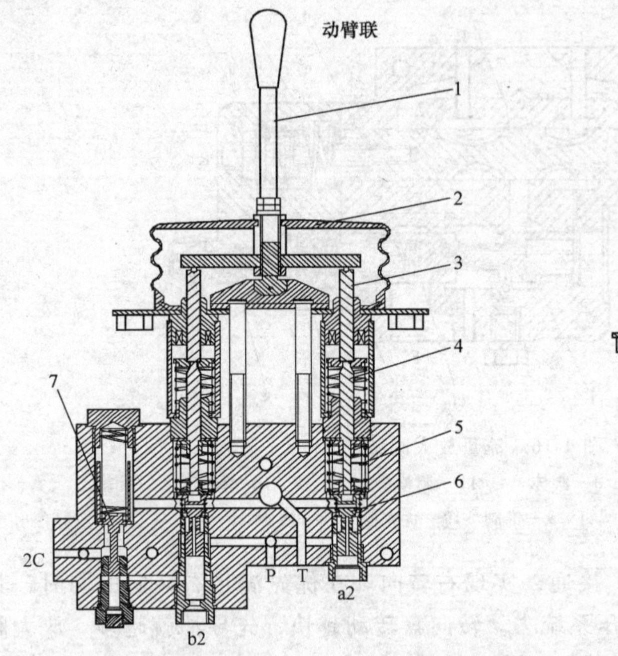

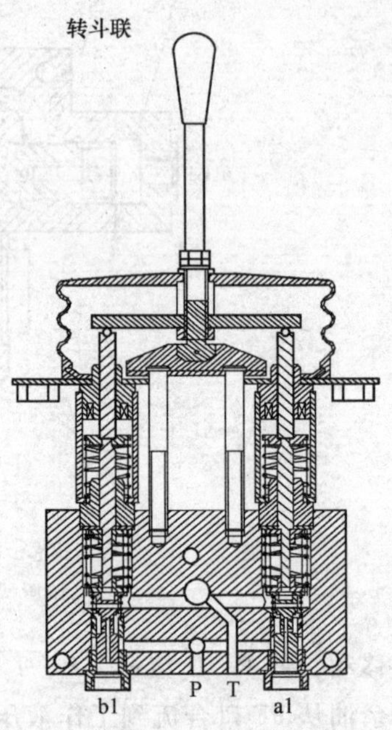

图 4-17　先导阀

1—手柄　2—防护套　3—压销　4—压杆　5—计量弹簧　6—计量阀芯　7—顺序阀

高，多路阀阀芯受到的推力也相应增大，使其行程与先导阀手柄变化角度成正比关系，从而实现比例先导控制。

当先导阀手柄被扳至全举升或全收斗位置时，电磁铁吸力将手柄保持在举升或收斗位置，减轻操作者的劳动强度，其中收斗联通过接近开关的作用，从而使电磁铁瞬间断电，手柄在复位弹簧的作用下回到中立位置，实现了铲斗自动放平功能。

当扳动手柄至浮动位置时（由于该位置设有电磁铁定位，手柄保持在浮动位置），此时控制油口 b2 的油压能够使先导阀中的顺序阀打开，从而使 2C 口与 T 口接通，实现动臂的浮动功能。

4.1.7　压力选择阀（见图 4-18）

正常工作时，先导泵来油从 P 口进入，经阀杆内腔从 A 口流向先导阀。此时，去提升缸（动臂缸）大腔的通路被管路中的单向阀切断，故 P_R 口不通。当发动机熄火时，P 处则没有压力，阀芯恢复到孔 R 与进油口 P 相通的位置。此时如果动臂为举起状态，则大腔的油压推开管路中单向阀，从 P_R 口经减压阀口 R，通过 A 口传递到先导阀的进油腔（此刻管路中另一单向阀截断了去先导泵的通路，P 口是不通的）。若先导阀滑阀处于中位，则 A 口油路被先导阀截断；当先导阀滑阀处于下降位置时，则 P_R 口的液压油与 A 口接通，去推动多路阀的相应阀芯，从而实现动臂下降或铲斗前翻。在此过程中，阀芯也能控制 A 口到先导阀的压力在 2.5MPa 左

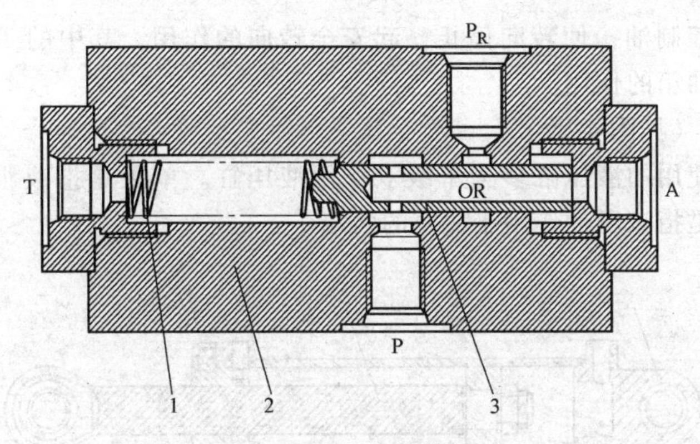

图4-18　压力选择阀

1—弹簧　2—阀体　3—阀芯

右，如果出油孔A口的压力过高，阀芯就向左移动，减少通过孔R的流量，降低出油孔A口的压力。

4.1.8　限位阀

1. 限位阀的结构（见图4-19）与工作原理。

转向过程中，转向器来的先导油从A口流入，经阀杆中段的环形槽X，从B口去流量放大阀阀芯的一端，推动流量放大阀阀芯移动，使其另一端的油液从另一个限位阀的B口，经阀杆中段的环形槽，再从A口经转向器流回油箱。

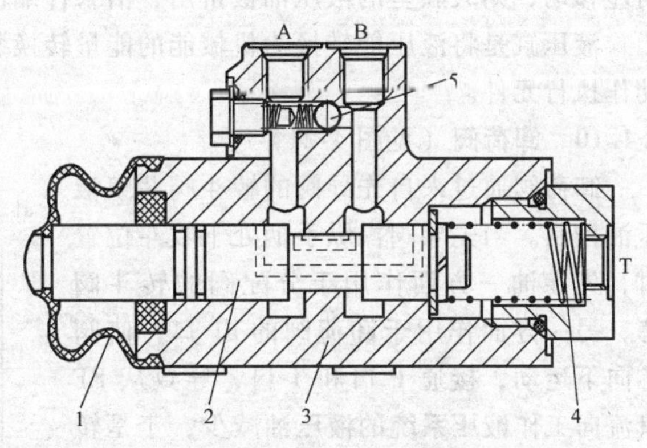

图4-19　限位阀的结构

1—防护套　2—阀芯　3—阀体　4—弹簧　5—球阀

以右转向为例，当整机右转向到极限位置时，前车架上的顶杆推着右限位阀的阀杆向右移动，环形槽X被阀体封闭，A、B口不通，流量放大阀阀芯右端的液压油通过内部油道进入阀芯的左端回油箱，流量放大阀回到中位，装载机停止转向，转向器从A口进入右限位阀的油液经阀杆另一环形槽Y从T口回油箱。在右限位阀没有复位之前，左转转向盘，流量放大阀阀芯右端的油液推开球阀，从A口流出，于是开始左转向，当左转至右限位阀复位时，先导油又从右限位阀阀杆中段的环形槽X流出，恢复正常转向状态。

左转向与右转向类似。

2. 功用概述

限位阀成对使用，左右转向控制油路各用一个，用来限制（柔性限位，起缓冲作用）装载机转向的极限位置。当整机转向至极限位置时，限位阀切断去流量放大阀的先导控制油，使转向停止，起安全转向的作用。其中的 T 口有把限位阀泄漏的油导回油箱的作用。

4.1.9 液压缸（见图 4-20）

装载机中使用的液压缸多为单级双作用液压缸。单级是指液压缸仅有一个活塞，双作用则是指液压油作用于活塞的两端。

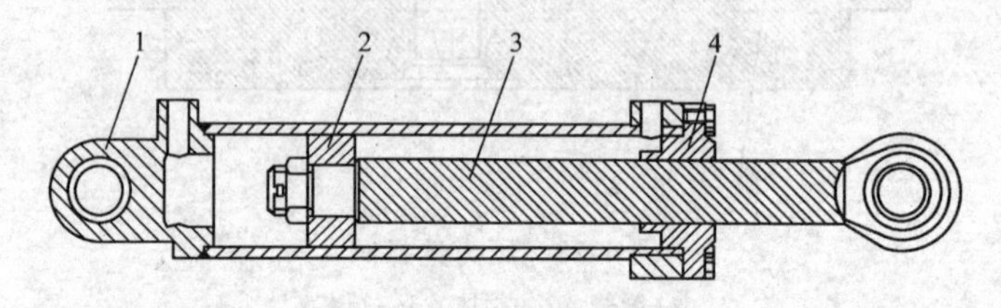

图 4-20 液压缸

1—缸筒 2—活塞 3—活塞杆 4—导向套

当高压液压油进入液压缸大腔推动活塞带动活塞杆向右移动，则小腔里的液压油被挤出，活塞杆伸出；反之，当高压液压油进入液压缸小腔推动活塞带动活塞杆向左移动，则大腔里的液压油被挤出，活塞杆缩回。

液压缸是将液压能转换为机械能的能量转换装置。在液压系统中，液压缸作为动作执行元件。

4.1.10 卸荷阀（见图 4-21）

卸荷阀通过来自先导阀的转斗阀芯组液压油控制。当先导阀操纵手柄处于收斗位置时，先导油一方面作用于分配阀的转斗阀芯，另一方面作用于卸荷阀的 a1 口，使阀芯向下运动，接通 P 口和 T 口，导致从 EF 口流向工作液压系统的液压油减少，于是转向泵经 P 口来的液压油从 T 口直接流回液压油箱，自动实现低压卸荷，降低通过装载机工作液压控制系统中分配阀的流量，减少节流压力损失和溢流阀高压溢流压力损失，达到提高功率利用率、节能降耗、降低液压系统热平衡温度的目的，而此部分功率则被分配到驱动轮，提高了机器牵引力，使装载机挖掘能力更强，更好地满足了装载机工作液压控制系统中分配阀处于铲掘物料工况时需要高压力小流量的要求。

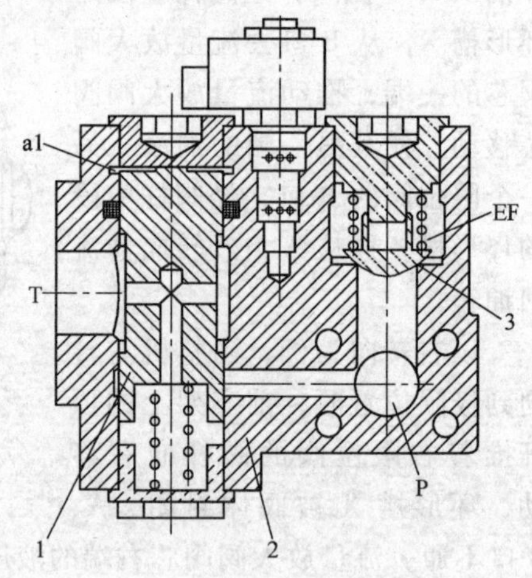

图 4-21 卸荷阀

1、3—阀芯 2—阀体

当先导阀操纵手柄不处在收斗位置时，转向泵经 P 口来的液压油顶开阀芯从 EF 口流向工作液压系统，实现双泵合流，从而在动臂处于提升、下降或铲斗卸料状态时，工作装置的液压油流量增加，达到缩短作业周期、提高作业效率的目的。

4.2 装载机液压系统简介

4.2.1 工作液压系统

工作液压系统（按主阀控制方式）可分为机械操纵型工作液压系统（如徐工LW500F、LW500K—Ⅰ型）和液控型工作液压系统（如徐工ZL50G、LW500K—Ⅱ型）。其作用是用来控制动臂和铲斗的动作。

1. 机械操纵型工作液压系统工作原理（见图4-22）

当工作装置不工作时，来自液压泵的液压油输入到工作分配阀，经分配阀回油腔、回油箱。

当需要铲斗铲挖或卸料时，操纵转斗操纵杆，后拉或前推，来自液压泵的工作油经分配阀进入转斗液压缸的后腔或前腔，使铲斗上翻或下转。

当需要动臂提升或下降时，操纵动臂操纵杆，后拉或前推，来自液压泵的工作油经分配阀进入动臂液压缸的下腔或上腔，使动臂提升或下降。

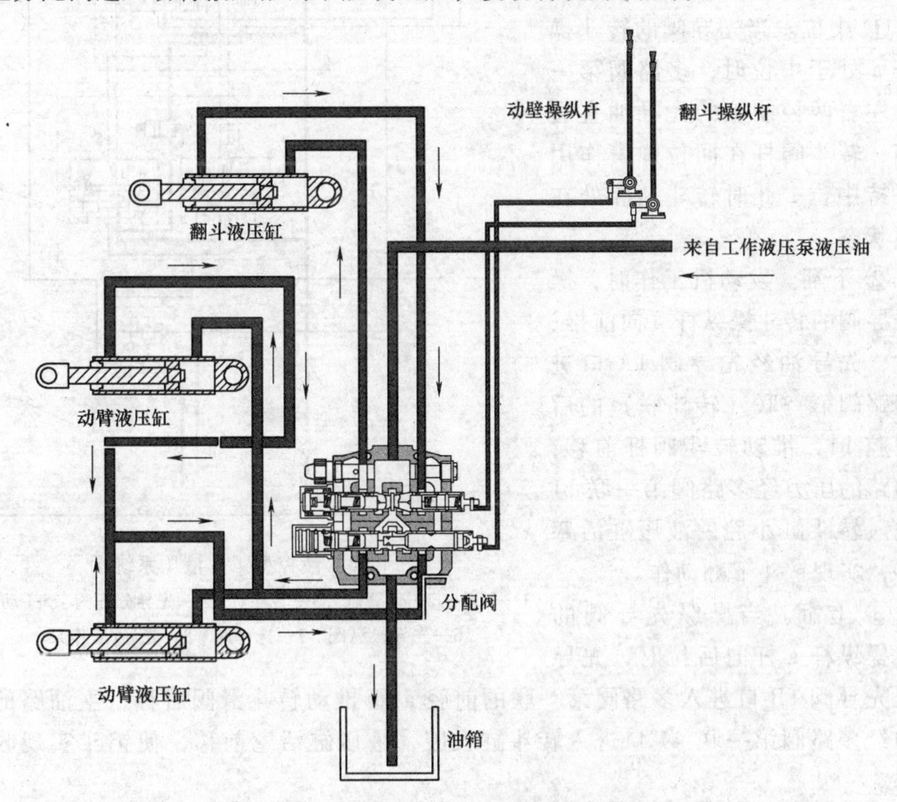

图4-22 机械操纵型工作液压系统图

当铲斗需要上下浮动时（用于装卸散装物料），操纵动臂操纵杆前推二档，来自液压泵的工作油经分配阀可进入动臂液压缸上下腔，同时与油箱接通，液压缸上下腔工作油处于低压状态，铲斗在自重作用下处于自由浮动状态，铲斗贴地面工作。

当外负荷超过系统提升或上翻能力时，或者动臂液压缸活塞到达液压缸端部（转斗液压缸活塞到达液压缸前端），系统压力最高达到系统调定压力时，液压油顶开溢流阀溢流卸载经分配阀回油箱。

2. 液控型工作液压系统工作原理（见图4-23）

发动机工作通过变矩器带动工作泵和先导泵运转，当先导阀两操纵杆a、b都处于中位时，多路阀的转斗阀杆也都处于中位，工作泵输出的油液经多路阀返回油箱。先导泵输出的油液不能流过先导阀，而是打开先导泵溢流回油箱。

1）先导阀的转斗操纵杆a有“下翻”“中位”“上翻”三个控制位置，以控制铲斗动作。

① 中位。当先导阀的转斗操纵杆a处于中位时，多路阀第一联的左右两控制腔的先导油直通油箱，转斗阀杆在回位弹簧作用下保持中位。此时转斗油腔处在闭锁状态。

② 下翻。发动机工作时，操纵先导阀的转斗操纵杆a向前推，这时，先导油经先导阀1A口进入多路阀第一联（转斗联）的后控制腔b1，推动转斗阀杆前移，主油路的压力经多路阀第一联b1口进入转斗缸小腔，液压缸活塞右移，实现铲斗下翻动作。

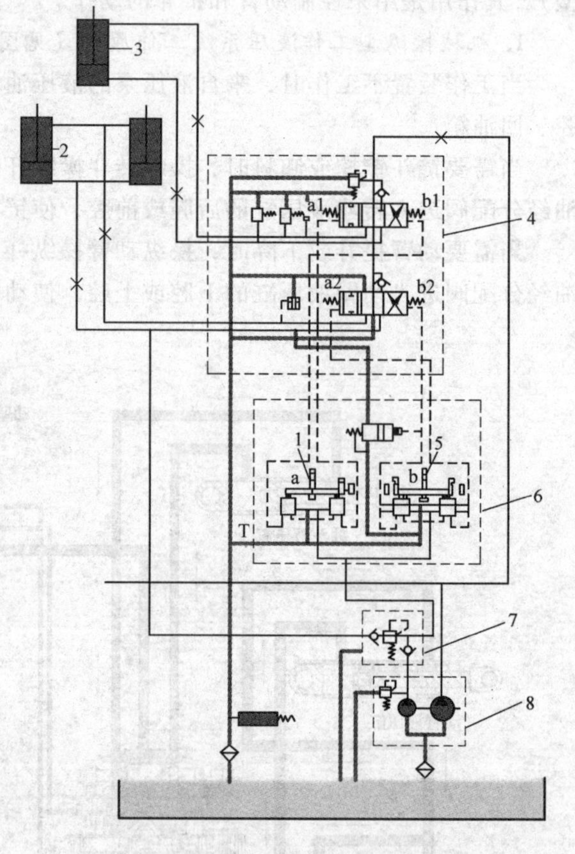

图4-23　液控型工作液压系统图

1—转斗　2—动臂缸　3—转斗缸　4—先导分配阀　5—动臂
6—先导操纵阀　7—选择阀　8—先导/工作泵

③ 上翻。当操纵先导阀的转斗操纵杆a杆向后拉时，先导油经先导阀1B口进入多路阀第一联的前腔a1，推动转斗滑阀后移，主油路的液压油经多路阀第一联A1口进入转斗缸大腔，液压缸活塞前移，使铲斗实现收斗动作。

2）先导阀的举升操纵杆b有“提升”“中位”“下降”三个控制位置，用以控制动臂升降。

① 中位。当操纵先导阀的b杆处于中位时，多路阀第二联的左右两控制腔的先导油都直接回油箱，此时动臂阀杆在回位弹簧的作用下保持中位。使举升液压缸

大小腔处在闭锁状态，动臂动作停止。

② 下降。当操纵先导阀 b 杆向前推，先导油经先导阀 2B 口进入多路阀第二联（动臂联）的后控制腔 b2，推动动臂阀杆前移，主油路的液压油经多路阀第二联 B2 口进入举升小腔，推动动臂活塞下移，实现下降动作。此时，举升缸大腔中的油经多路阀返回油箱。

③ 浮动。当操纵先导阀 b 杆向前推到“下降”位置以后，继续再向前推，即至“浮动”位置（由于该位置设有电磁铁定位，手柄保持在浮动位置）。此时控制油口 b2 的油压能够使先导阀中的顺序阀打开，从而使 2C 口与 T 口接通，此时，多路阀将液压泵、油箱以及举升缸大、小腔均接通，这样铲斗切削刃能随地形的起伏上下浮动。

④ 上升。当操纵先导阀的 b 杆向后拉时，先导油经先导阀 2B 口进入多路阀第二联的前控制腔 a2，推动动臂阀杆后移，使主油路的压力经多路阀第二联 A2 口进入举升大腔，推动液压缸活塞上移，实现举升动作。此时，举升大腔中的油经多路阀返回油箱。

3）发动机熄火状态下，动臂的“下降”和铲斗的“下翻”操作。

① 动臂下降。当动臂在举升位置时，如突然产生熄火现象，则需要将动臂慢慢下放到地面。此时工作装置的自重使举升液压缸大腔内产生的液压油经单向阀，再流经选择阀到先导阀。当操纵先导阀的 b 杆向前推至“下降”或“浮动”位置时，从举升大腔来的油进入多路阀第二联的后控制腔 b2，推动动臂阀杆前移，将举升缸油口与油箱接通；同时多路阀第二联的 B2 油口的补油阀开启，使举升缸小腔油口也和油箱接通。在工作装置自重作用下，铲斗降落到地面位置。

② 铲斗下翻。当欲实现铲斗“下翻”动作时，可将先导阀的 a 杆向前推到“下翻”位置，靠工作装置的自重产生的液压油按上述途径进入多路阀第一联的后控制腔 b1，推动转斗阀前移，使转斗缸大腔的油回油箱。同时，多路阀第一联的 B1 油口的补油阀开启，使转斗小腔油口也与油箱相通。铲斗在工作装置自重作用下实现“下翻”动作。

4.2.2 转向液压系统

装载机转向液压系统的功用是用来控制装载机的行驶方向，使装载机稳定地保持直线行驶且在转向时能灵活地改变行驶方向；转向液压系统良好稳定的性能是保证装载机安全行驶、减轻驾驶员劳动强度、提高作业效率的重要因素。

转向器通过小流量先导油推动流量放大阀主阀芯的移动，来控制转向泵过来的较大流量液压油进入转向缸，完成转向动作。转向流压系统原理图如图 4-24 所示。

转向器阀芯、阀套和阀体构成随动转阀，起控制油流方向的作用。转子和定子构成摆线针轮啮合副，在动力转向时起计量马达作用，以保证出口油量与转向盘的

转角成正比；在人力转向起手液压泵作用。转向时，随动转阀和计量马达共同工作，将油送到流量放大阀。

转向盘不动时，随动转阀在中位，回油均为关闭状态，先导泵来油通过溢流阀回油箱。转动转向盘时，先导泵来油经随动转阀到计量马达，推动转子跟随转向盘转动，将先导油送到流量放大阀阀杆一端，引起阀杆位移，实现转向，阀杆另一端的油经随动转阀回油箱；当转向盘转得较快时，通过计量马达到流量放大阀阀杆一端的先导油就越多，阀杆位移量增大，转向就越快。

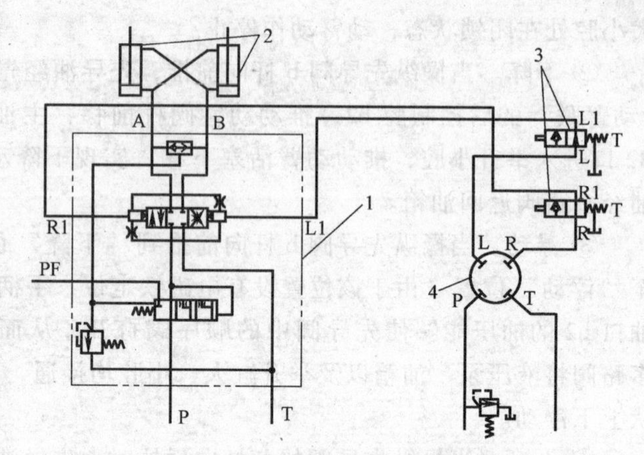

图 4-24　转向液压系统原理图

1—流量放大阀　2—转向液压缸　3—转向限位阀　4—转向器

转向盘与阀芯连在一起，当转向盘转动时，阀芯通过一个小角度，直到弹簧片被压，阀套才跟着旋转。这里阀芯与阀套分开一个角度，将油路接通。与此同时，与阀套相连的联动轴一起转动，带动定子内转子的旋动，把与转向盘转盘成一定比例的先导油送到流量放大阀。转向盘停止转动，弹簧片使得阀套回到中间位置，将油路关闭。

流量放大阀是转向系统中的一个液动换向阀，先导控制油由转向器经限位阀到流量放大阀的控制腔移动主阀芯，使转向泵来的油去转向液压缸完成转向动作。除优先供应转向系统外，它还可以使转向系统多余的油合流到工作系统，这样可降低工作泵的排量，以满足低压大流量时的作业工况。

限位阀用来限制装载机转向极限位置。当整机转至极限位置时，该阀切断去流量放大阀的先导控制油，使转向停止，起安全转向作用，避免机械限位的冲击。

4.2.3　装载机液压系统举例

1. LW500F、LW540 型液压系统（机械操纵型工作液压系统＋同轴流量放大转向系统）

本机液压系统包括转向液压系统和工作液压系统两部分。

（1）转向液压系统（见图 4-25）

1）组成。主要组成元件有：油箱、转向液压泵、优先阀、转向器、转向液压缸、油管等部件。

本转向液压系统具有以下优点：能够按照转向油路的要求优先向其分配流量，无论负载压力大小、转向盘转速高低，均能保证充足供油，因此转向动作平稳可靠。

液压泵输出的流量，除向转向油路分配使其维持正常工作外，剩余部分全部供给工作液压系统油路使用，从而消除了由于向转向油路供油过多而造成的功率损失，提高了系统的工作效率。

2）工作原理。转向器与转向液压缸组成一个位置控制系统，转向液压缸活塞杆的位移与转向器阀芯的角位移成正比。转向器内的摆线马达是一个计量装置（熄火转向时起液压泵作用），它把分配给转向液压缸的油液体积量转化为转向器阀套的角位移量，阀套相对阀芯的角位移决定了配油窗口的开口面积。转向盘转速越高，相对角位移越大；转向盘停止转动时，相对角位移为零，配油窗口关闭，实现反馈控制。回位弹簧使阀套越过死区与阀芯对中。另外本转向器还具有流量放大功能，当快速转向时，阀套上的可变节流口打开，一部分油液可通过此节流口进入转向液压缸，加快转向速度。优先阀是一个定差减压元件，无论负载和供油流量如何变化，优先阀均能维持转向器内变节流两端压差基本不变，保证转向器所需的流量。

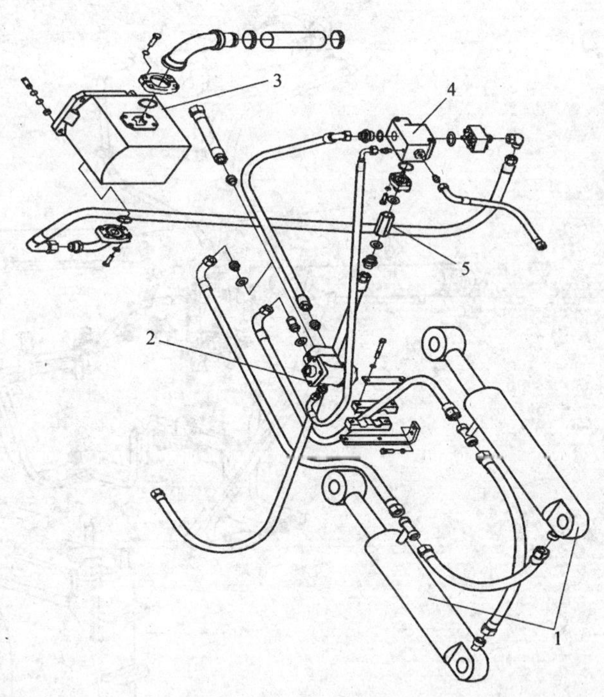

图4-25 转向液压系统

1—转向液压缸 2—转向器 3—转向泵 4—优先阀 5—单向阀

（2）工作液压系统

1）组成。工作液压系统（见图4-26）用于控制铲斗动作，其主要组成元件有：油箱、工作液压泵、分配阀、动臂液压缸、转斗液压缸、油管等部件。

2）工作装置液压系统原理如图4-27所示。当工作装置不工作时，来自液压泵的液压油输入到工作分配阀，经分配阀回油腔、回油箱。当需要铲斗铲挖或卸料时，操纵转斗操纵杆，后拉或前推，来自液压泵的工作油经分配阀进入转斗液压缸的后腔或前腔，使铲斗上翻或下转。当需要动臂提升或下降时，操纵动臂操纵杆，后拉或前推，来自液压泵的工作油经分配阀进入动臂液压缸的下腔或上腔，使动臂和铲斗提升或下降。

当外负载超过系统提升或上翻能力时，或者动臂缸活塞达到液压缸端部，或者转斗液压缸活塞达到液压缸前端，系统压力升高达到系统调定压力时，液压油顶开溢流阀卸载经分配阀回油箱。

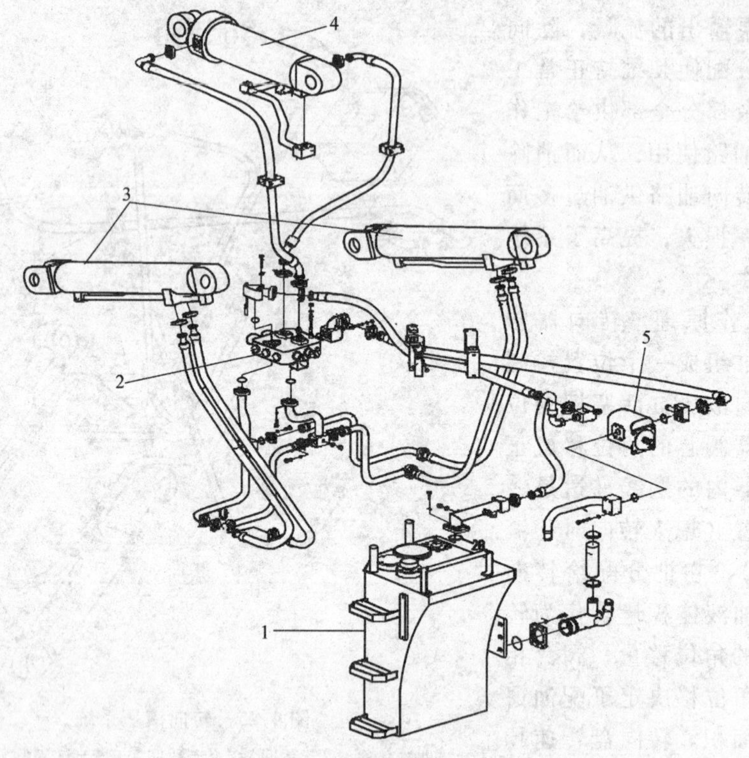

图 4-26　工作液压系统

1—液压油箱　2—多路阀　3—动臂液压缸　4—转斗液压缸　5—工作泵

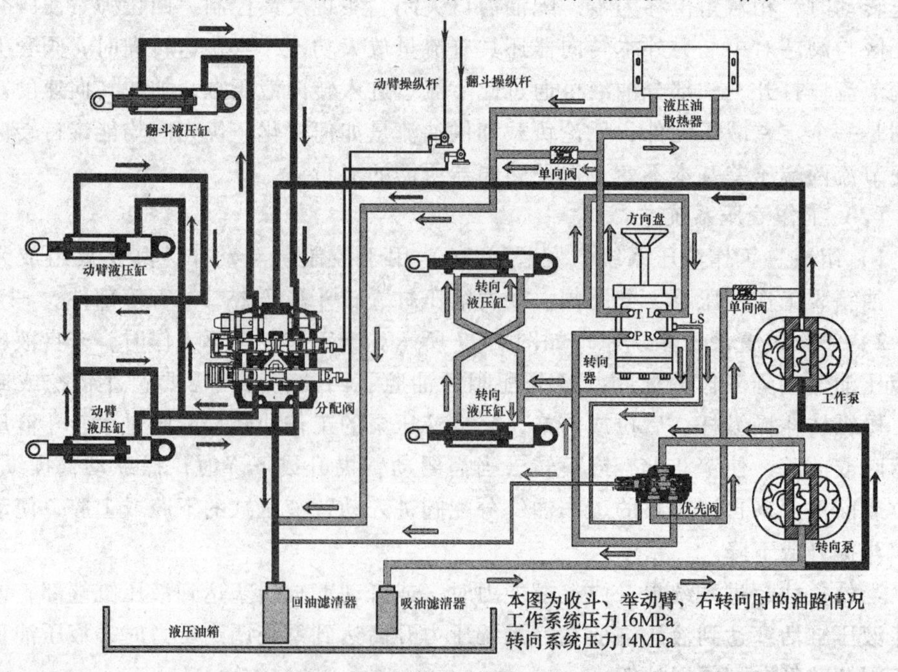

图 4-27　工作装置液压系统原理

转斗液压缸前腔油压超过前腔溢流阀调定压力时，液压油顶开溢流阀溢流卸载经分配阀回油箱。当铲斗需要上下浮动（用于装卸散装物料），操纵动臂操纵杆前推二档，来自液压泵的工作油经分配阀可进入动臂液压缸上下腔，同时与油箱相通，液压缸上下腔工作油处于低压状态，铲斗在自重作用下处于自由浮动状态，铲斗贴着地面工作。

2. ZL50G、ZL60G型液压系统（液压先导控制工作液压系统+液压先导控制流量放大转向液压系统）

（1）工作液压系统　工作液压系统的组成如图4-28所示。

1）动臂与铲斗为中位状态（见图4-29）。控制路线概述如下。

先导泵来油→溢流阀→液压油箱。

于是工作泵出油与转向泵经流量放大阀和卸荷阀来油合流→多路阀P口→多路阀T→回油滤清器→液压油箱。此时动臂与铲斗均无动作。

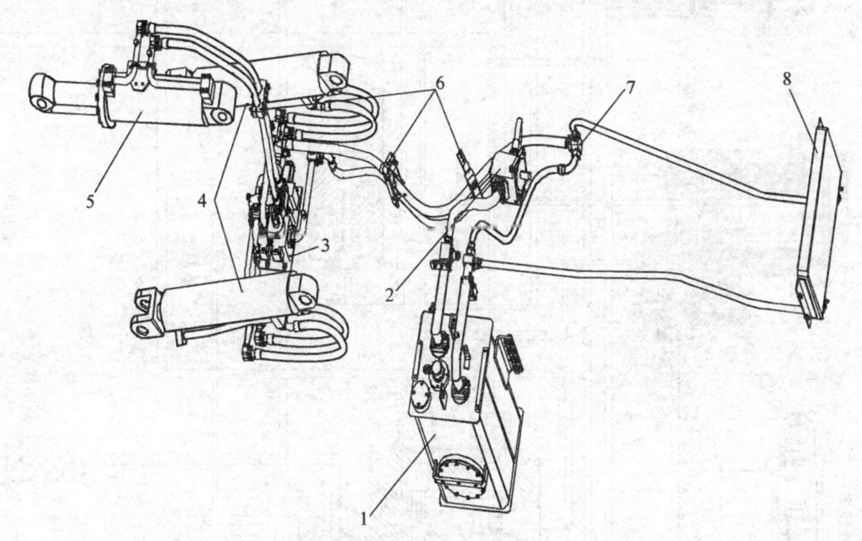

图4-28　工作液压系统的组成

1—液压油箱　2—工作泵　3—多路阀　4—提升液压缸　5—转斗液压缸
6—固定管夹　7—三通接头块　8—液压油散热器

2）动臂处于提升状态（见图4-30）。控制路线概述如下。

先导泵→单向阀→选择阀P1口→选择阀P2口→电磁阀P口→电磁阀A口→先导阀动臂联P口→先导阀动臂联a2口→多路阀a2口；多路阀b2口→先导阀动臂联b2口→先导阀动臂联T口（该先导油路的作用是使多路阀口与A2口接通，B2口与T口接通）。

于是工作泵出油与转向泵经流量放大阀和卸荷阀来油合流→多路阀P口→多路阀A2口→提升液压缸大腔；提升液压缸小腔→多路换向阀B2→多路阀T→回油滤清器→液压油箱（图中箭头表示当该油路接通时的油液流动方向）。此时动臂为

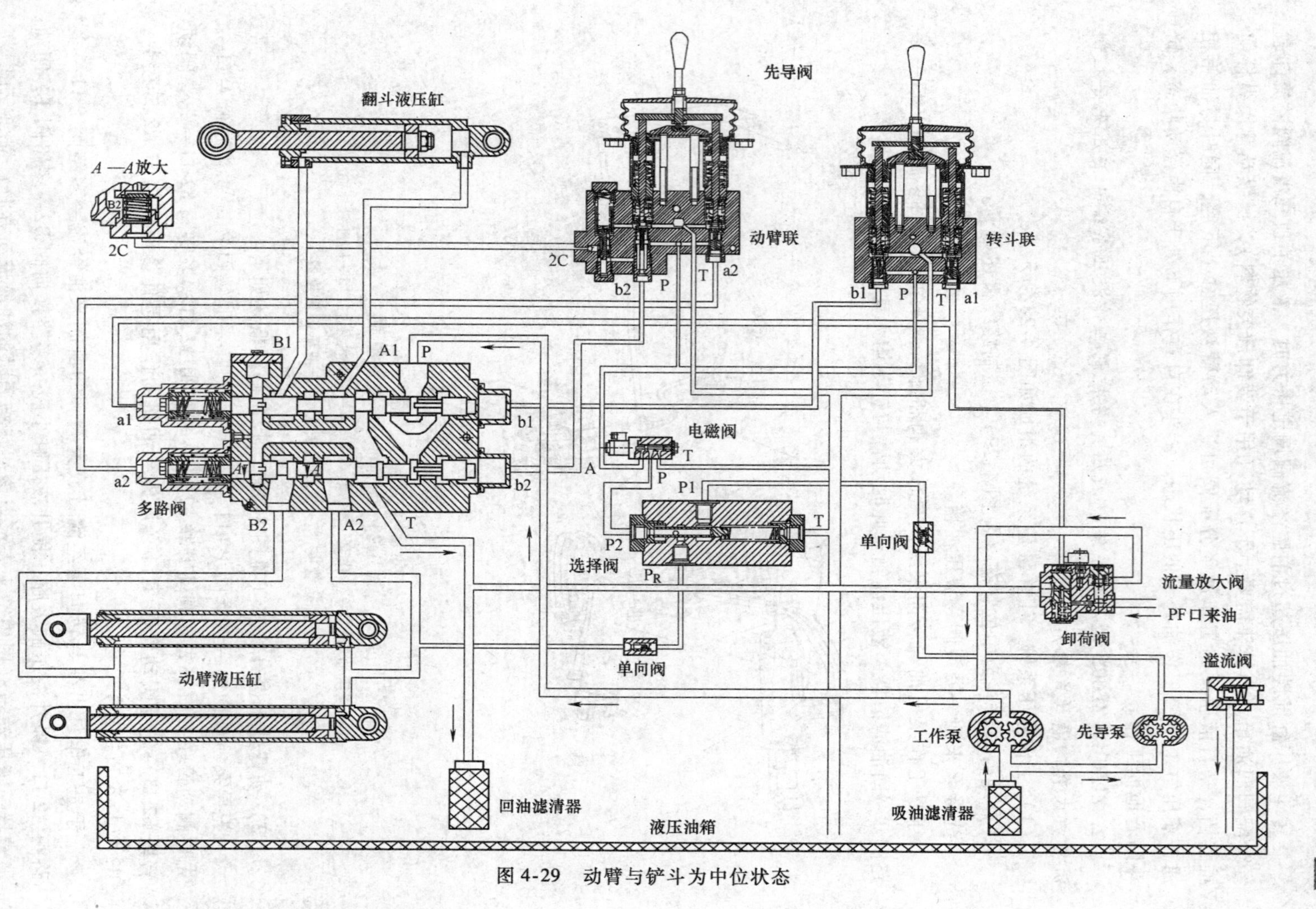

图 4-29　动臂与铲斗为中位状态

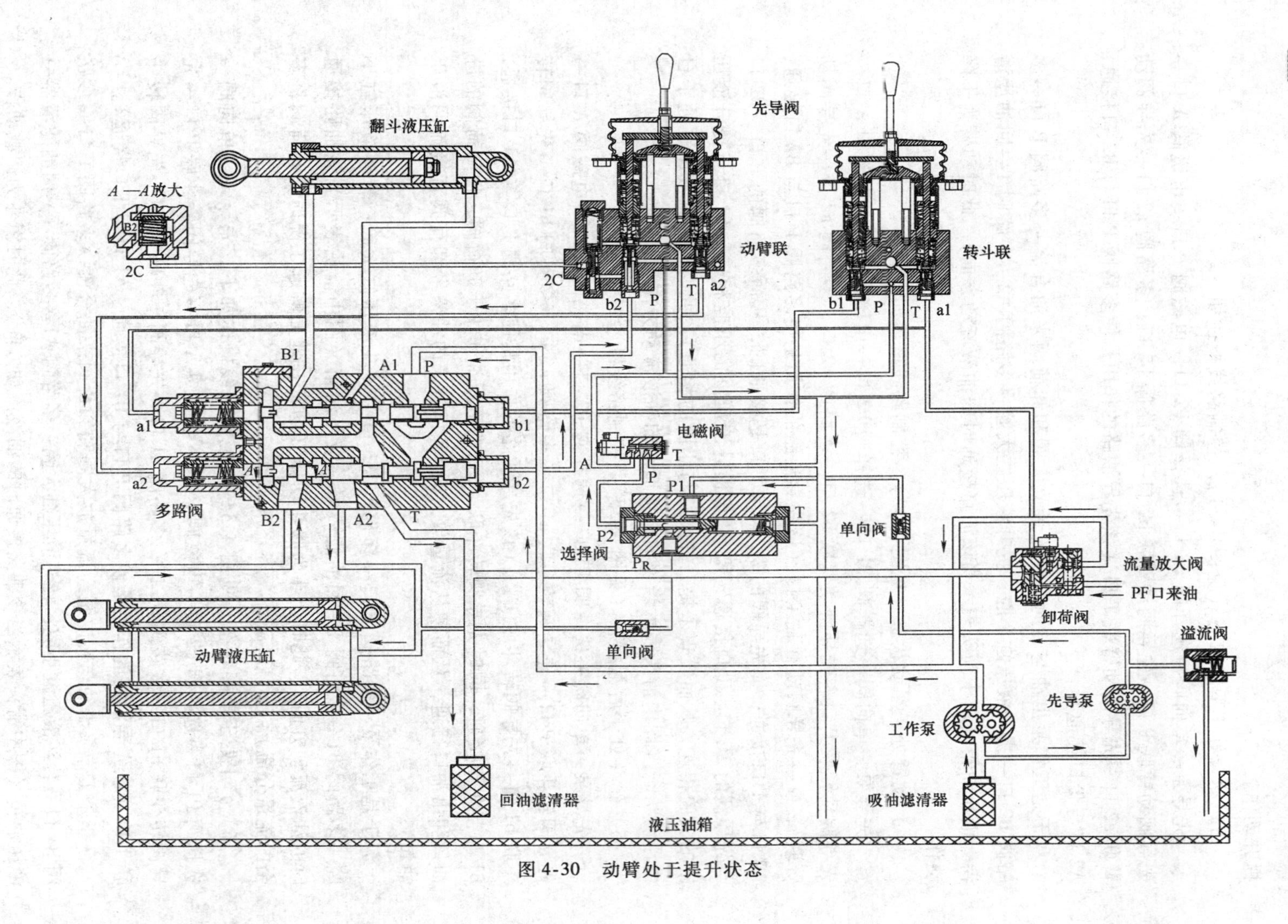

图4-30 动臂处于提升状态

提升动作。

3）动臂处于下降状态（见图 4-31）。控制路线概述如下。

先导泵→单向阀→选择阀 P1 口→选择阀 P2 口→电磁阀 P 口→电磁阀 A 口→先导阀动臂联 P 口→先导阀动臂联 b2 口→多路阀 b2 口；多路阀 a2 口→先导阀动臂联 a2 口→先导阀动臂联 T 口（该先导油路的作用是使多路阀 P 口与 B2 口接通，A2 口与 T 口接通）。

于是工作泵出油与转向泵经流量放大阀和卸荷阀来油合流→多路阀 P 口→多路阀 B2 口→提升液压缸小腔；提升液压缸大腔→多路阀 A2→多路阀 T→回油滤清器→液压油箱（图中箭头表示当该油路接通时的油液流动方向）。此时动臂为下降动作。

4）动臂处于浮动状态（见图 4-32）。控制路线概述如下。

先导泵→单向阀→选择阀 P1 口→选择阀 P2 口→电磁阀 P 口→电磁阀 A 口→先导阀动臂联 P 口→先导阀动臂联 b2 口→多路阀 b2 口；多路阀 a2 口→先导阀动臂联 a2 口→先导阀动臂联 T 口（该先导油路的作用是使多路阀 P 口与 B2 口接通，A2 口与 T 口接通；而先导阀的 2C 口与 T 口是接通的，从而多路阀的 P 口、B2 口与先导阀的 2C 口、T 口接通，B2 口与提升液压缸的小腔相连，A2 口与提升液压缸的大腔相连，从而实现了提升缸大腔与小腔的相通）。此时，提升液压缸处于自由浮动状态（图中箭头表示当该油路接通时的油液流动方向）。

5）铲斗处于后翻状态（见图 4-33）。控制路线概述如下。

先导泵→单向阀→选择阀 P1 口→选择阀 P2 口→电磁阀 P 口→电磁阀 A 口→先导阀转斗联 P 口→先导阀转斗联 a1 口→多路阀 a1 口；多路阀 b1 口→先导阀转斗联 b1 口→先导阀转斗联 T 口（该先导油路的作用是使多路阀 P 口与 A1 口接通，B1 口与 T 口接通，同时先导阀转斗联 a1 口的液压油作用于卸荷阀，使卸荷阀的进油口和出油口接通，从而使从流量放大阀 PF 口过来的油液经卸荷阀直接流回液压油箱）。

于是工作泵→多路阀 P 口→多路阀 A1 口→转斗液压缸大腔；转斗液压缸小腔→多路阀 B1→多路阀 T→回油滤清器→液压油箱（图中箭头表示当该油路接通时的油液流动方向）。此时铲斗为收斗动作（通常在地面崛起工况时，卸荷阀将多余的流量分流）。

6）铲斗处于前翻状态（见图 4-34）。控制路线概述如下。先导泵→单向阀→选择阀 P1 口→选择阀 P2 口→电磁阀 P 口→电磁阀 A 口→先导阀转斗联 P 口→先导阀转斗联 b1 口→多路阀 b1 口；多路阀 a1 口→先导阀转斗联 a1 口→先导阀转斗联 T 口（该先导油路的作用是使多路阀 P 口与 B1 口接通，A1 口与 T 口接通）。

于是工作泵出油与转向泵经流量放大阀和卸荷阀来油合流→多路阀 P 口→多路阀 B1 口→转斗液压缸小腔；转斗液压缸大腔→多路阀 A1→多路阀 T→回油滤清器→液压油箱（图中箭头表示当该油路接通时的油液流动方向）。此时铲斗为卸载动作。

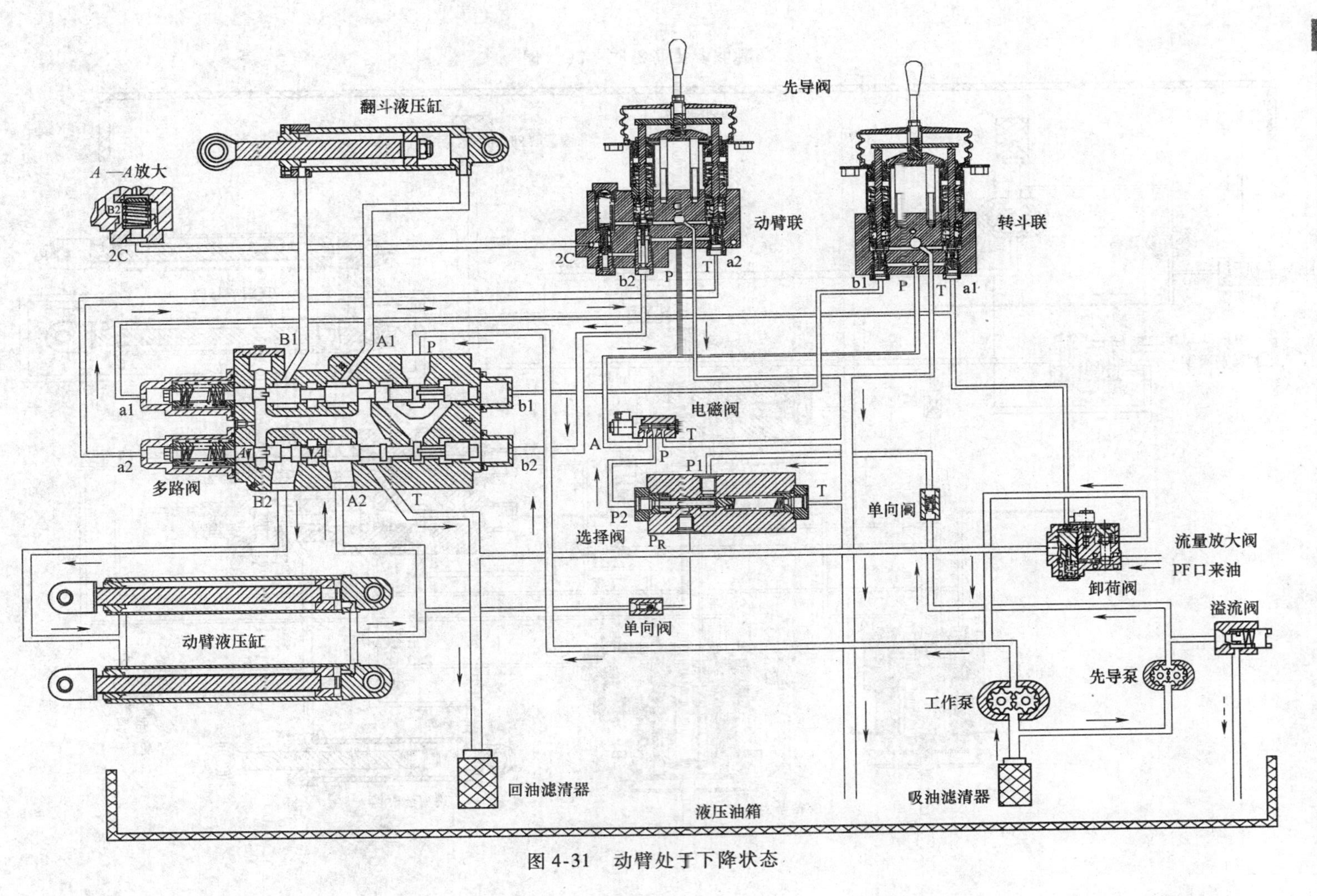

图 4-31 动臂处于下降状态

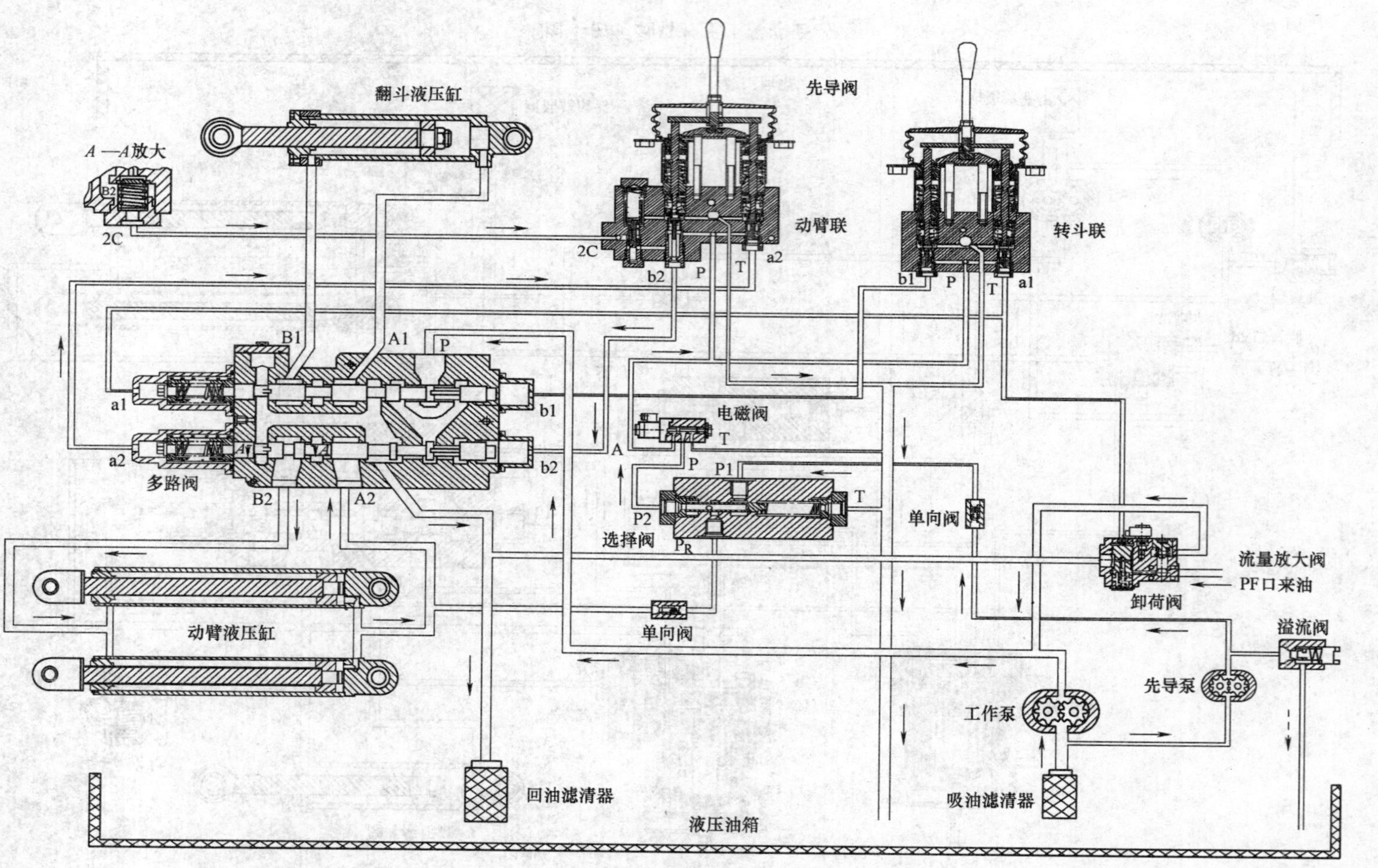

图 4-32　动臂处于浮动状态

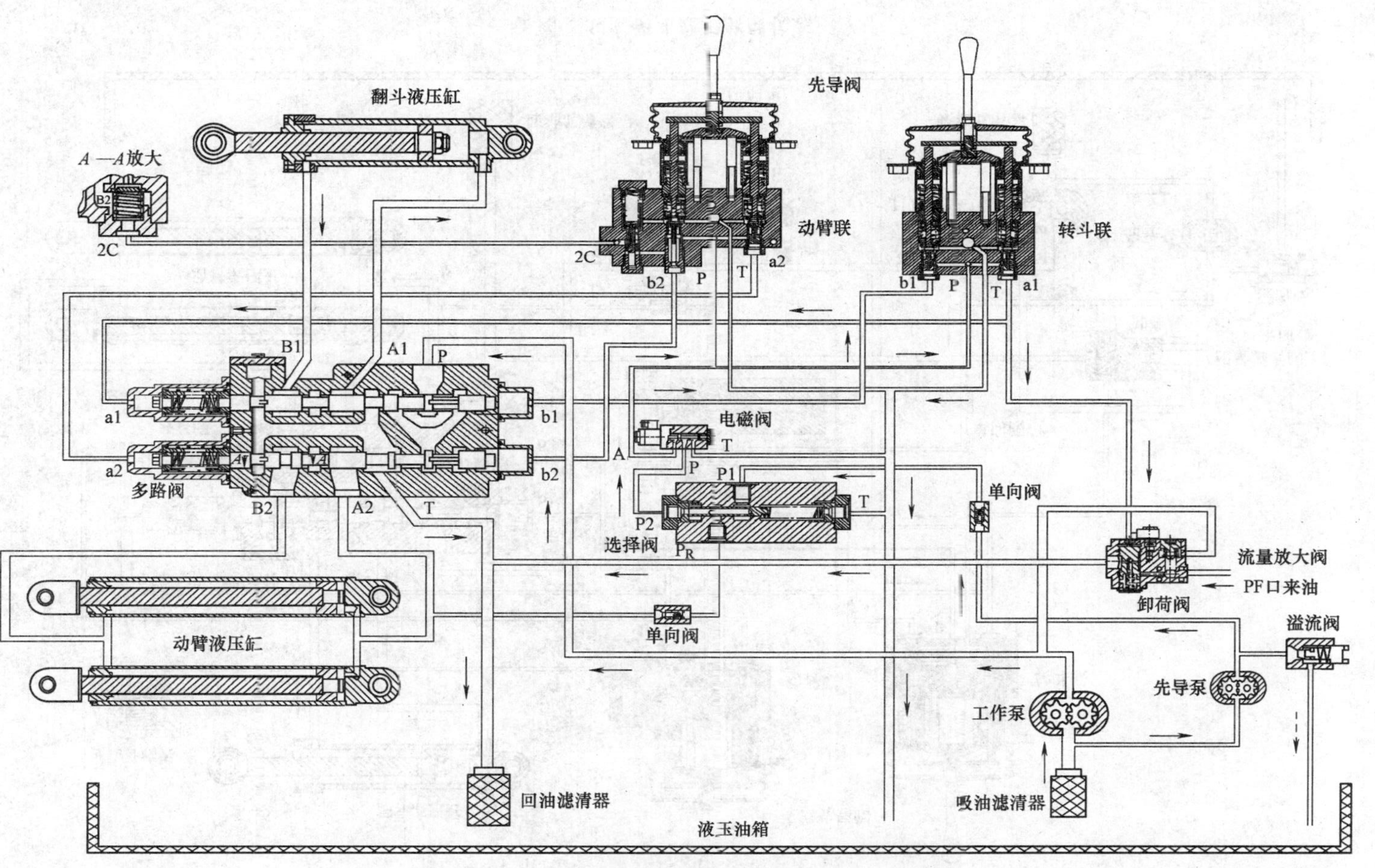

图 4-33　铲斗处于后翻状态

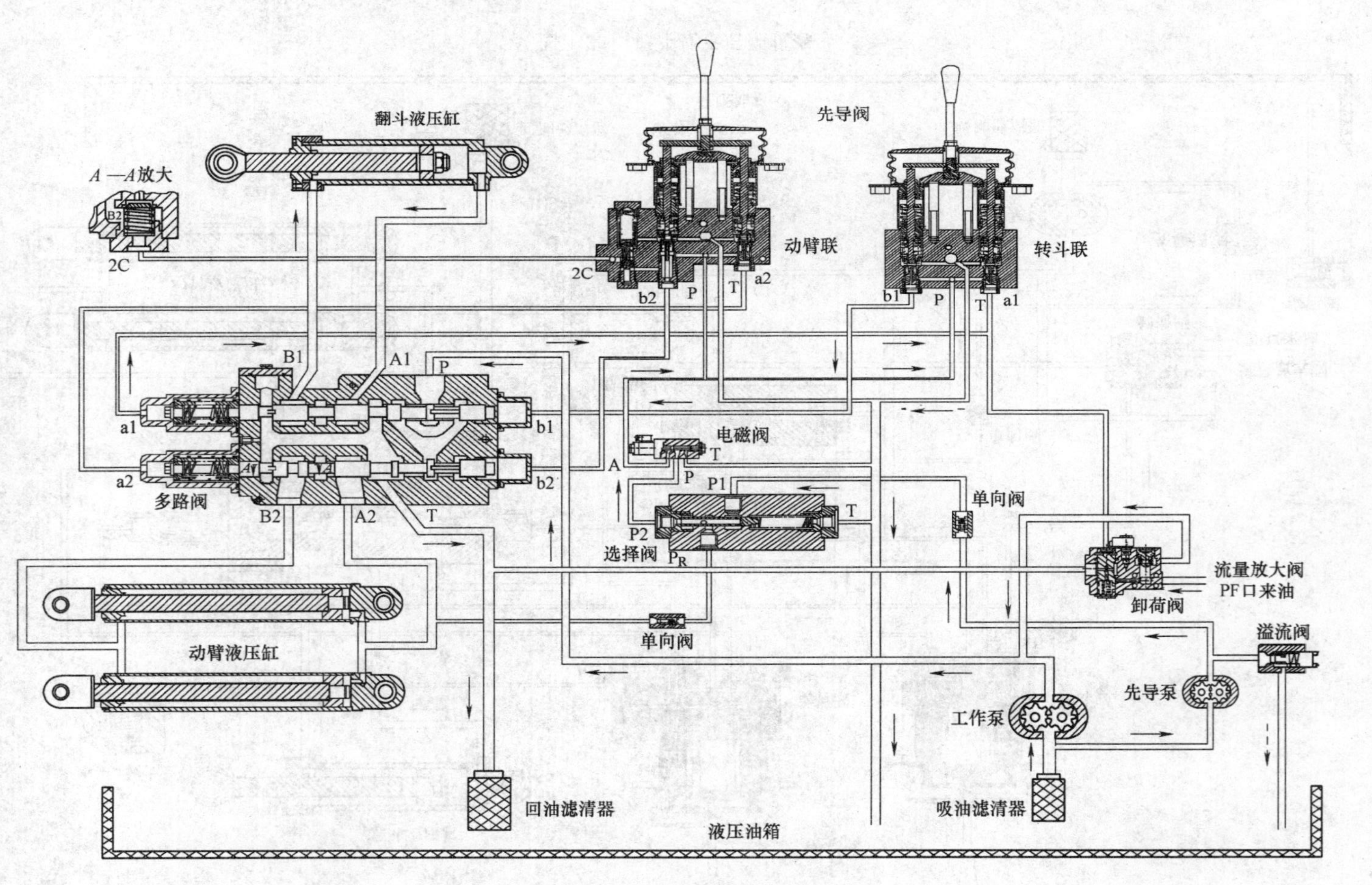

图 4-34 铲斗处于前翻状态

(2) 转向液压系统 转向液压系统的功用是用来控制装载机的行驶方向，使装载机稳定地保持直线行驶且在转向时能灵活地改变行驶方向。转向液压系统良好稳定的性能是保证装载机安全行驶、减轻驾驶员劳动强度、提高作业效率的重要因素。转向液压系统图如图4-35所示。

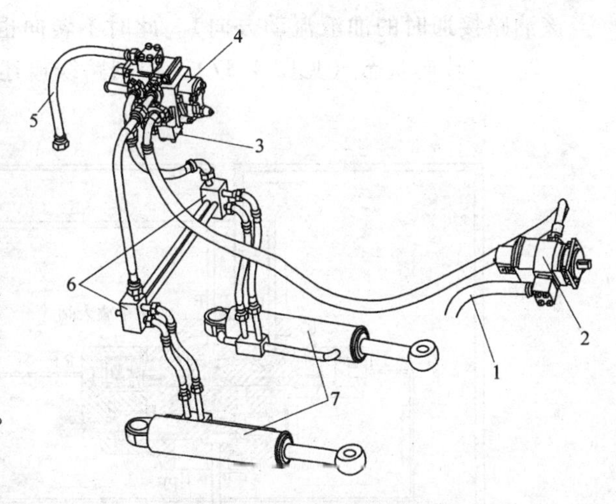

图4-35 转向液压系统图

1—转向泵进油管 2—先导、转向双联泵 3—卸荷阀 4—流量放大阀 5—流量放大阀回油管 6—接头块 7—转向液压缸

1）转向中位状态（见图4-36）。控制路线概述如下。

先导泵→溢流阀进油口→溢流阀回油口→液压油箱（注：在该先导控制油路中，此先导泵与工作系统中先导泵为同一元件）。

于是转向泵→流量放大阀P口→流量放大阀PF口→卸荷阀→多路阀→回油滤清器→液压油箱（图中箭头表示

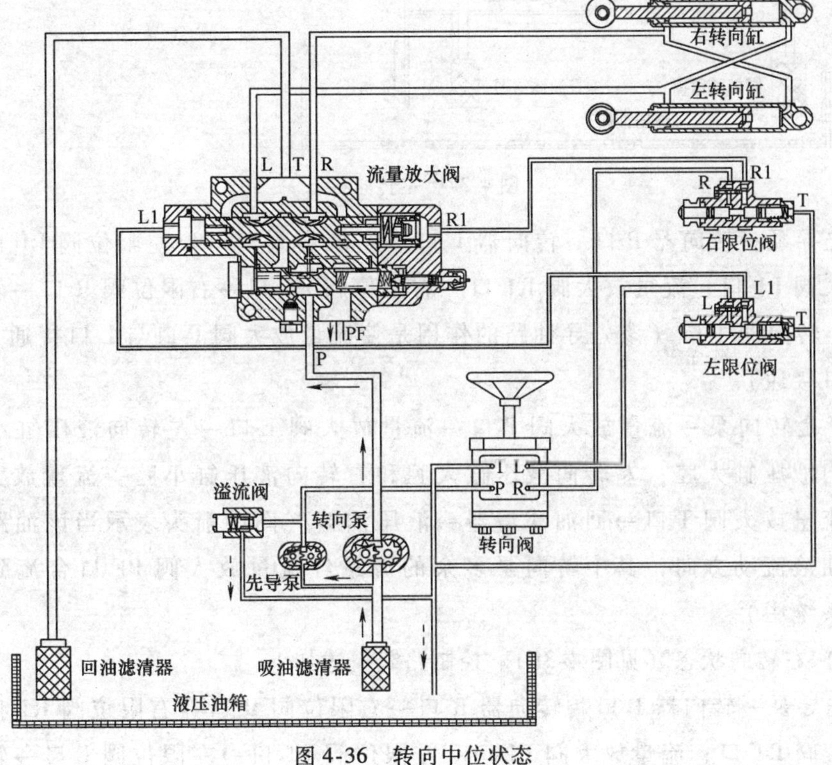

图4-36 转向中位状态

当该油路接通时的油液流动方向）。此时不转向也不工作。

2）左转向状态（见图4-37）。控制路线概述如下。

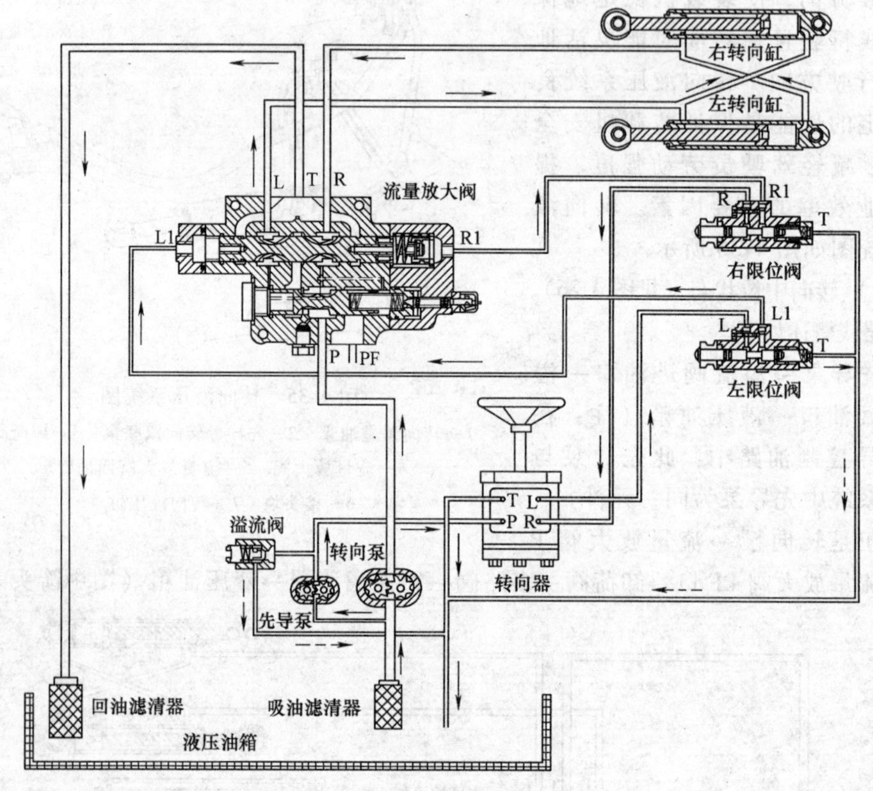

图4-37　左转向状态

先导泵→转向器P口→转向器L口→左限位阀L口→左限位阀L1口→流量放大阀L1口；流量放大阀R1口→右限位阀R1口→右限位阀R口→转向器R口→转向器T口（该先导油路的作用是使流量放大阀P口与L口接通，R口与T口接通）。

于是转向泵→流量放大阀P口→流量放大阀L口→左转向液压缸小腔和右转向液压缸大腔；左转向液压缸大腔和右转向液压缸小腔→流量放大阀R口→流量放大阀T口→回油滤清器→液压油箱（图中箭头表示当该油路接通时的油液流动方向，其中转向泵多余的流量经流量放大阀PF口合流到工作液压系统中）。

3）右转向状态（见图4-38）。控制路线概述如下。

先导泵→转向器P口→转向器R口→右限位阀R口→右限位阀R1口→流量放大阀R1口；流量放大阀L1口→左限位阀L1口→左限位阀L口→转向器

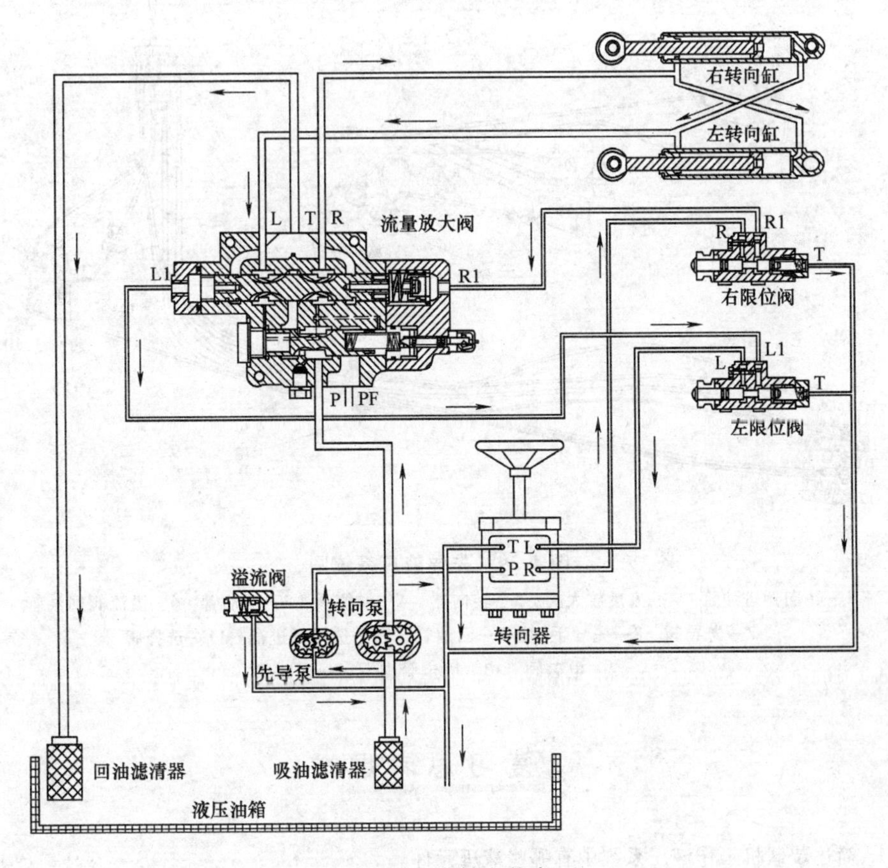

图 4-38　右转向状态

L 口→转向器 T 口（该先导油路的作用是使流量放大阀 P 口与 R 口接通，L 口与 T 口接通）。

于是转向泵→流量放大阀 P 口→流量放大阀 R 口→右转向液压缸小腔和左转向液压缸大腔；右转向液压缸大腔和左转向液压缸小腔→流量放大阀 L 口→流量放大阀 T 口→回油滤清器→液压油箱（图中箭头表示当该油路接通时的油液流动方向，其中转向泵多余的流量经流量放大阀 PF 口合流到工作液压系统中）。

图 4-39 所示为先导液压系统图，其功用主要有两方面：一是利用较小流量的先导泵来油推动流量放大阀的主阀芯移动，以控制转向泵过来的较大流量液压油进入左右转向液压缸，从而实现以低压小流量控制高压大流量的目的，减轻操作者的劳动强度；二是通过先导阀来控制液动多路阀的动作，大大减轻了换向（转斗、动臂操作杆）操作力。

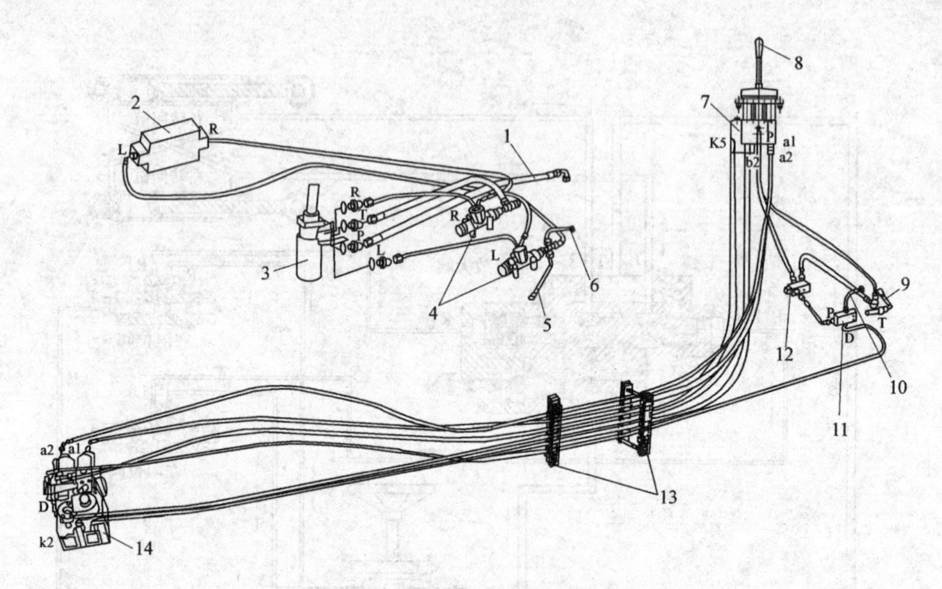

图 4-39　先导液压系统图

1—转向器进油管　2—流量放大阀　3—转向器　4—限位阀　5—回油管　6—溢流阀回油管　7—先导阀　8—先导手柄　9—回油管　10—选择阀进油　11—选择阀　12—电磁阀　13—固定管夹　14—多路阀

复习思考题

1. 简述装载机工作液压系统中有哪些液压元件。
2. 简述装载机转向液压系统中有哪些液压元件。
3. 简述装载机工作液压系统的工作原理。
4. 简述装载机转向液压系统的工作原理。
5. 简述装载机液压系统中有哪些液压元件。
6. 简述多路阀的结构及工作原理。
7. 简述流量放大阀的结构及工作原理。
8. 简述卸荷阀的结构及工作原理。

第5章

装载机电气系统

培训学习目标

了解装载机电气系统包括的元件。

熟悉装载机电气系统元件的作用。

熟悉装载机电气系统的各组成部分名称。

熟悉装载机电气系统各组成部分的功用。

5.1 装载机电气系统的主要元件

5.1.1 蓄电池（见图5-1）

1. 功用与构造

蓄电池是一个化学电源，靠内部化学反应在充电时将电源的电能转变成化学能储存起来，放电时将储存的化学能转变成电能供给用电设备。

电化学原理：以二氧化铅为活性材料组成的正电极与以海绵铅为活性材料组

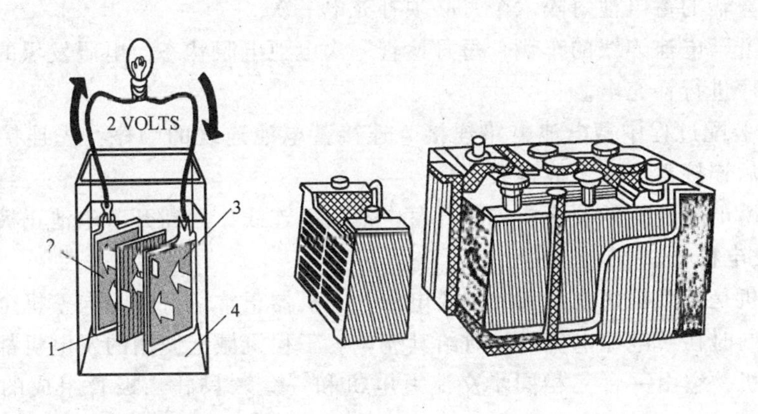

图5-1 蓄电池

1—隔板 2—正极板 3—负极板 4—电解液

成的负电极插入硫酸电解液中，可产生 2.1V 左右的电压 。汽车用铅酸蓄电池一般由 6 个单格串联而成，因此开路电压约 12.6V。

蓄电池主要用于起动，也称起动蓄电池，由若干个单格蓄电池串联而成，每个单格蓄电池由极板、隔板和电解液组成。

（1）主要功用　起动发动机时，向起动马达和点火系统供电，另外还有以下两个辅助作用发电机不发电或电压较低时，向整机用电设备供电。当发电机超负载时，为用电设备补充供电。

（2）构造　正极板（PbO_2 深棕色）；负极板（Pb 海绵状青灰色）；隔板：减小体积，防止短路；电解液：浓硫酸＋蒸馏水；密度：1.24　1.30g/cm^3。

（3）命名：JB/T 2599—2012《铅酸蓄电池名称、型号编制与命名办法》6-QW-120B 表示由 6 个单格电池串联而成，每格电池标称电压 2V，6 格串联起来，成为 12V 蓄电池，额定电压为 12V，额定容量为 12A·h 的起动型高起动率的免维护铅酸蓄电池。

2. 蓄电池的保养要求

（1）蓄电池的保养要求　停放时间超过 15 天的库存车和展车应拆下蓄电池负极连线。

蓄电池安装无松动，蓄电池外壳表面或与正负极柱结合处无酸液溢出，无裂纹，无磕碰伤，无污物。检查蓄电池状态指示器（电眼），电量显示如下。

绿色：蓄电池电量充足，可以正常起动汽车。

黑色：蓄电池电量不足，蓄电池需补充电。

白色：蓄电池报废，需更换。

每隔三个月检查一次蓄电池的电眼状态：电眼呈绿色，蓄电池为正常蓄电池；电眼呈黑色，蓄电池为亏电蓄电池，必须补充电。

入库车辆的蓄电池每隔六个月必须补充电一次。

未断开蓄电池连线的车辆，每月检查一次电池电眼状态。电眼发黑的蓄电池按补充电程序进行补充电。

（2）装配过程中蓄电池电路连接　连接蓄电池连线的顺序：先连接蓄电池正极连线，后连接蓄电池负极连线。

断开蓄电池连线的顺序：先断开蓄电池负极连线，后断开蓄电池正极连线。

5.1.2　发电机

发电机是装载机用电设备的主要电源，在机器正常运行时，向整机全部用电设备供电，同时在蓄电池电量不足时给其充电。工程机械上使用的发电机都是硅整流交流发电机，它由一台三相同步交流发电机和一套六只硅二极管组成的整流器所组成。

1. 发电机的结构（见图 5-2）

1）转子总成。转子轴、励磁绕组、两块爪形磁极、集电环。

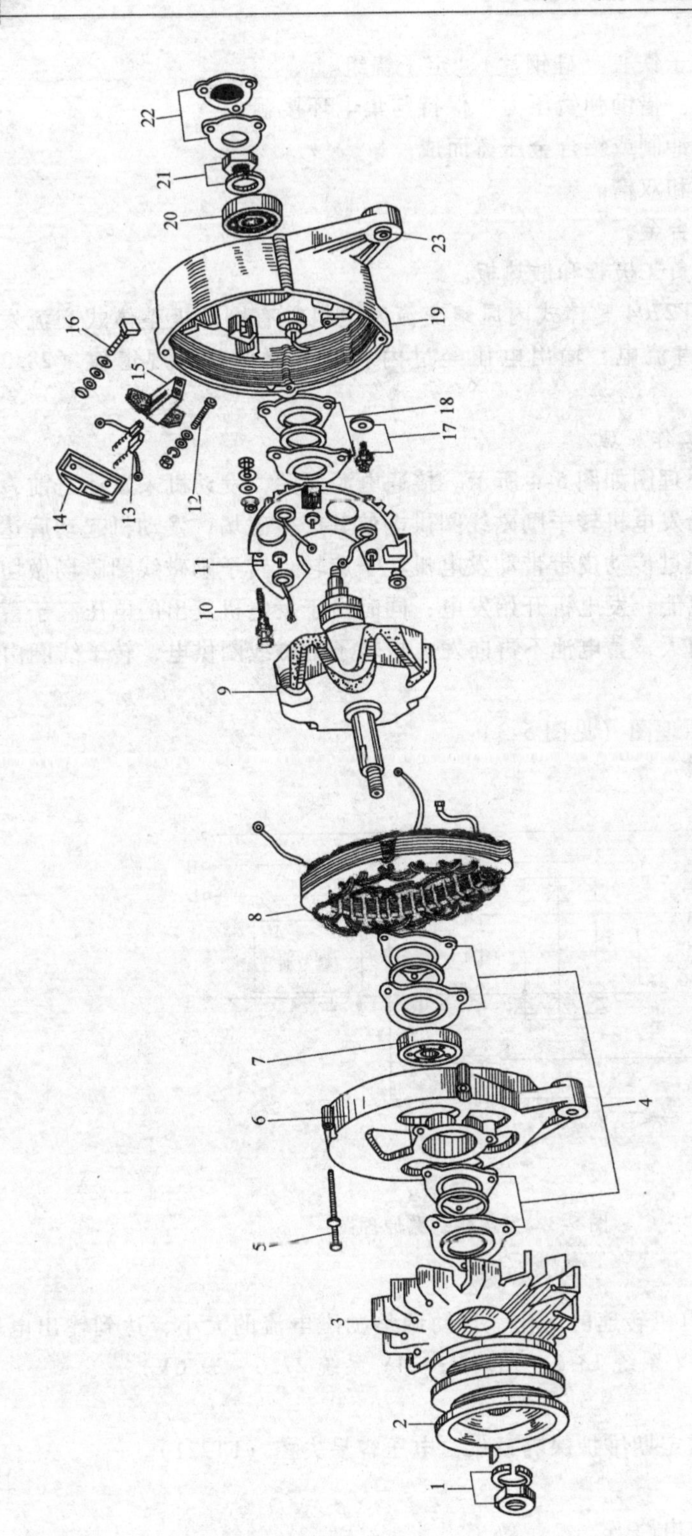

图 5-2　发电机的结构

1—紧固螺母及弹簧垫圈　2—带轮　3—风扇　4—前轴承油封及护圈　5—组装螺栓　6—前端盖
7—前轴承　8—定子　9—转子　10—"+"电枢接柱　11—元件板　12—"-"搭铁接柱
13—电刷及弹簧　14—电刷盒外盖　15—电刷盒　16—"F"磁场接柱　17—元件板固装螺栓
18—后端盖轴承油封及护圈　19—后端盖　20—后轴承　21—转轴固定螺母及弹簧垫圈
22—后轴承纸垫及护盖　23—安装臂钢套

2）定子总成。定子铁心（硅钢片）、定子绕组。

3）电刷与电刷架。借助弹簧压力，保持与集电环接触。

4）风扇。用钢板冲制或铝合金压铸而成。

5）带轮。分单槽和双槽。

6）前后端盖。铝合金。

7）整流器。正、负二极管和散热板。

康明斯发动机用JF2704整体式内风扇交流发电机是有刷爪极整体式交流发电机，通过整流器输出直流电，输出电压经过内装调节器调整到规定值（28.3±0.3）V。

2. 发电机的基本工作原理

发电机基本工作原理图如图5-4所示。接通电源开关，发动机未发动之前，蓄电池通过充电指示灯给发电机转子励磁线圈供电使其产生磁场，发动机起动后达到一定转速后，发动机通过传动皮带带动发电机转子旋转，转子励磁线圈磁场做切割定子线圈运动而产生电能，发电机开始发电；同时由于发电机发出的电压高于蓄电池电压，充电指示灯熄灭，蓄电池不再向发电机转子励磁线圈供电，转子线圈由发电机自供电。

（1）发电机线路原理图（见图5-3）：

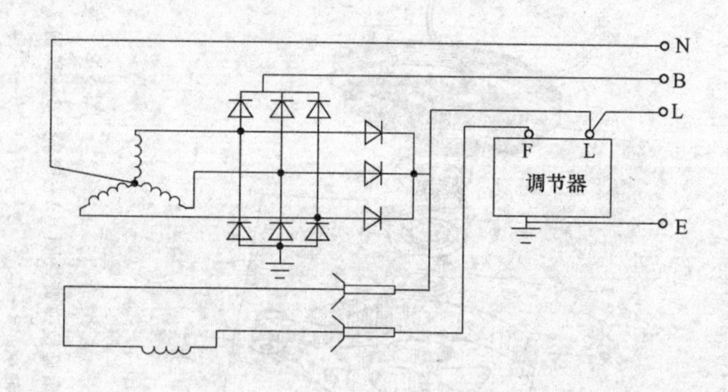

图5-3　发电机线路原理图

（2）调节器

1）作用。根据发电机转速的变化，自动调整励磁电流的大小，达到输出电压稳定在一定范围内（12V系统13.2~14.8V；24V系统27.6~29.6V）。

2）分类如下。

① 机械振动式。需定期维护保养触点，电压容易失控（FT221）。

② 电子式。

③ 晶体管式、集成电路。

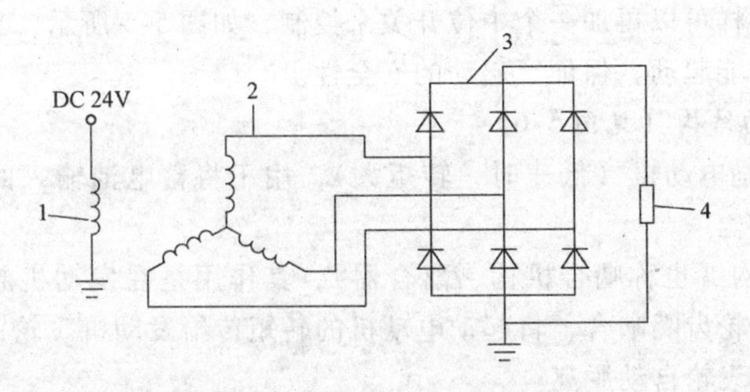

图5-4 发电机基本工作原理图

1—转子 2—定子 3—整流器 4—负载

3. 发电机端子说明

1）B——直流输出接线柱。

2）N——中性点输出接线柱。

3）L——充电指示灯接线柱。

4）E——接地端。

5）S1、S2、S3——定子引出线。

5.1.3 起动机

起动机，能够实现发动机电起动，所谓电起动就是由直流电动机产生动力，经传动机构带动发动机曲轴转动，从而实现发动机的起动。

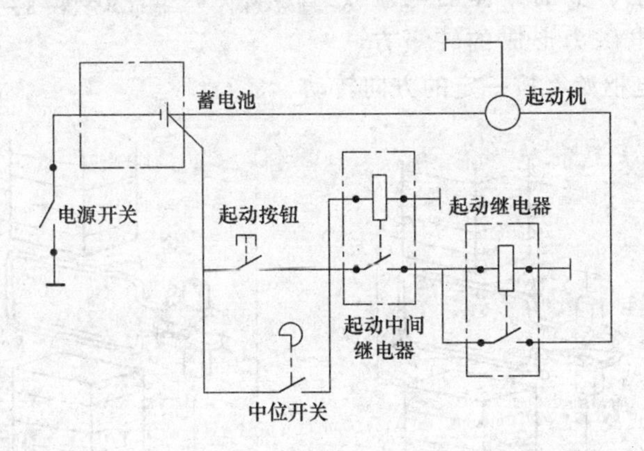

图5-5 起动电路原理

1. 起动电路原理（见图5-5）

起动电路由蓄电池、起动机、电源开关、起动钥匙等组成。

1）起动电路往往要通过一个继电器来进行控制，是为了保护起动按钮或起动钥匙的触点。

2）有的车辆在起动的时候，要保证行走在中位，以免起动时候发生事故或保

护其他电路，这样可以再加一个中位开关来控制，如图 5-5 所示，只有中位开关在中位的时候，才能起动，保证了起动的安全性。

2. 起动机的结构（见图 5-6）

1）直流串励电动机（低速时，转矩大），用于将蓄电池输入的电能转换为机械能，产生转矩。

2）传动机构（也称啮合机构、离合器），其作用是在发动机起动时，起动机的驱动齿轮与飞轮齿圈啮合，将起动电动机的转矩传给发动机飞轮；在发动机起动后，使起动机与飞轮自动脱离。

3）控制装置。又称电磁开关，用来接通和切断起动电动机与蓄电池之间的连接。

直流串励电动机构成如下。

电枢：换向器、铁心、绕组、轴。

电极：磁极铁心、磁极绕组电刷、电刷架（绝缘电刷和搭铁电刷）。

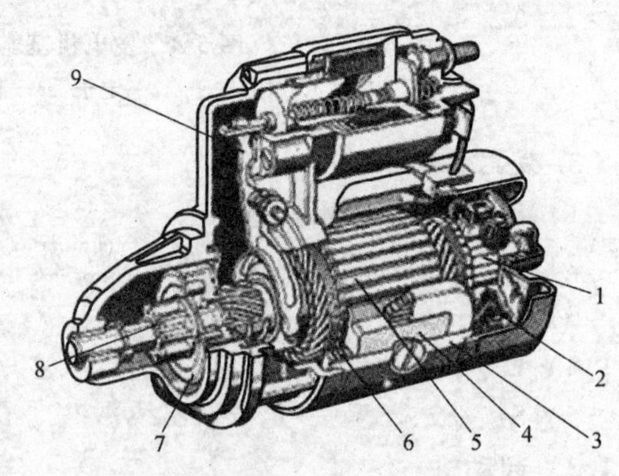

图 5-6 起动机的结构

1—换向器 2—电刷 3—机壳 4—磁极 5—电枢 6—励磁线圈 7—超越离合器 8—小齿轮 9—拨动杆

3. 起动机的工作原理（见图 5-7）

直流电动机根据通电导体在磁场中受电磁力作用而发生运动的原理工作。由于换向器的作用，使在 N 极和 S 极之间且处于上、下面导体的电流方向保持不变，电磁力形成的转矩方向保持不变，使电枢始终按一定的方向转动。

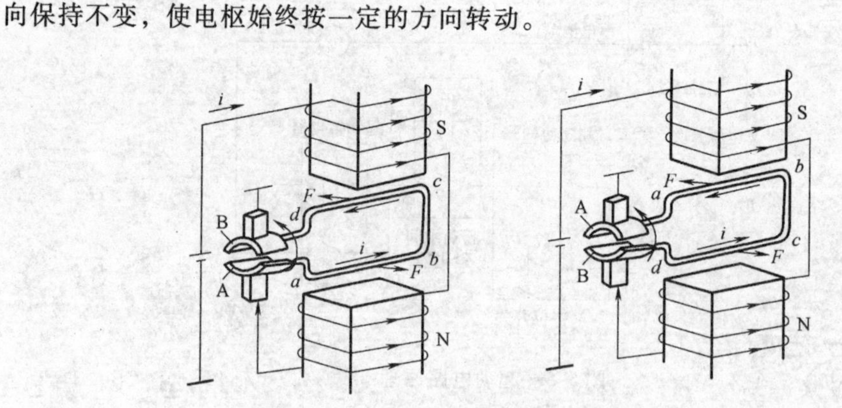
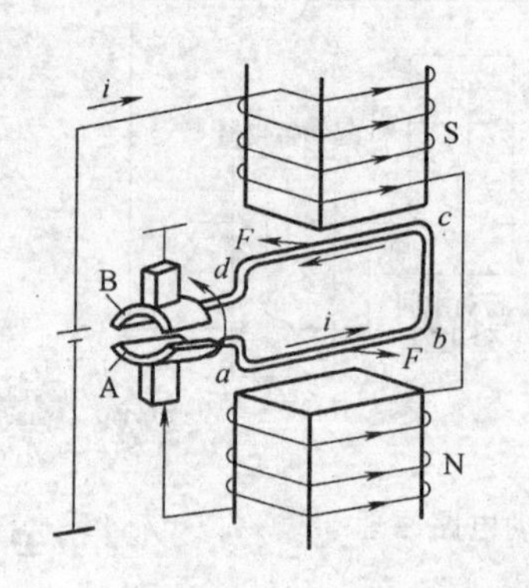

图 5-7 起动机的工作原理

4. 起动机的基本工作原理图（见图 5-8）

5. 起动机的工作机构

起动机的传动装置（见图 5-9）由单向离合器和拨叉等组成。单向离合器的功用是单方向传递转矩，即起动发动机时，将电动机的驱动转矩传递给发动机曲轴

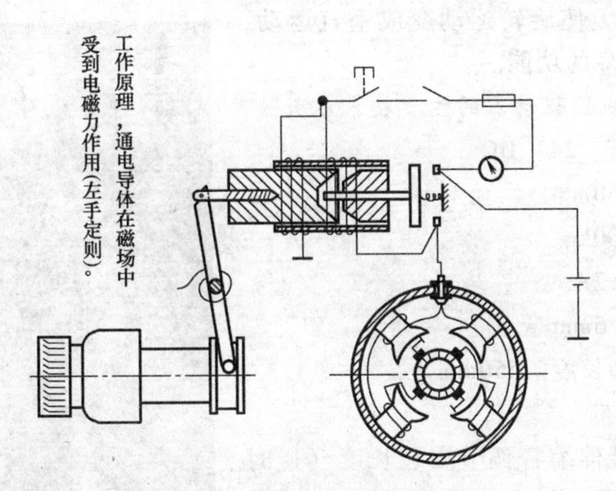

图 5-8 起动机的基本工作原理图

(传递动力)；当发动机起动后又能自动打滑(切断动力)，以免损坏电动机。

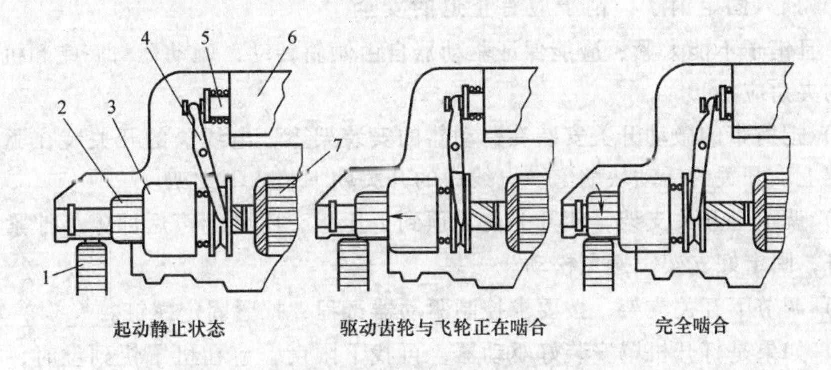

图 5-9 起动机的传动装置

1—飞轮 2—驱动齿轮 3—单向离合器 4—拨叉
5—活动铁心 6—电磁开关 7—电枢

起动机的动力是通过一个可以沿轴向滑动的小齿轮与飞轮齿圈啮合来传递的。而小齿轮通过杠杆机构是由电磁开关操纵的，而电磁开关则由起动按扭或起动钥匙来控制，电磁开关是起动机主回路的开关。

当接通起动开关 K(起动点火线圈)时，电磁开关通电，电流进入电磁开关吸拉线圈和保持线圈内，产生吸力而吸动铁心，铁心向右移，它一面经过杠杆带动小齿轮和飞轮齿圈啮合，同时推动起动机主回路接触盘向右移，使接触盘和接线柱触头接触，接通起动机主回路，断开起动开关后，电磁开关断电，在回位弹簧的作用下，起动机小齿轮退出飞轮齿圈，同时电动机电路被切断，起动过程结束。

5.1.4 XQ-250 线性驱动器(见图 5-10)

XQ-250 线性驱动器为电动驱动，由电动机通过一组涡轮蜗杆变速后带动一副滚珠丝杠副运动，使旋转运动变成垂直运动，以实现举升和下降的功能。

图 5-10　XQ-250 线性驱动器

1. XQ-250 线性驱动器的主要技术参数

1）电源电压。24V DC

2）行程。250mm。

3）负载。300kg。

4）电流。<7A。

5）速度。3.6mm/s。

6）最小安装长度。550mm。

2. 安装与使用

1）通过旋转伸缩杆调节安装长度（逆时针方向为伸长，顺时针方向为缩短），把驱动器装入上下固定座上。

2）插入固定销子，销子应有止退的安全措施，且销子不能太紧，应能保证驱动器自由倾斜转动，驱动器与底座和机罩支点连线的夹角应≤90°。

3）把所带的微动开关安装在驱动器的安装架上，电线长的开关装在驱动器的上支架上，开关的活动块朝上。电线短的开关朝下装入下支架。

4）调节上开关支架，使开关往上顶到上压板，听到响声后即停，拧紧支架上的螺钉，固定好支架，避免松动。

5）调节下开关支架，按要求控制驱动器行程，拧紧固定螺钉。

6）如果是打开机罩安装好驱动器，再找下限度，应在机罩快到位时，一定要用点按的方式控制按钮（否则会烧坏电动机或损坏传动结构）。当机罩一到位，即按照第 4 步骤固定好上开关支架，以保证开关断开时机罩刚好到位。

7）连接好接插件，接通电源。

8）驱动器的伸缩杆通常只能承受轴向负荷，安装时应避免在伸缩杆上施加横向负载和偏心负载。

3. 注意事项

1）必须先打开两边侧门，检查驱动器上下限位是否固定到位，才能做驱动器的升降操作。严禁侧门关上时或者在没安装好上下限位开关的情况下，随意操作驱动器。

2）运行中出现机罩卡死或有异物阻挡时，应立即停止操作并排除，不能强行开启或下降，否则将损坏电动机或传动结构。

3）驱动器长期放置不用时，应一个月动作一次，并涂油保护以防生锈，同时检查限位开关是否接触良好。

5.1.5 接近开关

接近开关由高频振荡、检波、放大、触发及输出电路等组成，振荡器在传感器检测面产生一个交变电磁场，当金属物体接近传感器检测面时，金属中产生的涡流吸收了振荡器上的能量，使振荡减弱以致停振，振荡器的振荡及停振这两种状态转换为电信号，通过整形、放大器转换成二进制的开关信号，经功率放大后输出。

1. 接近开关（J7-D10B1）的主要技术参数及接线方式

电源电压 U：10～30V DC。输出状态：常开。输出方式：PNP。输出电流 I：300mA。检测距离 S_n：100mm。

2. 安装和工作距离的调整

J7-D10B1 型接近开关是直径为 M30 的圆柱形开关，开关上配有螺母及止退垫片，先退出一半螺母及止退垫片，把开关插入安装孔，上好退出的螺母及止退垫片。通过调节丌关上的螺母来调整开关感应面和感应体之间的距离，使其正好处在开关的工作距离，然后旋紧螺母，使开关稳定地固定在安装架上，避免松劲（工作距离：一般设定在 6mm 左右）。

3. 注意事项

1）电源线接插件连接完好，保证电源供电正常。

2）提供稳定的工作电源，电源电压应在（DC10～30V）范围内，如果电压不稳，瞬间过高将烧毁开关内部电子元件，导致开关失灵。

3）开关工作距离应调节合适，如果距离太大，由于感应体晃动，使工作距离超出检测距离，而使开关失效。如果距离太近，容易造成感应体碰撞或切断开关感应面，致使开关损坏失效。

4）用户在使用过程中应定期检查开关及感应体是否松动，工作距离是否变化太大，并及时调整，避免造成不必要的损失。

5.1.6 仪表电路

在工程机械工作过程中，操作者基本上是靠仪表的指示来随时掌握整机各部分的工作状态，可见准确无误的仪表指示是不可缺少的。

随着工程机械技术的发展，仪表所承担的功能日趋增多，许多现代新技术得到广泛使用。使用什么仪表是根据机体本身需求来设定的。例如，监测电气系统的电流表或电压表；检测发动机转速的转速表，机油压力的油压表，发动机水温的水温表，发动机机油温度的油温表；检测燃油油位的油位计；检测行驶速度的速度里程表；检测振动频率的频率表等。各种仪表类型及传感器结构形式见表 5-1。

1. 仪表

（1）电流表　电流表是测量蓄电池充放电的电流，以保证蓄电池及电路能正常工作的一种仪表。电流表的工作是基于通电导体（基座、导电板或导线等）所发生的磁场与磁钢磁场的相互作用，使指针轴上的感应片发生一定的偏转，从而指示出相应的充放电电流的。一般刻度盘上右方的“+”表示发电机对蓄电池充电，左方的“-”表示蓄电池对电路放电。

表 5-1　各种仪表类型及传感器结构形式

仪表名称	仪表类型	传感器结构形式	仪表名称	仪表类型	传感器结构形式
电流表	电磁式		油压表（压力表）	电磁式	可变电阻式
	动磁式			动磁式	可变电阻式
电压表	动磁式			双金属片电热式	双金属片式
燃油表	电磁式	可变电阻式		弹簧式	
	动磁式	可变电阻式		磁感应式	
	双金属片电热式	可变电阻式		电子式	
水温表（温度表）	电磁式	热敏电阻式	转速表	磁感应式	
	动磁式	热敏电阻式		电子式	
	双金属片电热式	双金属片或热敏电阻式	电压表	弹簧管式	
	弹簧管式				

（2）电压表　电压表用来指示电源系统的工作情况，它比电流表和充电指示灯等更直观和实用。接通点火开关，电源电压高于稳压管击穿电压后两线圈中便有电流通过，并形成一个合成磁场。该合成磁场与永久磁铁的磁场相互作用，使转子带动指针偏转。电源电压越高，通过线圈的电流越大，磁场越强，指针偏转角度越大，电压表指示的电压越高。

（3）直感式压力表　直感式压力表使用范围很广，它是利用空心的感压弹性敏感元件，即弹簧管的变形来测量压力的一种仪表。其主要机件为一根用弹性金属制成的空管，截面呈圆形，并弯成不到一整圈的圆弧，使其横截面的长轴垂直这个圆弧的平面。如果管子内部空间与其外表面之间产生压差，则这种管子可以变更其曲率。弹簧管的一端焊入管接头内，使液体或气体在压力下进入管内形成压差；弹簧管的另一端与拉杆相连，而拉杆再用传动机构带动指针转动以指示压差的数值，即压力的示值。

（4）电感式压力表　电感式压力表是要与压力传感器配合使用的。压力传感器将系统压力的高低转变为电量传送至压力表，压力表中的双金属片得到电阻丝扩散的不同热量，产生相应的挠曲推动指针指示出相应的压力值。

（5）温度表　温度表与热敏电阻式温度传感器配套使用，是利用了热敏电阻的基本特性，即当温度变化时热敏电阻的阻值改变的性能。例如，柴油机水温升高时，装在传感器中的热敏电阻的阻值迅速减小（负温度系数热敏电阻）或迅速增大（正温度系数热敏电阻），从而使配套线路的电流值大幅度地改变，电热式水温表中的双金属片因得到电阻丝扩散的不同热量，产生相应的挠曲推动指针指示出冷却水的温度。

（6）油位计　油位计通常显示的是燃油剩余量。它的工作原理是将油箱中油面高度的变化转换为浮筒可变阻值的变化，从而改变了油位计中两线圈的电流值以

及由它产生并被铁心所加强的磁场。

2. 传感器

(1) 温度传感器　温度传感器把温度的变化以电阻值变化的方式检测出来，随温度的不同，电阻值发生很大的变化。当水温较低时候，电阻值较大，随着温度的升高，电阻值逐渐降低。

(2) 压力传感器　压力传感器用于检测气体压力及液体压力，它大多测定的是差压。压力传感器的种类有多种类型，使用膜片式压力传感器较多。膜片式压力传感器是利用膜片上应力片电阻改变的效应制成的半导体传感器，膜片与应变片制成一个整体，当压力加到其上时，膜片发生变形，此变形使应变片的阻值发生变化，再通过桥式电路测出与压力成正比的电信号并传输出去。

(3) 液位传感器　大部分的液位传感器不使用特殊的半导体器件，而是利用浮子与连杆用机械方式判定液面水平使仪表动作的。液位传感器的种类很多，最常用的是可变电阻式液位传感器。可变电阻式液位传感器是有浮子、内装滑动电阻的本体以及连接两者的浮子臂构成的。浮子可随液位上、下移动，这时滑动臂就在电阻上滑动，从而改变搭铁与浮子之间的电阻值，利用这一阻值变化来控制回路中电流的大小，并在仪表上显示出来。

3. 仪表与传感器的注意事项

(1) 仪表使用安装注意事项

1) 仪表必须与其配套传感器一起使用。

2) 导线应连接可靠，不得与其他金属导体相接触。

3) 安装与拆卸时，不要敲打和磕碰。

电流表和电压表还应注意如下。

1) 电流表正、负极性不可接反，一般情况，工程机械都是整车为负极接地，那么电流表“-”接线柱应接蓄电池正极，“+”接线柱应接交流发电机电枢一端(B+)。

2) 电流表接线前应将垫圈、螺母、螺栓等接触面用砂纸打磨干净，安装螺母时，最好涂一点干净机油，既可防锈蚀又便于拆装。平面绝缘垫圈应完好，且平面绝缘垫圈与弹簧垫圈之间应装一只平垫片并接牢，以免因接触不良而使线头发热，甚至烧坏仪表和线束。

3) 电流表与电压表接线时，应注意将整车电源关闭，以免造成短路。电压表上的“+”极接蓄电池正极，“-”极接蓄电池负极，不可错接。

(2) 传感器使用安装注意事项

1) 油量传感器。

① 油箱内浮子的移动应灵活，以免浮子与油箱隔板干涉造成指示不准。

② 油量传感器接地应可靠。

2) 温度传感器。温度传感器接地应可靠，温度传感器的导线连接不得短路。

3）压力传感器。

① 安装压力传感器时，不可直接拧外壳。

② 如压力传感器有报警，那么传感器线与报警线不可接反。

4）转速传感器。确保转速传感器底部与发动机齿顶间隙为0.8～1.0mm，否则会造成指示失准。正确的安装方法：先将转速传感器拧到底，即转速传感器底部碰到发动机飞轮齿顶部，然后逆时针回旋2/3圈，再用背紧螺母紧固。

5.2 装载机电气系统的构成及特点

装载机电气系统是整机的重要组成部分，电气系统的主要功用是起动发动机并完成照明、信号指示、仪表监测、电控设备（包括各种电磁控制阀等）和其他辅助用电设备（主要包括空调、刮水器、暖风机、收放机）等的供电工作，它对提高装载机的经济性、使用性和安全性起到重要作用。

5.2.1 电气系统主要构成（见图5-11）

电气系统包括蓄电池、起动机、发电机、调节器等，其主要有五个组成部分：电源起动部分、照明信号部分、仪表检测部分、电子监控部分和辅助部分。各部分的组成关系如图5-11所示：蓄电池给起动机供电，由起动机的直流电动机产生动力，经传动机构带动发动机曲轴转动，从而实现发动机的起动；通过带传动，带动发电机发电，供给所有用电设备电能，并给蓄电池充电。调节器控制发电机输出稳定的电压。

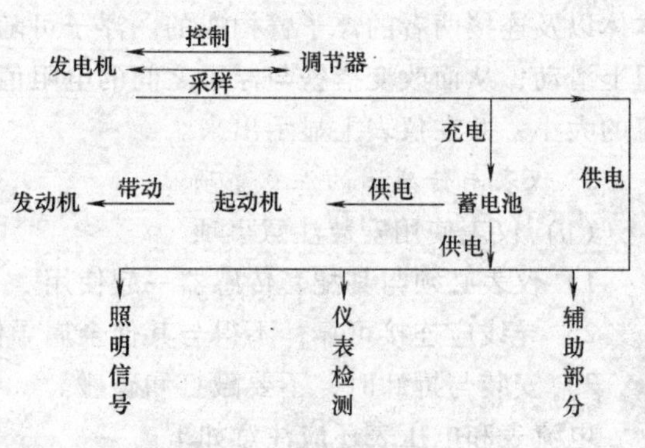

图5-11 电气系统主要构成

5.2.2 装载机电气系统的特点

装载机电气系统根据产品型号、车型结构的不同，电气设备的数量、种类、安装方式、安装位置各不相同，但都有下列特点。

1）低压。两块蓄电池串联。

2）直流。DC 24V。

3）单线制。负极搭铁。

4）并联。用电设备互不干扰，并联工作。

5.2.3 电气系统功能的分类

电气系统按功能可以分为：电源电路、起动电路、仪表检测电路、照明电路、故障报警电路、变速器控制电路、机罩升降控制电路、铲斗自动放平及动臂举升限位电路。

1）电源电路由蓄电池、交流发电机（包括电枢、磁场、内置调节器等）、电源继电器、刀开关、励磁电阻等组成，为整车提供所需的电能。

2）起动电路包括：起动机、蓄电池、起动继电器、点火开关、刀开关等。

3）仪表检测电路。主要包括：发动机机油压力表和传感器，用来显示发动机的压力；制动气压表和制动气压传感器，用来显示制动气压压力；油温表和油温传感器，用来显示变速器油温；水温表和水温传感器，用来显示发动机水温；燃油表和燃油位置传感器，用来显示燃油多少。

4）照明电路。一般由开关控制，包括：远、近光灯，前、后工作灯，前、后转向灯，行车灯，倒车灯，制动灯等。

5）故障报警电路。有电子监控器、七组合报警指示灯和各种传感器（如发动机油压传感器、水温传感器、油温传感器、制动压力传感器）等。电子监控器监测供电电压、冷却水温、变矩油温、燃油油量、机油压力、变速油压、制动压力，并在出现故障时显示电压、油温和压力等的具体数值。七组合报警指示灯在进行左右转向、驻车制动、低油压等时报警。

6）机罩升降控制电路。包括升降控制按钮、升降限位开关、电动泵等，如图5-12所示。

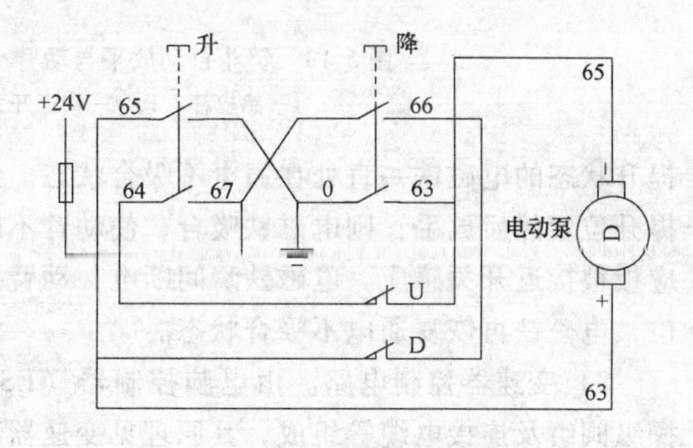

图5-12 机罩升降控制电路

7）铲斗自动放平与动臂举升限位机构示意图如图5-13所示。

① 铲斗自动放平概述。包括接近开关、继电器、感应杆、先导电磁铁等元件。当感应杆靠近或离开接近开关时，接近开关间接地控制先导电磁铁通电或断电，从而实现铲斗的高位自动放平功能。

感应杆装在翻斗液压缸活塞杆端部，接近开关装在翻斗液压缸缸筒上，感应杆的感应表面与接近开关的感应表面之间存在一定的间隙。当铲斗处于卸料位置（即活塞杆处于缩进状态）时，感应杆被接近开关感应，先导阀内用于保持铲斗处于收斗状态的电磁铁一直处在通电不吸合状态。此时，将先导阀的铲斗控制手柄推到收斗位置然后放手，则电磁铁吸合，使铲斗保持收斗状态。当铲斗达到设定位置时，感应杆和接近开关分开，电磁铁瞬间断电，铲斗控制手柄在复位弹簧的作用下回到中位，电磁铁再恢复通电不吸合状态。

② 动臂举升限位概述。其功用是在动臂液压缸活塞即将达到最大行程时来限制动臂的最大举升高度。其工作原理：感应板装在动臂侧板上，接近开关安装在前车架耳座上，感应板的感应表面与接近开关的感应表面之间存在一定的间隙。当动臂处于较低位置时，感应板和接近开关处于分开状态，先导阀内用于保持动臂处于

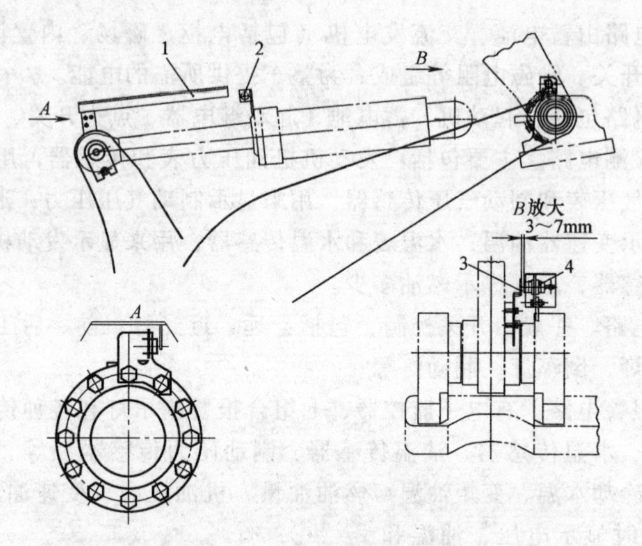

图 5-13　铲斗自动放平与动臂举升限位机构示意图

1—感应杆　2、4—接近开关　3—感应板

提升状态的电磁铁一直处在通电不吸合状态。此时，将先导阀的动臂控制手柄推到提升位置然后放手，则电磁铁吸合，使动臂不断上升。当动臂达到限定位置时，感应板被接近开关感应，电磁铁瞬间断电，动臂控制手柄在复位弹簧的作用下回到中位，电磁铁再恢复通电不吸合状态。

8）变速器控制电路。由电脑控制器（EST-17）、换档手柄（DWG-3）、电控操纵阀组及连接电缆等组成，其原理见变速器部分。

复习思考题

1. 简述装载机电气系统的组成。
2. 简述装载机电气系统的特点。
3. 简述装载机电气系统的分类。
4. 简述装载机电气系统的工作原理。
5. 简述起动机的结构组成及工作原理。
6. 简述发电机的结构组成及工作原理。
7. 简述蓄电池的结构组成及工作原理。
8. 简述电气系统中常用的元件。

第6章

装载机整车装配与调试

培训学习目标

了解各装配工位的主要工艺过程。

了解各装配工位的各组成部分名称。

掌握各装配工位的各组成部分的功用。

6.1 装载机整车装配基础知识

1. 装配的概念

机械产品都是由若干个零件和部件组成的。按照规定的技术要求，将若干个零件接合成部件或将若干个零件和部件接合成产品的劳动过程称为装配。前者称为部件装配，后者称为总装配。

机器的装配是整个机器制造过程中的最后一个阶段，它包括装配、调整、检验和试验、涂装、包装等工作。产品结构设计的正确性是保证产品质量的先决条件，零件的加工质量是产品质量的基础，而产品的质量最终是通过装配工艺保证的。若装配不当，即使零件的制造质量都合格，也不一定装配出合格的产品；反之，当零件的质量不良好，只要在装配中采取合适的工艺措施，也能使产品达到或基本达到规定的要求。

2. 装配工作的基本内容

（1）清洗　机械产品的清洗有利于保证产品的装配质量和延长产品的使用寿命，尤其是对于轴承、密封件、相互接触或相互配合的表面以及有特殊清洗要求的零件，稍有杂物就会影响到产品的质量。所以装配前对零件进行清洗是非常重要的一环。

零件的清洗方法有擦洗、浸洗、喷洗和超声波清洗等。清洗液一般用煤油、汽油、碱液及各种化学清洗液。此外，还应注意使清洗过的零件具有一定的中间防锈能力。

将两个或两个以上的零件结合在一起的工作称为连接。连接的方式一般有可拆卸和不可拆卸两种。常见的可拆卸连接有螺纹连接、键连接和销连接。其特点是相互连接的零件可多次拆装且不损坏任何零件。

（2）连接　螺栓的拧紧顺序及施力要均匀，以免引起被连接件的变形。对重要螺纹还要规定拧紧力矩的大小，用指针式扭力扳手来拧紧。

常见的不可拆卸连接有过盈配合连接、焊接、铆接等，其共同特点是连接后就不再拆开，若要拆开就会损坏某零件。其中过盈配合常用于轴与孔的连接，连接方法有压入法（用于过盈量不太大时）、热胀法和冷缩法（用于过盈量较大或重要、精密的机械）。

（3）矫正、调整与配作　在产品的装配过程中，尤其是在单件小批生产的情况下，某些装配精度要求并非是随便把有关零件连接起来就能达到的，还需要进行矫正、调整或配作才行。

矫正就是在装配过程中通过找正、找平以及相应的调整工作来确定相关零件的相互位置关系。矫正时常用的工具有平尺、角尺、水平仪、光学准直仪以及相应的检验棒、过桥等。

调整就是调节相关零件的相互位置，除配合矫正所做的调整之外，还有各运动副间隙，如轴承间隙、导轨间隙、齿轮齿条间隙等的调整。

（4）平衡　对于转速高、运转平稳性要求高的机器（如精密磨床、内燃机、电动机等），为了防止在使用过程中因旋转件质量不平衡产生的离心惯性力而引起振动，装配时必须对有关旋转零件进行平衡，必要时还要对整机进行平衡。

平衡的方法分静平衡和动平衡，对于长度比直径小很多的圆盘类零件一般采用静平衡，而对于长度较大的零件如机床主轴、电动机转子等则要用动平衡。不平衡的质量可用以下方法平衡。

1）加重法。用补焊、粘结、螺纹连接等方法加配质量。

2）减重法。用钻、锉、铣、磨等机加工方法去除质量。

3）调节法。在预制的槽内改变平衡块的位置和数量。

（5）验收试验　产品装配好后应根据其质量验收标准进行全面的验收试验，各项验收指标合格后才可涂装、包装、出厂。各类机械产品不同，其验收技术标准也不同，验收试验的方法也就不同。

3. 装配的组织形式

装配工作组织得好坏对装配效率的高低、装配周期的长短均大有影响，应根据产品的结构特点、装配要求、产量大小等因素合理确定装配的组织形式。装配的组织形式如下。

（1）固定式装配　固定式装配即产品固定在某一工作地装配。装配时产品不移动，对时间的限制较松，矫正、调整、配作较方便，但产品装配周期较长，效率

较低，对工人的技术要求也较高。一般用于单件小批生产的产品、机床等装配精度要求很高的产品以及重型而不便移动的产品的装配。

（2）移动式装配　移动式装配是在装配流水线上工作的，装配时产品在装配线上移动，有连续移动装配和断续移动装配两种：连续移动装配时，工人边装配边随装配线走动，一个工位的装配工作完成后立即返回原地；断续移动装配时，装配线每隔一定时间往前移动一步，将装配对象带到下一工位。这种方法装配效率高，周期短，对工人的技术要求较低，但对每一工位的装配时间有严格要求。常用于大批量生产装配流水线和自动线。

4. 装配精度

装配精度既是制订装配工艺规程的基础，也是合理地确定零件的尺寸公差和技术条件的主要依据。装配精度就是产品装配后的实际几何参数、工作性能与理想几何参数以及工作性能的符合程度。具体包括：

（1）距离精度　指相关零部件的距离尺寸精度。例如车床床头和尾座两顶尖的等高度要求，此外，距离精度还包括配合面之间的配合间隙或过盈量以及运动副的间隙要求，如导轨间隙、齿侧间隙等。

（2）位置精度　指相关零件之间的同轴、平行、垂直、各种跳动等精度要求。

（3）相对运动精度　指相对运动的零部件在运动方向和运动速度上的精度。运动方向上的精度主要是相对运动部件之间的平行、垂直等。运动速度上的精度是指内传动链的传动精度，即内传动链首末两端件的实际运动速度关系与理论值的符合程度。

（4）接触精度　指两相互接触、相互配合的表面接触点数和接触点分布情况与规定值的符合程度，如导轨副的接触情况、齿轮副的接触斑点等要求。

5. 装配精度与零件精度的关系

机器是由许多零部件装配而成的，零件的精度特别是关键零件的精度直接影响相应的装配精度。零件的制造误差在装配后逐个累积成装配误差，若零件的加工精度很高，装配后累积的误差就小，装配精度就高。反之，零件的加工精度较低，误差较大，是否装配精度就一定不高呢？当各零件的误差累积超过规定的允许值时，可通过仔细地矫正、调整、配作等办法将超过部分的误差消除掉，同样可以装出高精度的产品。

6. 尺寸链

在一个零件或一台机器的结构中，总有一些相互联系的尺寸，这些相互联系的尺寸按一定顺序连接成一个封闭的尺寸组，称为尺寸链。尺寸链具有如下两个特性。

（1）封闭性　组成尺寸链的各个尺寸按一定顺序构成一个封闭系统。

（2）相关性　其中一个尺寸变动将影响其他尺寸变动。

构成尺寸链的各个尺寸称为环。尺寸链的环分为封闭环和组成环。

（1）封闭环　加工或装配过程中最后自然形成的那个尺寸。

（2）组成环　尺寸链中除封闭环以外的其他环。根据它们对封闭环影响的不同，又分为增环和减环。与封闭环同向变动的组成环称为增环，即当该组成环尺寸增大（或减小）而其他组成环不变时，封闭环也随其增大（或减小），与封闭环反向变动的组成环称为减环，即当该组成环尺寸增大（或减小）而其他组成环不变时，封闭环的尺寸却随其减小（或增大）。

7. 尺寸链的类型

（1）按在不同生产过程中的应用情况可分为

1）装配尺寸链。在机器设计或装配过程中，由一些相关零件形成有联系封闭的尺寸组，称为装配尺寸链。

2）零件尺寸链。同一零件上由各个设计尺寸构成相互有联系封闭的尺寸组，称为零件尺寸链。设计尺寸是指图样上标注的尺寸。

3）工艺尺寸链。零件在机械加工过程中，同一零件上由各个工艺尺寸构成相互有联系封闭的尺寸组，称为工艺尺寸链。工艺尺寸是指工序尺寸、定位尺寸、基准尺寸。

装配尺寸链与零件尺寸链统称为设计尺寸链。

（2）按组成尺寸链各环在空间所处的形态可分为

1）直线尺寸链。尺寸链的全部环都位于两条或几条平行的直线上，称为直线尺寸链。

2）平面尺寸链。尺寸链的全部环都位于一个或几个平行的平面上，但其中某些组成环不平行于封闭环，这类尺寸链，称为平面尺寸链。将平面尺寸链中各有关组成环按平行于封闭环方向投射，就可将平面尺寸链简化为直线尺寸链来计算。

3）空间尺寸链。尺寸链的全部环位于空间不平行的平面上，称为空间尺寸链。对于空间尺寸链，一般按三维坐标分解，化成平面尺寸链或直线尺寸链，然后根据需要，在某特定平面上求解。

（3）按构成尺寸链各环的几何特征可分为

1）长度尺寸链。表示零件两要素之间距离的，为长度尺寸，由长度尺寸构成的尺寸链，称为长度尺寸链。

2）角度尺寸链。表示两要素之间位置的，为角度尺寸，由角度尺寸构成的尺寸链，称为角度尺寸链。其各环尺寸为角度量，或者平行度、垂直度等。

8. 建立尺寸链

正确建立和描述尺寸链是进行尺寸链综合精度分析计算的基础。应根据实际应用情况查明和建立尺寸链关系。建立装配尺寸时，应了解产品的装配关系、产品装配方法及产品装配性能要求；建立工艺尺寸链时应了解零部件的设计要求及其制造

工艺过程，同一零件的不同工艺过程所形成的尺寸链是不同的。

正确建立和分析尺寸链的首要条件是要正确地确定封闭环。

在装配尺寸链中，封闭环就是产品上有装配精度要求的尺寸。例如同一部件中各零件之间相互位置要求的尺寸或保证相互配合零件配合性能要求的间隙或过盈量。

零件尺寸链的封闭环应为公差等级要求最低的环，一般在零件图上不进行标注，以免引起加工中的混乱。

工艺尺寸链的封闭环是在加工中最后自然形成的环，一般为被加工零件要求达到的设计尺寸或工艺过程中需要的余量尺寸。加工顺序不同，封闭环也不同。所以工艺尺寸链的封闭环必须在加工顺序确定之后才能判断。

在确定封闭环之后，应确定对封闭环有影响的各个组成环，使其与封闭环形成一个封闭的尺寸回路。

在建立尺寸链时，几何公差也可以是尺寸链的组成环。在一般情况下，几何公差可以理解为公称尺寸为零的线性尺寸。几何公差参与尺寸链分析计算的情况较为复杂，应根据几何公差项目及应用情况分析确定。

必须指出，在建立尺寸链时应遵守“最短尺寸链原则”，即对于某一封闭环，若存在多个尺寸链时，应选择组成环数最少的尺寸链进行分析计算。一个尺寸链中只有一个封闭环。

9. 查找组成环

组成环是对封闭环有直接影响的那些尺寸，与此无关的尺寸要排除在外。一个尺寸链的环数应尽量少。查找装配尺寸链的组成环时，先从封闭环的任意一端开始，找相邻零件的尺寸，然后再找与第一个零件相邻的第二个零件的尺寸，这样一环接一环，直到封闭环的另一端为止，从而形成封闭的尺寸组。

一个尺寸链中最少要有两个组成环。组成环中，可能只有增环没有减环，但不可能只有减环没有增环。在封闭环有较高技术要求或几何误差较大的情况下，建立尺寸链时，还要考虑几何误差对封闭环的影响。

10. 画尺寸链线图

为清楚表达尺寸链的组成，通常不需要画出零件或部件的具体结构，也不必按照严格的比例，只需将尺寸链中各尺寸依次画出，形成封闭的图形即可，这样的图形称为尺寸链线图。在尺寸链线图中，常用带单箭头的线段表示各环，箭头仅表示查找尺寸链组成环的方向。与封闭环箭头方向相同的环为减环，与封闭环箭头方向相反的环为增环。

6.2　后车架总装技能训练

车架（见图6-1），车辆的机体，经由前后车桥支承在车轮上，具有足够的刚度和强度以承受车辆载荷和从车轮传来的冲击。

装载机车架一般包括前车架、后车架和副车架（摆动桥支架）；有的机型后桥采用悬架桥则无副车架。

前车架：连接工作装置、动臂液压缸、翻斗液压缸、前桥。

后车架：连接动力装置、驾驶室、副车架（摆动桥支架）。

前、后车架之间用铰接销连接，依靠转向液压缸的伸缩作用，使前、后车架相对转动，实现转向。

副车架：连接后桥，当遇到路面不平的工况时，副车架可绕后车架在一定范围内上下摆动，保证整机行驶的稳定性。

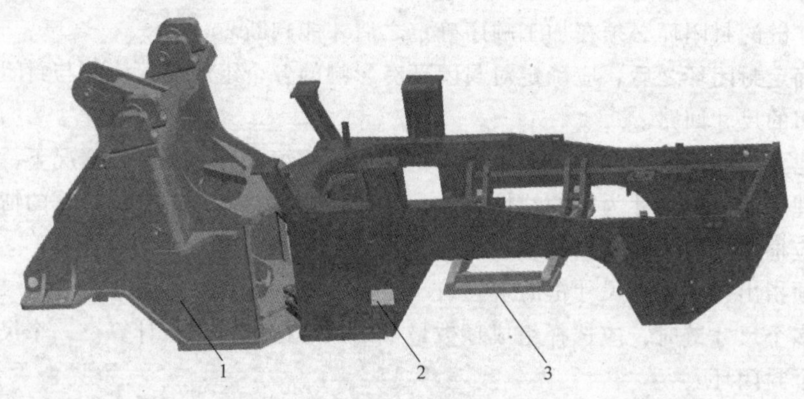

图 6-1　车架

1—前车架　2—后车架　3—副车架

后车架的总装位于装载机整车装配过程中的第一工位。后车架用于承载装载机的相关附件。例如需要在后车架上固定后车架线束，安装摆动架、后桥及制动软管、制动气缸及软轴、选择阀、后车架配重、燃油箱、蓄电池、手摇液压泵、气罐等。

6.2.1 准备工作

装配后车架所需零部件见表 6-1。

表 6-1　装配后车架所需零部件

装配内容	序号	名称	数量	备注
吊装后车架		后车架	1	
固定后车架线束	1	后灯线束	1	
	2	线卡	4	
	3	垫圈 ϕ8mm	4	
	4	螺栓 M8 ×12	4	
	5	后车架线束	1	
	6	管夹	3	

（续）

装配内容	序号	名称	数量	备注
安装摆动架及油管	1	摆动架销	2	
	2	垫圈 ϕ16mm	4	
	3	垫圈 ϕ16mm	4	
	4	螺栓 M16×25	4	
	5	调整垫片	4	
	6	调整垫片	2	
安装手摇液压泵	1	手摇液压泵	1	
	2	螺栓 M10×55	2	
	3	螺栓 M10×30	2	
	4	螺母 M10	2	
	5	垫圈 ϕ10mm	4	
	6	垫圈 ϕ10mm	4	
	7	胶管	2	
安装制动气缸及软轴	1	制动气缸	1	
	2	螺栓 M12×25	4	
	3	垫圈 ϕ12mm	4	
	4	垫圈 ϕ12mm	4	
	5	接头	1	
	6	销 B10×35	1	
	7	销 3.2×20	1	
	8	垫圈 ϕ10mm	1	
	9	操纵软轴	1	
	10	插接头	1	
	11	螺母 M10	1	
	12	垫圈 ϕ16mm	1	
	13	螺母 M16	2	
安装后车架轴承	1	轴承 32217	2	
	2	M12×100	8	

（续）

装配内容	序号	名称	数量	备注
安装后车架轴承	3	调整垫片	6	
	4	下销上法兰	1	
	5	下销下法兰	1	
	6	油封 B85×120×12	2	
	7	调整垫片	2	
	8	调整垫片	2	
	9	调整垫片	2	
安装选择阀	1	垫圈 ϕ10mm	2	
	2	垫圈 ϕ10mm	2	
	3	螺栓 M10×55	2	
	4	选择阀	1	
	5	接头	2	
	6	接头	4	
	7	三通接头	1	
安装后桥制动油管及后传动轴	1	接头	4	
	2	O 形圈 6×1.8	13	
	3	垫圈 ϕ14mm	4	
	4	制动钳油管Ⅰ	2	
	5	接头体	2	
	6	制动钳油管Ⅱ	2	
	7	三通接头	1	
	8	螺栓 M8×20	1	
	9	垫圈 ϕ8mm	1	
	10	螺栓 M12×1.25×55	4	
	11	垫圈 ϕ12mm	4	
	12	后传动轴总成	1	
	13	螺母 M30×2	8	
	14	螺栓 M30×2×270	8	
	15	桥油管	2	
	16	后桥制动油管	1	
安装燃油箱	1	燃油箱	1	
	2	螺栓 M20×1.5×55	4	

（续）

装配内容	序号	名称	数量	备注
安装燃油箱	3	螺栓 M20×1.5×65	2	
	4	垫圈 ϕ20mm	6	
	5	螺栓 M10×25	6	
	6	垫圈 ϕ10mm	6	
	7	垫片	1	
	8	法兰	1	
	9	垫圈 ϕ16mm	1	
	10	磁性螺塞 M16×1.5	1	
	11	双变油散	1	
	12	垫圈 ϕ10mm	4	
	13	垫圈 ϕ10mm	4	
	14	螺栓 M10×30	4	
	15	螺栓 M8×25	8	
	16	垫圈 ϕ8mm	12	
	17	橡胶垫	1	
	18	盖板	1	
	19	加油滤油器（QL-8）	1	
	20	螺栓 M8×16	4	
	21	橡胶帽	1	
	22	螺栓 M8×25	1	
	23	垫圈 ϕ8mm	1	
	24	螺母 M8	1	
	25	接头	1	
	26	胶管 B16×1200	1	
	27	不锈钢喉箍 19-29	1	
	28	液位计	1	
	29	吸油管	1	
	30	吸油滤芯	1	
	31	垫圈 ϕ33mm	1	
	32	螺栓 M5×12	5	
	33	垫圈 ϕ5mm	5	
	34	垫圈 ϕ6mm	5	
	35	燃油传感器	1	

（续）

装配内容	序号	名称	数量	备注
安装气罐	1	螺栓 M12×25	4	
	2	垫圈 ϕ12mm	4	
	3	垫圈 ϕ12mm	4	
	4	储气缸进气管	1	
安装限位阀	1	限位阀	2	
	2	接头	6	
	3	接头	3	
	4	三通接头	2	
安装限位杆	1	限位杆支座	2	
	2	限位杆	2	
	3	螺母 M12	2	
	4	螺栓 M10×25	4	
	5	垫圈 ϕ10mm	4	
安装后车架配重	1	螺栓 M36×180	4	
	2	垫圈 ϕ36mm	4	
	3	垫圈 ϕ36mm	4	
	4	配重	1	
安装蓄电池	1	蓄电池线	1	
	2	蓄电池负极开关	1	
	3	蓄电池线	1	
	4	橡胶垫	2	
	5	橡胶垫	2	
	6	蓄电池(国产)	2	
	7	锁紧角钢	2	
	8	锁紧螺杆	4	
	9	螺母 M8	2	
	10	垫圈 ϕ8mm	2	
	11	蓄电池线	1	
	12	蓄电池线	1	
安装后小灯	1	后小灯	2	
	2	后灯盒	2	
	3	螺栓 M8×16	8	

（续）

装配内容	序号	名称	数量	备注
安装后小灯	4	垫圈 ϕ8mm	8	
	5	灯盒自带螺钉	12	
	6	后灯线束	1	
安装机罩锁板	1	锁板	2	
	2	螺栓 M8×16	4	
	3	垫圈 ϕ8mm	4	
	4	垫圈 ϕ8mm	4	
安装右台架支架	1	右台架支架	1	
	2	螺栓 M20×40	4	
	3	垫圈 ϕ20mm	4	
	4	垫圈 ϕ20mm	4	

6.2.2　后车架装配工艺（见表6-2）

确认各零部件型号正确，完好无磕碰划伤，轴承外圈及轴承安装孔处涂润滑脂，螺纹处涂螺纹密封胶，按规定力矩将各螺栓紧固到位。依次固定后车架线束，安装后桥制动软管，安装制动气缸及软轴，安装摆动架，安装摆动架油管，安装选择阀，安装后车架配重，安装燃油箱，安装后车架轴承，安装蓄电池，安装后小灯，安装手摇液压泵，安装侧罩锁板，安装右台架支架，安装气罐。

表6-2　后车架装配工艺

工序一	吊装后车架

控制要点	1. 用行车将后车架吊装到一工位指定位置 2. 吊装带安全稳固

（续）

工序二	固定后车架线束
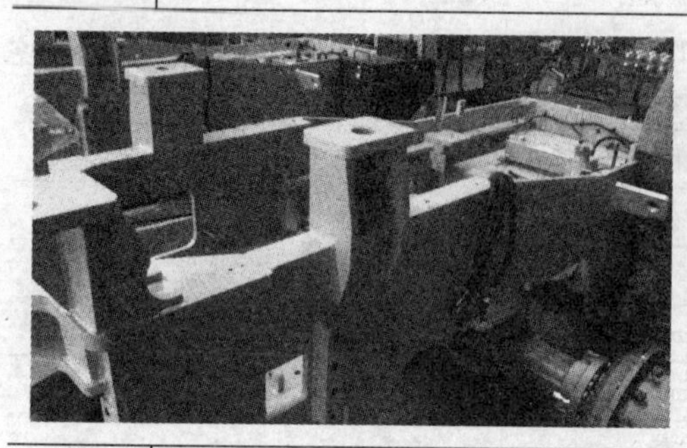 	
控制要点	1. 确认后车架线束、后灯线束型号正确，无损伤 2. 拆下堵帽，将线卡依次穿入后灯线束 3. 将线卡连同后灯线束搭铁固定在后车架上 4. 将后车架线束与后灯线束插接在一起 5. 线束固定在线卡同侧，走向美观，不能扭曲
工序三	安装摆动架及油管
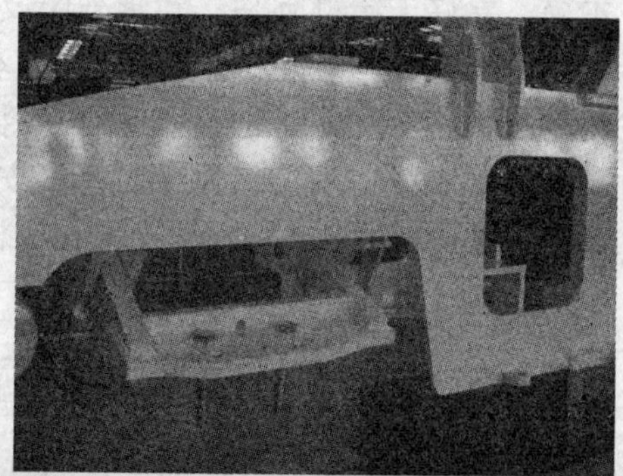 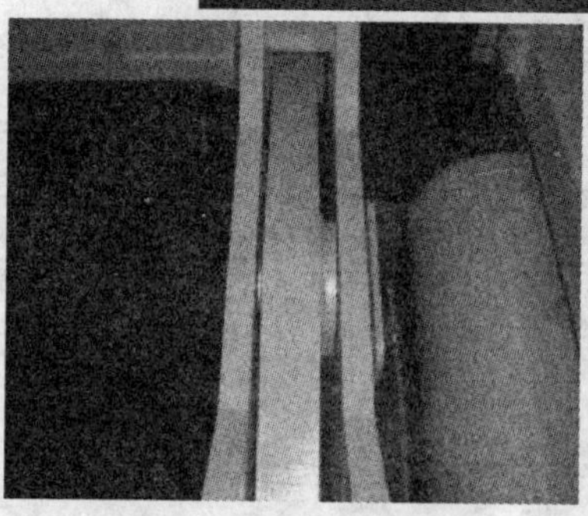 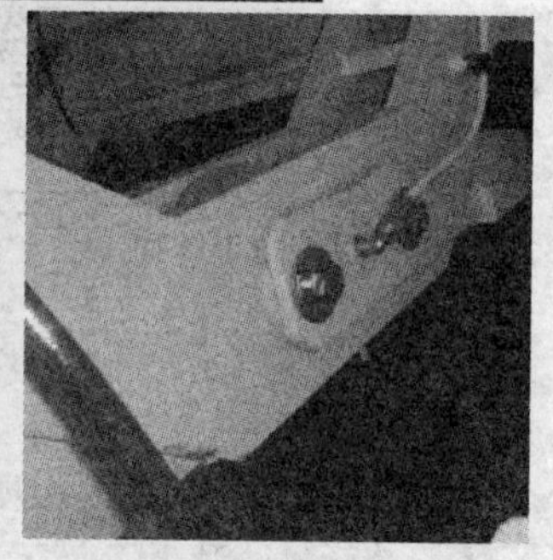	
控制要点	1. 用铜棒将副车架销轴分别穿入支承体铰接孔内 2. 视间隙大小增加调整垫片至装配要求 3. 将油管接头体和螺母安装在销轴和车架相应位置 4. 固定好润滑脂管，安装油杯 5. 销轴头露出6mm左右，挂上垫片；车架不能前后窜动，应能左右摆动；黄油管走向合理

（续）

工序四	安装手摇液压泵
	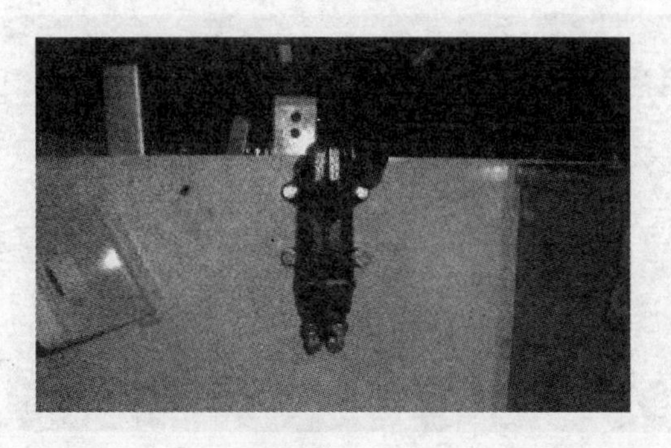
控制要点	1. 安装胶管，使其一端与手摇液压泵相连，另一端通过安装穿入后车架 2. 螺栓紧固至规定要求
工序五	安装制动气缸及软轴
	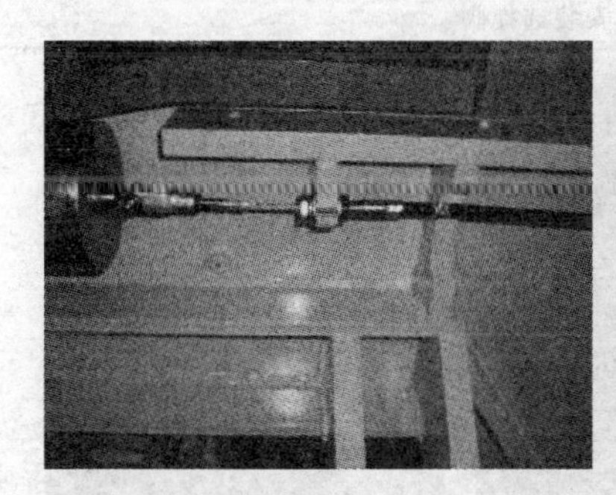 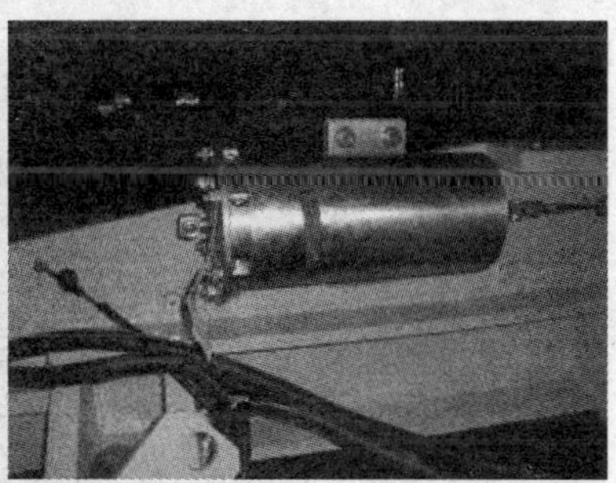
控制要点	1. 将接头涂抹密封胶后装在制动气缸上 2. 将制动气缸、操纵软轴固定在后车架上，用开口销将插接头固定在制动气缸上 3. 制动气缸平放时，接口朝上
工序六	安装后车架轴承

（续）

工序六	安装后车架轴承

控制要点	1. 安装下销上法兰，然后将螺栓从上法兰旋入 2. 在后车架铰接板与上法兰之间装入调整垫片 3. 装下法兰，下法兰螺孔分别对准螺栓 4. 对称交叉紧固各螺栓
工序七	安装选择阀
 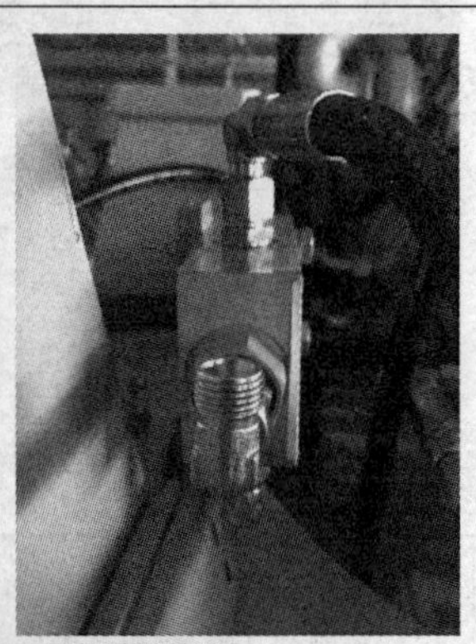 	
控制要点	1. 将各接头安装在选择阀相应位置并紧固 2. 用螺栓将选择阀固定在车架上 3. 各螺栓、接头紧固至规定力矩

（续）

工序八	安装后桥及制动软管

控制要点	1. 将后桥通过螺栓连接于车架上 2. 安装后桥刹车软管，用线卡固定到位 3. 安装后将油管顺于后车架放置，保证油管走向合理，自然美观
工序九	安装燃油箱
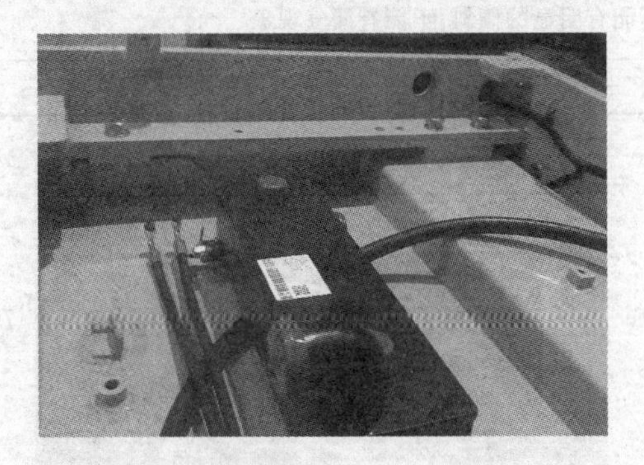	
控制要点	1. 用吊带将燃油箱吊至与车架结合面 2. 依次对准后车架与燃油箱安装孔，紧固各螺栓 3. 安装燃油箱后，将油管总成安装到位 4. 燃油箱与后车架连接板之间不能闪缝；力矩至规定要求

（续）

工序十	安装气罐

控制要点	1. 确认气罐总成各接头安装到位，外形无刮伤 2. 将气罐安装至后车架右侧 3. 将气罐进气管连接在储气筒上 4. 储气筒不能有明显的倾斜；不能有漏气现象
工序十一	安装限位阀

控制要点	1. 确认限位阀组装件，接头油口有效封口 2. 将转向限位阀用 M10×55 螺栓安装在后车架铰接板上，螺栓紧固至规定要求

（续）

工序十二	安装限位杆

控制要点	1. 组装限位杆支座、限位杆及锁紧螺母 2. 用 M10×25 螺栓将限位杆安装在前车架上，螺栓力矩至规定要求 3. 预调整限位杆、锁紧螺母
工序十三	安装后车架配重

控制要点	1. 将配重吊至后车架后方，与后车架尾部贴紧 2. 调整配重位置，用螺栓紧固 3. 配重上平面尽可能与车架尾部上平面平齐；结合面贴紧
工序十四	安装蓄电池

（续）

工序十四	安装蓄电池 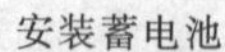
	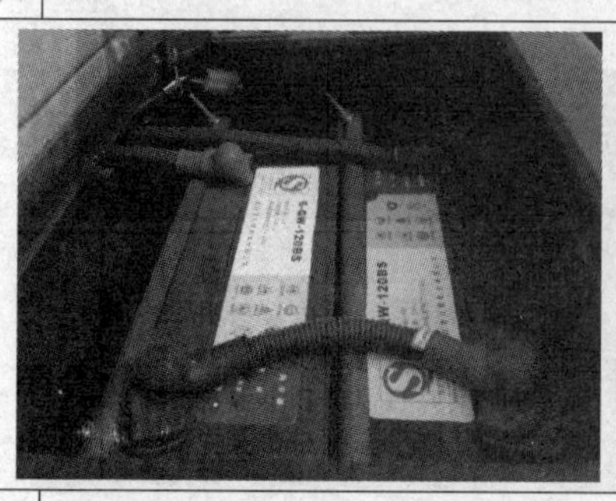 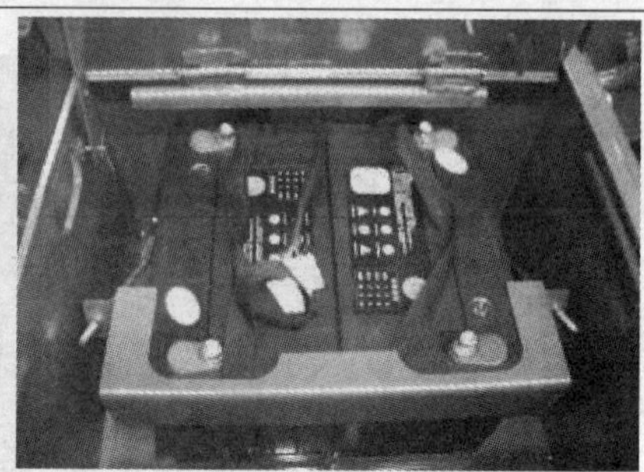
控制要点	1. 将橡胶垫放置好，再将蓄电池放入蓄电池箱内 2. 用锁紧角钢将蓄电池固定 3. 在蓄电池线两端装上护套并对应装于蓄电池上 4. 将后小灯与后灯线束插接在一起 5. 安装负极护套 6. 红、黑护套分别对应蓄电池正、负极端；蓄电池线安装牢固可靠
工序十五	安装后小灯
	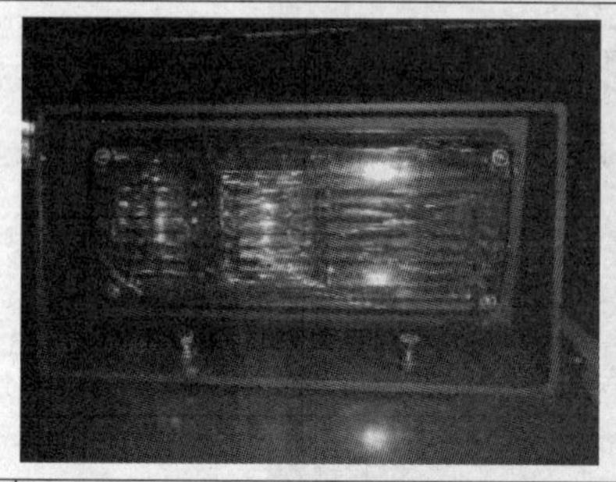 
控制要点	1. 拆下后小灯总成后盖，将后小灯线束穿入配重相应孔内 2. 用螺栓将后小灯固定在配重上 3. 将后灯线束与后小灯线束插接在一起 4. 插接头连接正确、牢固
工序十六	安装机罩锁板

控制要点	1. 安装前清理侧罩锁板螺孔毛刺及后车架安装孔堵帽 2. 安装锁板力矩至规定要求

（续）

工序十七	安装右台架支架
	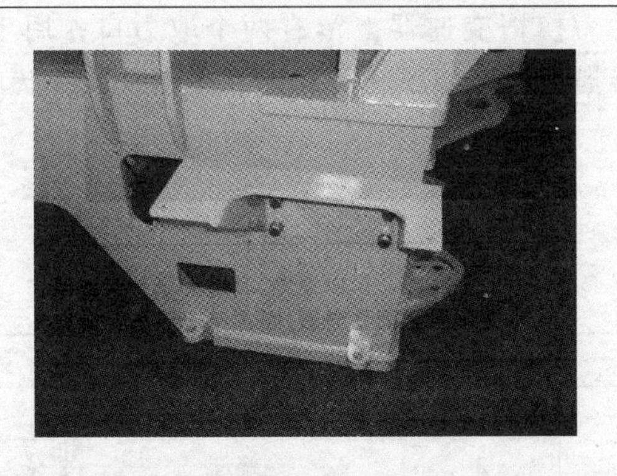
控制要点	1. 确认右台架支架外形无损坏，喷漆均匀 2. 右台架支架安装至后车架右侧；螺栓紧固至规定要求

6.3　发动机总装技能训练

发动机是装载机的动力源，作为动力系统包括柴油机、空气滤清器、消声器、散热器组、油门操纵杆、熄火装置（断油电磁阀）以及燃油箱、燃油滤清器、输油管路等。发动机—变速器总成如图6-2所示。现在发动机为了增加输出功率，大部分都安装了废气涡轮增压器，可提高功率30%左右。

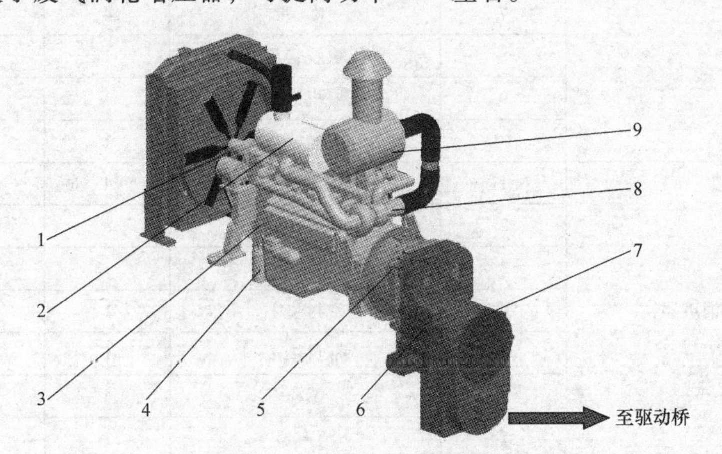

图6-2　发动机—变速器总成

1—散热器总成　2—消音器　3—柴油机　4—滤清器　5—变矩器　6—变速器操纵阀　7—动力换档变速器　8—废气涡轮增压器　9—空气滤清器

发动机总装位于装载机整车装配过程中的第二工位。发动机飞轮与双变总成上变矩器的泵轮相连，带动泵轮中的油液做螺旋式运动，将动力传递到涡轮，涡轮上的内花键与动力换档变速器上的输入轴啮合，将动力输出到动力换档变速器，变速器内齿轮传动改变传动比，通过传动轴传递动力到前后驱动桥，实现整车快慢档的前进与后退。在动力换档变速器上留有两个取力口，用于连接转向泵和工作泵，以便通过变速器提供的动力驱动转向泵和工作泵，为转向系统和工作系统提供动力。

6.3.1 准备工作

装配发动机所需零部件见表6-3。

表6-3 装配发动机所需零部件

装配内容	序号	名称	数量	工量器具
安装发动机支架	1	发动机左支架	1	
	2	螺母	8	
	3	发动机右支架	1	
	4	发动机	1	
安装空滤器	1	空滤器	1	
	2	螺栓	4	
	3	垫圈	4	
	4	螺母	4	
	5	橡胶管Ⅰ	1	
	6	橡胶管Ⅱ	1	
	7	喉箍	4	
	8	橡胶管Ⅲ	1	
	9	至压缩机进气胶管	1	
	10	喉箍	1	
安装消声器	1	螺栓	4	
	2	螺母	8	
	3	出气管	1	
	4	密封垫Ⅰ	1	
	5	密封垫Ⅰ	1	
	6	螺栓	4	
	7	消声器	1	
安装油门软轴	1	油门软轴总成	1	
安装空压机出气管	1	垫圈	1	
	2	压缩机出气管	1	
组装发变总成	1	螺栓 M12×45	12	
	2	垫圈 ϕ12mm	12	

（续）

装配内容	序号	名称	数量	工量器具
组装发变总成	3	垫	1	
	4	螺柱 AM10×1×20	12	
	5	垫圈 ϕ10mm	12	
	6	垫圈 ϕ12mm	12	
安装发动机进回油管	1	燃油箱回油管	1	
	2	组合垫圈	4	
	3	燃油箱进油管	1	
安装传感器	1	发动机油压报警开关	1	
	2	发动机水温感	1	
	3	变矩器油温感	1	
	4	垫圈 ϕ12mm	1	
	5	倒车报警	1	
安装暖风水管接头	1	暖风热水开关	1	
	2	接头	1	
安装工作泵、转向泵	1	螺柱 M12×35	8	
	2	密封垫	2	
	3	双联齿轮泵	1	
	4	转向泵	1	
	5	螺母 M12	8	
	6	垫圈 ϕ12mm	8	
	7	垫圈 ϕ12mm	8	
安装泵吸油管	1	接头块	1	
	2	O 形圈 61.5×3.55	1	
	3	螺栓 M12×80	4	
	4	垫圈 ϕ12mm	4	
	5	分离式法兰	1	
	6	螺栓 M12×35	4	
	7	垫圈 ϕ12mm	4	
	8	吸油钢管	1	
	9	O 形圈 47.5×3.55G	1	
	10	低压胶管	1	
	11	不锈钢喉箍 51-70	1	
	12	低压胶管	1	

（续）

装配内容	序号	名称	数量	工量器具
安装转向泵出油管	1	钢管	1	
	2	O 形圈 40×3.55G	1	
	3	螺栓 M10×30	4	
	4	垫圈 ϕ10mm	4	
安装发动机水管	1	出水管	1	
	2	不锈钢喉箍 38-57	2	
	3	进水管	1	
安装切断气缸	1	切断气缸	1	
	2	垫圈 ϕ12mm	1	
	3	接头	1	
	4	接头	1	
	5	气管	1	
安装变速器支架	1	螺栓 M18×40	8	
	2	垫圈 ϕ18mm	8	
	3	变速器支架	2	
安装操纵软轴支架	1	螺栓 M8×25	2	
	2	垫圈 ϕ8mm(彩镀)	2	
	3	螺母 M8	2	
	4	支架	1	
	5	支架	1	
	6	螺栓 M10×40	2	
	7	垫圈 ϕ10mm(彩镀)	2	
安装测压线	1	接头	1	
	2	测压线-1400	1	
	3	测压线-1300	1	
	4	接头	3	
	5	测压线-1150	1	
	6	测压线-850	1	
连接变速器吸油管	1	O 形圈 30×3.5	1	
	2	25-1750 2×90 胶管	1	
安装滤清器软管	1	胶管总成	2	
安装发动机变速器总成	1	螺栓 M20×140	4	

（续）

装配内容	序号	名称	数量	工量器具
安装发动机变速器总成	2	垫圈 ϕ20mm	4	
	3	隔套	4	
	4	减振器	4	
	5	螺母 M20	4	
	6	减振器	4	
安装变速器加油管	1	O 形圈 35.5×3.55	1	
	2	垫圈 ϕ10mm	4	
	3	螺栓 M10×30	4	
	4	加油管	1	
	5	加油盖	1	
	6	球阀（变速器检油塞）	1	
安装滤清器	1	螺栓 M8×35	2	
	2	垫圈 ϕ8mm	2	
	3	垫圈 ϕ8mm	2	
	4	螺母 M8	2	
安装三通块	1	接头块	1	
	2	螺栓 M8×25	2	
	3	垫圈 ϕ8mm（彩镀）	2	
安装组合阀	1	安装板	1	
	2	螺栓 M8×30	2	
	3	垫圈 ϕ8mm	2	
	4	垫圈 ϕ8mm	2	
	5	螺母 M8	2	
	6	垫圈	1	
连接燃油箱油管	1	空心螺栓	2	
	2	垫圈 ϕ14mm	4	
连接后传动轴	1	螺栓 M12×1.25×55	4	
	2	垫圈 ϕ12mm	4	
	3	后传动轴总成	1	
连接转向泵出油口油管	1	法兰组件	1	
连接工作泵至选择阀胶管	1	胶管总成	1	
连接冷却液温度传感器	1	发动机冷却液温度传感器	1	

（续）

装配内容	序号	名称	数量	工量器具
连接冷却液温度传感器	2	后车架线束	1	
	3	尼龙扎带	1	
连接油压报警开关	1	发动机油压报警开关	1	
	2	后车架线束	1	
连接发电机线	1	发电机	1	
	2	后车架线束	1	
	3	尼龙扎带	2	
连接起动机线	1	起动机	1	
	2	后车架线束	1	
	3	蓄电池线	1	
连接熄火电磁阀线	1	发动机熄火电磁阀线	1	
	2	后车架线束	1	
	3	尼龙扎带	1	

6.3.2 发动机装配工艺（见表6-4）

确认各零部件型号正确，完好无磕碰划伤，各线束用扎带固定到位，螺纹处涂螺纹密封胶，按规定力矩将各螺栓紧固到位。依次安装发动机三组合，连接泵阀油管，安装滤清器，安装变速器加油管，后车架线束与传感器连接，安装组合阀，连接燃油箱进回油管，连接变速泵吸油管，连接起动机和发电机线，连接断油阀线圈，安装电源总开关。

表6-4 发动机装配工艺

工序一	安装发动机支架

（续）

工序一	安装发动机支架
控制要点	1. 确认发动机型号符合装配清单、确认发动机支架无磕碰 2. 先将发动机用吊带吊起 3. 将发动机原支架拆掉 4. 将发动机左右支架安装 5. 螺栓力矩为 78～104N·m
工序二	安装空滤器

控制要点	1. 将空滤器固定在发动机上，螺栓从上向下穿过，螺栓力矩为 78～104N·m 2. 将件5套上喉箍后安装到发动机上，紧固喉箍 3. 件8连接至空滤器上，用喉箍束紧 4. 喉箍接头朝着便于维修方向
工序三	安装消声器

控制要点	1. 将出气管、消声器、增压器端面清理干净 2. 将消声器放到发动机固定座上，安装螺栓，螺栓从下向上穿过，螺栓先不要紧固 3. 安装发动机出气管，先连接增压器端再连接消声器端，螺栓不要紧固 4. 将消声器紧固后再紧固出气管螺栓

（续）

工序四	安装油门软轴

控制要点	1. 将油门软轴一端接头螺母拆下，将接头插入发动机支架相应的孔中，将螺栓紧固 2. 拧松软轴上的备母，穿过软轴后再将其紧固 3. 装配后软轴在同一平面内呈直线状，不得倾斜
工序五	安装空压机出气管
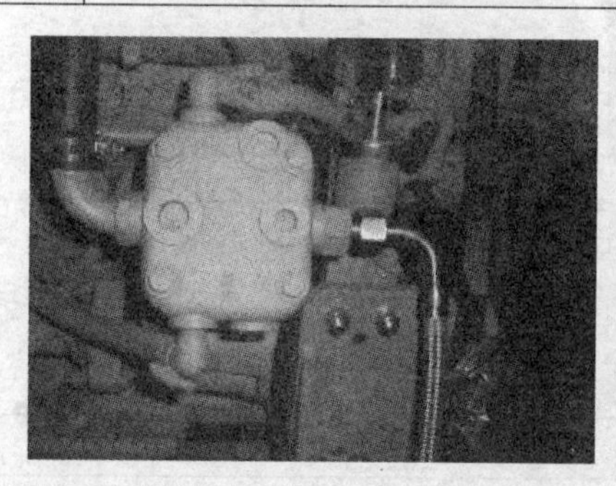	
控制要点	1. 装配前确认堵帽完好地装在空压机出气口 2. 拆掉堵帽，加装密封垫圈后安装压缩机出气管 3. 空压机出气管方向朝下，力矩为 60～88N·m
工序六	组装发变总成
	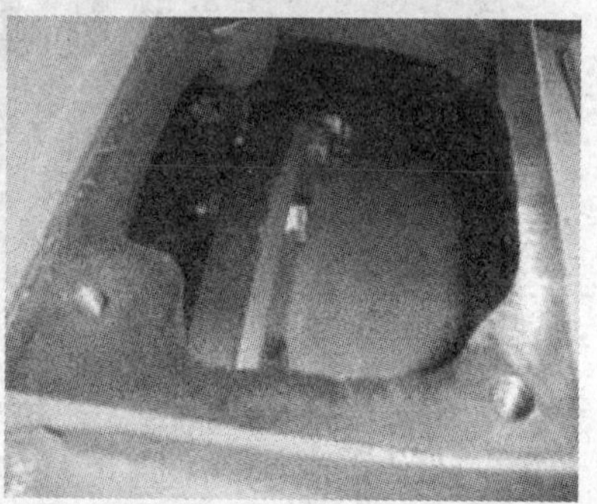

（续）

工序六	组装发变总成

控制要点	1. 清理变速器结合面，变速器密封面涂515胶，涂胶呈密闭环状，安装纸垫，纸垫安装后平整、无起包现象 2. 将螺柱装入发动机飞轮端，涂263胶，胶液涂满螺纹沟槽，宽度约为螺纹直径的一半，将螺栓涂胶端旋入飞轮，用螺纹套筒依次拧紧 3. 将螺柱另一端涂263胶，发动机飞轮壳涂515胶，涂胶呈密闭环状 4. 吊装变速器与发动机缓慢对准合拢，避免冲击致发动机滑倒 5. 用件1、2固定发动机与变矩器，先紧固上部螺栓，然后依次对称紧固，紧固至78～104N·m 6. 发动机与变矩器对接后用螺母对称交叉紧固，件3紧固至45～59N·m 7. 装配完毕后安装观察口盖板，螺纹紧固到位，板边对齐
工序七	安装发动机进回油管
	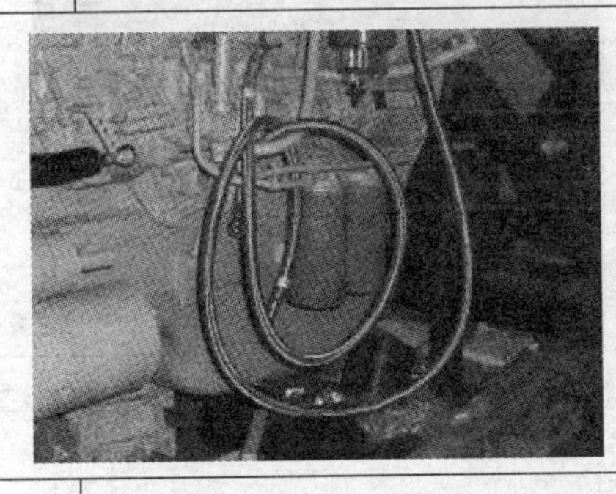 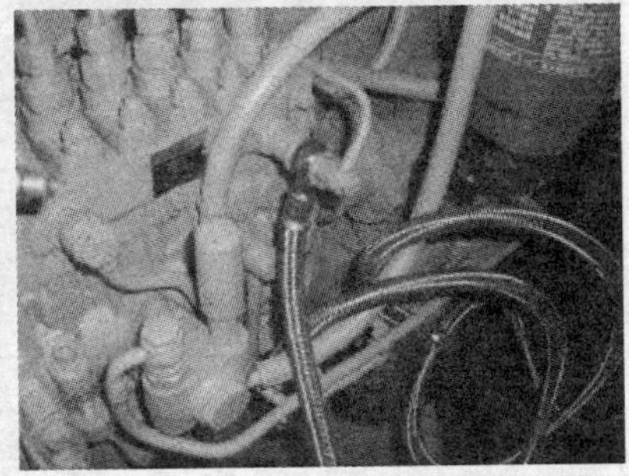
控制要点	1. 将回油接头拆下，件1配组合垫圈再紧固 2. 将进油螺栓拆下，件3配组合垫圈再紧固 3. 安装好的进回油管悬挂在发动机上
工序八	安装传感器

（续）

工序八	安装传感器
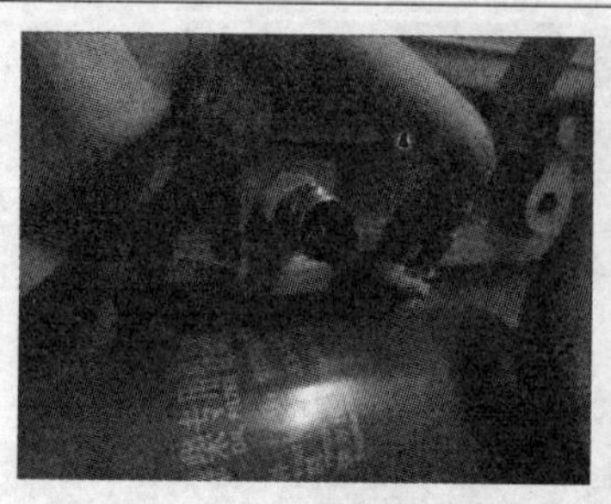 	
控制要点	1. 安装发动机油压报警开关、水温传感器、变矩器油温传感器、倒车报警开关时涂545胶，545胶滴在螺纹啮合处，涂胶宽度为螺纹直径的1/2，且胶液应填满螺纹沟槽 2. 将发动机堵头拆掉，清理干净，安装油压报警开关并紧固 3. 将发动机堵头拆掉，清理干净，安装水温传感器并紧固 4. 将变矩器堵头拆掉，清理干净后把变矩器油温传感器加装组合垫圈并紧固 5. 将变速操纵板上的油堵拆掉，清理干净后安装倒车报警传感器并紧固
工序九	安装暖风水管接头

控制要点	1. 暖风热水开关、暖风接头螺纹处缠绕生料带或545胶，生料带缠绕方向与螺纹拧紧方向相反 2. 拆去发动机上相应位置螺塞，清理干净 3. 将暖风热水开关、接头安装到发动机相应的位置并紧固
工序十	安装工作泵、转向泵
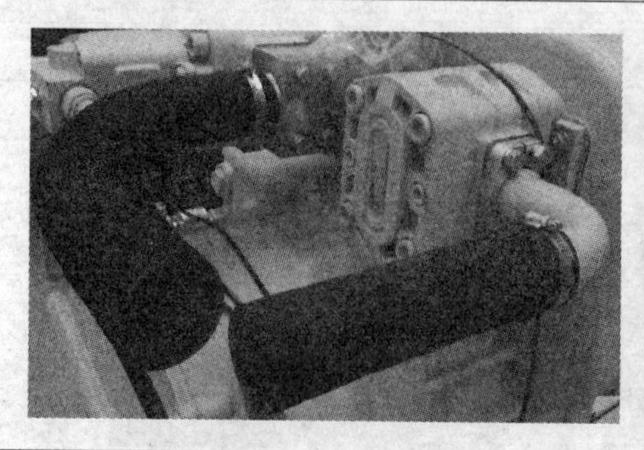 	

（续）

工序十	安装工作泵、转向泵
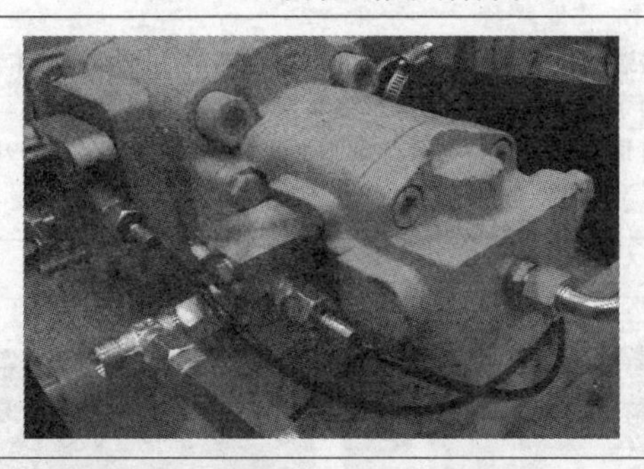	
控制要点	1. 清除泵与变速器结合面，保证结合面清洁 2. 螺柱一端涂 263 胶，将螺柱涂胶端逐一手动旋入变速器安装位置，用螺纹套筒安装螺柱，再将另一端涂 263 胶。胶液涂满螺纹沟槽，宽度约为螺纹直径的一半 3. 将纸垫两侧涂 515 密封胶，涂胶呈密闭环状，安装纸垫，纸垫安装后平整，无起包现象 4. 用吊带把泵平稳吊起，对准变速器安装孔后合拢 5. 工作泵、转向泵固定螺栓对称交叉紧固，力矩为 78 ~ 104N · m
工序十一	安装泵吸油管
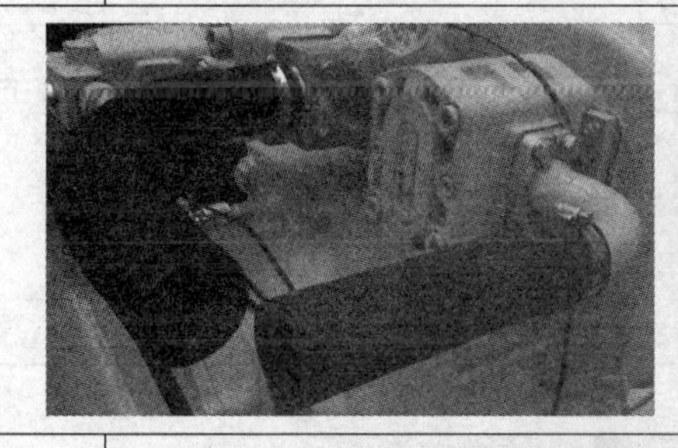 	
控制要点	1. 将 O 形圈安装在吸油钢管凹槽内，注意 O 形圈手感凸出 2. 将泵的吸油口堵冒拆掉，将泵吸油口表面清理干净 3. 安装吸油钢管，吸油钢管螺栓力矩均为 78 ~ 104N · m 4. 在吸油钢管端部涂润滑脂，安装吸油胶管，紧固喉箍，并且喉箍接头朝向外侧，方便维修
工序十二	安装转向泵出油管

（续）

工序十二	安装转向泵出油管
控制要点	1. O形圈安装到位，手感O形圈凸出。O形圈装配时不得损坏、切坏并保持清洁 2. 拆下转向泵出油口封口，用擦拭纸将泵口擦拭干净 3. 用螺栓将钢管安装在转向泵出油口处，紧固各螺栓至45～59N·m，注意各接口封口随装随拆
工序十三	安装发动机水管

控制要点	1. 拆下发动机上水口堵帽，套上喉箍，安装上水管，紧固喉箍，喉箍束紧后接头朝便于维修方向 2. 拆下发动机下水口堵帽，套上喉箍，安装下水管，紧固喉箍，喉箍束紧后接头朝便于维修方向
工序十四	安装切断气缸

控制要点	1. 先将545胶涂在切断气缸螺纹处，然后安装到变速操纵阀上，注意接头口朝上 2. 安装接头再把O形圈安装到接头槽内，手感O形圈凸出，安装时保证接头、O形圈清洁 3. 将气管安装到接头上，保证气管紧固至43～85N·m

（续）

工序十五	安装变速器支架
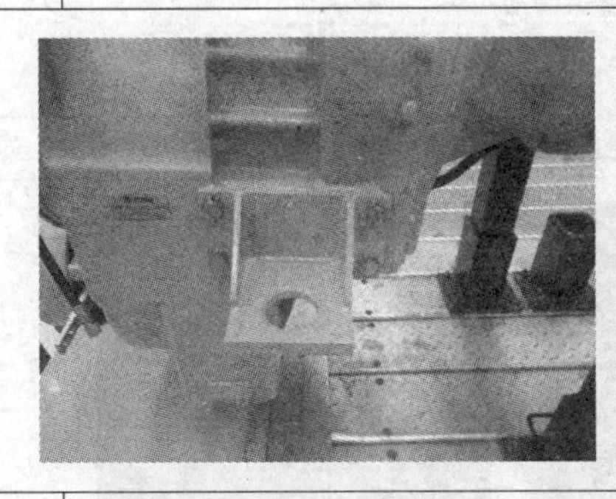	
控制要点	1. 将原变速器左、右支架拆下 2. 将件1涂263胶，胶液涂满螺纹沟槽，宽度约为螺纹直径一半 3. 安装变速器支架，螺栓对称交叉紧固，力矩为264～354N·m
工序十六	安装操纵软轴支架
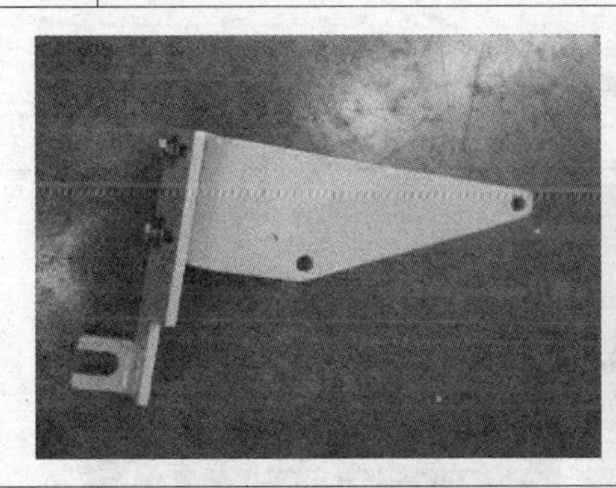	
控制要点	1. 先将软轴支架用M8螺栓拼装在一起，螺栓不要紧固 2. 把拼装好的总成安装到变速器上，先紧固件6，力矩为45～59N·m，再紧固件1，力矩为22～30N·m
工序十七	安装测压线

（续）

工序十七	安装测压线
控制要点	1. 拆下封口，用擦拭纸清理油口油渍 2. 安装测压线，紧固测压线接头
工序十八	连接变速器吸油管

控制要点	1. 胶管及接头无损伤现象 2. 安装前接头密封完好 3. 将变速器吸油管安装到规定位置。O 形圈安装后应高于接头端面防止漏油
工序十九	安装滤清器软管
	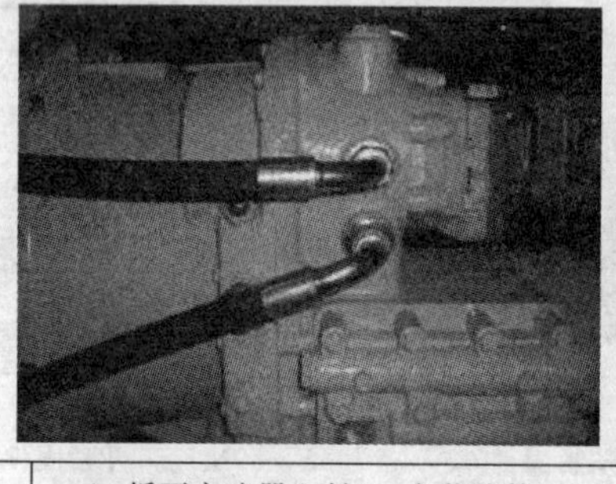 
控制要点	1. 拆下变速器上封口，安装胶管，拧上即可 2. 将胶管与滤清器总成对接紧固，将滤清器总成用挂钩挂在发动机上，胶管力矩为 100 ~ 155N · m
工序二十	安装发动机三组合

（续）

工序二十	安装发动机三组合
控制要点	1. 安装变速器支架固定螺栓 2. 吊装发变总成于后车架上方，依次安装减振器、隔套 3. 将螺栓穿插于变速器支架与后车架固定支座之间 4. 下落发变总成，调整减振器位置，将螺栓紧固。将紧固螺栓按规定方向紧固至规定力矩要求
工序二十一	安装变速器加油管
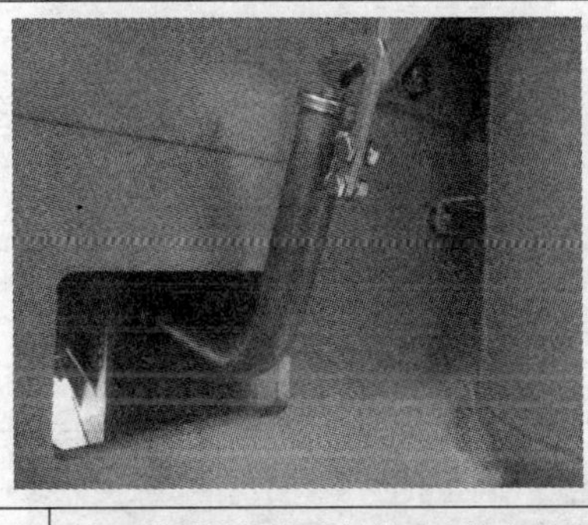 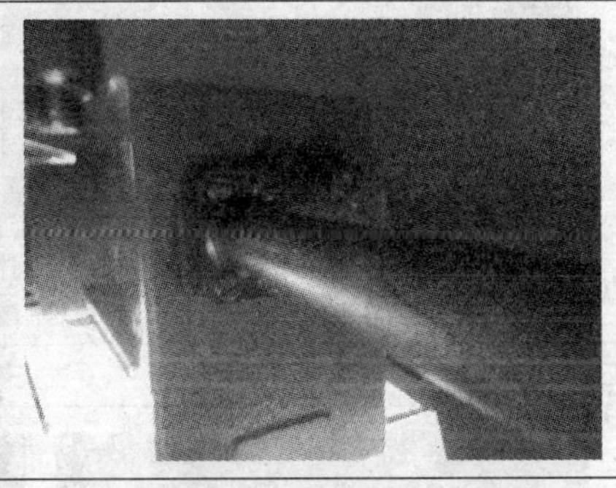	
控制要点	1. 涂适量润滑脂并徒手安装密封圈 2. 拆下加油管，加油口处有效封口，安装加油管、盖紧机油盖。O形圈不得损坏，保持清洁；O形圈安装后应高于接头端面防漏油
工序二十二	安装滤清器
 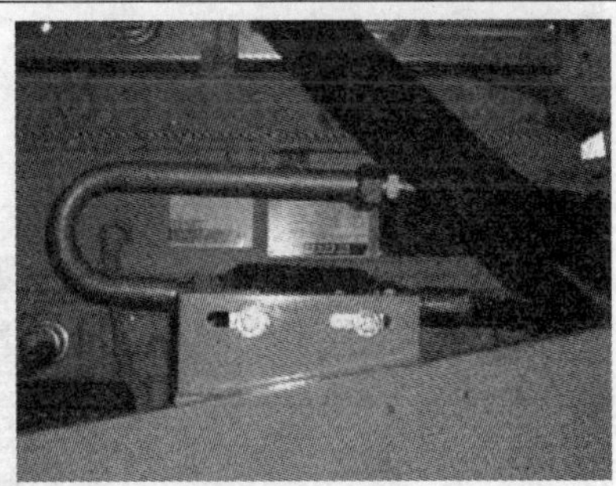	
控制要点	1. 将滤清器总成各处紧固连接，胶管无扭曲 2. 将滤清器总成安装在后车架相应位置。将螺栓紧固至规定力矩要求；与油门拉线不干涉
工序二十三	安装三通块

（续）

工序二十三	安装三通块
控制要点	将接头块安装到支板上，安装螺栓，螺栓力矩为22～30N·m，注意各接口随装随拆
工序二十四	安装组合阀

控制要点	1. 将安装板固定于后车架上，将组合阀固定在安装板上 2. 选择合理走向，连接管路。各螺栓、接头紧固至规定力矩
工序二十五	连接燃油箱进回油管
 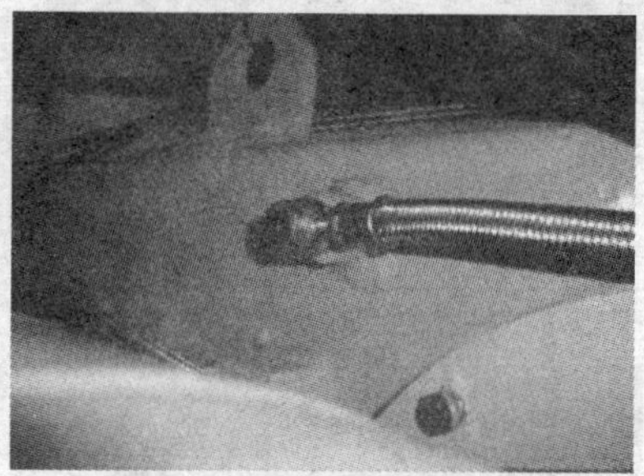	
控制要点	1. 各油口有效封口，分清进出油管并牵至燃油箱安装位置 2. 安装燃油箱进回油管。油管走向合理，避免扭曲；螺栓紧固至规定力矩
工序二十六	连接后传动轴

控制要点	1. 将传动轴一端连接到变速器后输出法兰 2. 将各结合面处的螺栓对称旋入、拧紧，保证传动轴上两箭头在同一条直线上，螺栓M12拧紧力矩为78～104N·m

（续）

工序二十七	连接转向泵出油口油管
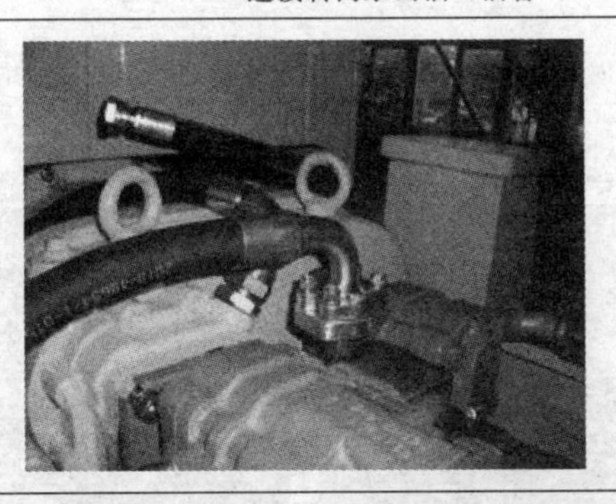	
控制要点	1. 连接转向泵到流量放大阀油管，接头封口随装随拆，用擦拭纸擦拭胶管管口油渍 2. 连接转向泵到流量放大阀油管，注意转向泵上此软管接头的角度：向发动机方向偏移10°～15°，以免此软管与后车架、变速器支架、变速操纵机构干涉。紧固法兰组件力矩至45～59N·m
工序二十八	连接工作泵至选择阀胶管

控制要点	1. 连接工作泵到选择阀油管，接头封口随装随拆，用擦拭纸擦拭胶管管口油渍 2. 排列液压胶管，无扭曲、干涉 3. 胶管接头紧固无松动，胶管接头力矩30～45N·m
工序二十九	连接水温传感器

（续）

工序二十九	连接水温传感器
控制要点	将后车架线束上27（蓝色）号线接水温传感器，用护套罩好，并用扎带将线与水管扎于一起
工序三十	连接油压报警开关

控制要点	将后车架线束上25（绿黄）和0（黑）号线分别与油压报警开关连接到位，再把橡胶护套套好（两接线端子可互换）
工序三十一	连接起动机和发电机线

控制要点	1. 找出后车架线束上发电机各线，3（紫色）号线接D+端子，1C（红色）号线接B+端子；用呆扳手紧固M8螺栓，力矩为22～30N·m，并用橡胶护套套好 2. 将连接好发电机后的线整理后用2根扎带捆扎于气管上，并把多余的扎带剪掉
工序三十二	连接起动机线

（续）

工序三十二	连接起动机线
控制要点	1. 找出后车架线束上5号线，接于起动机M6小端子上 2. 将700mm蓄电池线红色护套端接于起动机M10大端子上 3. 用呆扳手紧固螺栓至标准力矩，M6螺栓力矩9～12N·m，M10螺栓力矩45～59N·m 4. 用护套将接线端子套好
工序三十三	连接熄火电磁阀线
	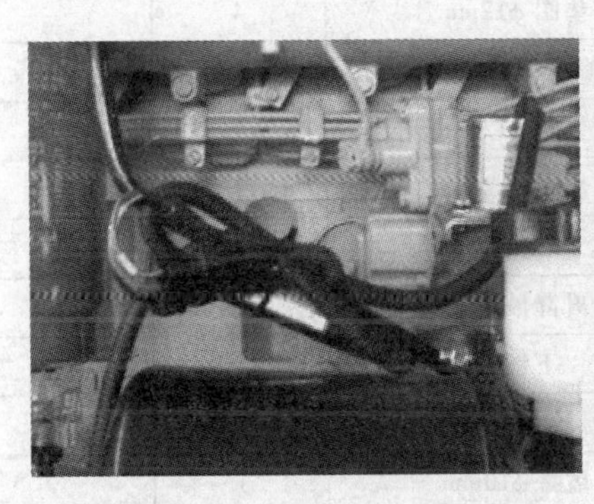 
控制要点	1. 找出后车架线束上熄火电磁阀三芯插接件，线号分别为39（黄红）、90（蓝绿）、0（黑色），与发动机上自带熄火电磁阀三芯插接件对接 2. 将连接好的线束整理后用扎带捆扎于滤清器管路上，并把多余的扎带剪掉

6.4　散热器总成安装技能训练

散热器总成安装位于装载机整车装配过程中的第三工位，散热器与发动机连接图如图6-3所示。散热器总成是作为冷却装载机工作工质的重要部件。装载机的工作工质由气、液两部分组成，其中“气”是指空气滤清器过滤后的空气，经过涡轮增压器增压后空气温度升高，将不利于提高发动机功率，所以需经过集成在散热器总成中的中冷器进行冷却后再进入进气歧管；“液”又分为冷却液、变速器齿轮油、工作液压油三种，均需经过循环冷却后重新使用。其中，变速器齿轮油散热器安装在燃油箱上，通过冷却液冷却。因此，在散热器总成中有八个接口，分别对应以上四种工质。

图6-3　散热器与发动机连接图

6.4.1　准备工作

安装散热器总成所需零部件见表6-5。

表 6-5　安装散热器总成所需零部件

装配内容	序号	名称	数量	备　注
安装散热器总成	1	螺栓 M16×50	4	
	2	垫圈 ϕ16mm	4	
	3	垫圈 ϕ16mm	4	
	4	螺栓 M12×30	4	
	5	垫圈 ϕ12mm	4	
	6	垫圈 ϕ12mm	4	
安装缸支座	1	螺栓 M12×30	3	
	2	垫圈 ϕ12mm	3	
	3	垫圈 ϕ12mm	3	
	4	缸支座	1	
安装升降液压缸	1	升降液压缸	1	
	2	下销轴	1	
	3	螺栓 M10×20	1	
	4	垫圈 ϕ10mm	1	
	5	垫圈 ϕ10mm	1	
	6	油杯 M6×1	1	
	7	线夹	2	
	8	螺栓 M8×12	2	
	9	垫圈 ϕ8mm	2	
	10	胶管	2	
安装中间传动轴	1	螺栓 M14×1.5×45	8	
	2	螺母 M14×1.5	16	
	3	中间传动轴总成	1	
	4	螺栓 M16×50	4	
	5	垫圈 ϕ16mm	8	
	6	垫圈 ϕ16mm	4	
安装电源总开关与起动继电器	1	起动继电器	2	
	2	电源总开关	1	
	3	尼龙扎带	2	
	4	垫圈 ϕ8mm	4	
	5	垫圈 ϕ8mm	4	
	6	螺栓 M8×20	4	
安装液压油箱	1	螺栓 M20×40	8	
	2	垫圈 ϕ20mm	8	
	3	垫圈 ϕ20mm	8	

（续）

装配内容	序号	名称	数量	备　注
连接上、下水管	1	不锈钢喉箍 38-57	2	
安装前罩	1	前罩	1	
	2	垫圈 ϕ12mm	4	
	3	垫圈 ϕ12mm	4	
	4	螺栓 M12×25	4	

6.4.2　散热器总成安装工艺（见表6-6）

确认各零部件型号正确，完好无磕碰划伤，O形圈涂适量润滑脂，螺纹处涂螺纹密封胶，按规定力矩将各螺栓紧固到位。依次安装散热器、连接上下水管、连接变速器油散软管、安装线性驱动器、安装后桥、连接集中放水水管、连接后桥油管。

表6-6　散热器总成安装工艺

工序一	安装散热器

控制要点	1. 把吊起的散热器总成轻落到后车架散热器固定孔上，对准后用手安装螺栓 2. 安装散热器拉杆，安装螺栓不要紧固 3. 调整散热器导风罩与发动机风扇距离，要求最小距离大于等于8mm，扇叶轴向距离进入导风罩不少于2/3 4. 调整后先固定散热器螺栓，力矩为130～160N·m，再紧固拉杆螺栓力矩为78～104N·m
工序二	安装缸支座

（续）

工序二	安装缸支座
控制要点	1. 用螺钉旋具将后车架左侧安装缸支座处的螺塞拆掉 2. 安装缸支座，用 M12 的螺栓固定缸支座 3. 紧固 M12 螺栓，力矩至 78～104N·m
工序三	安装升降液压缸

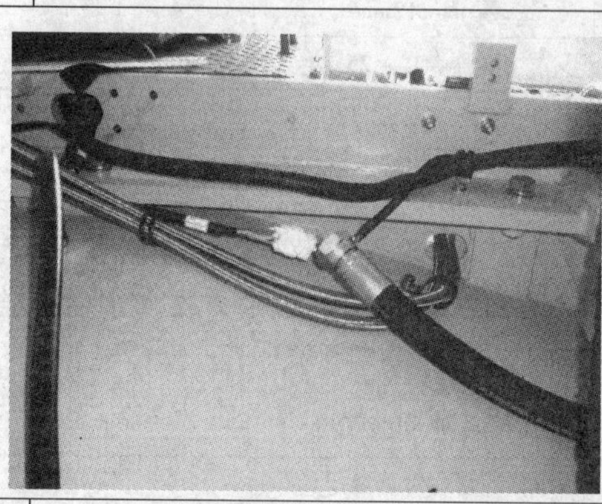

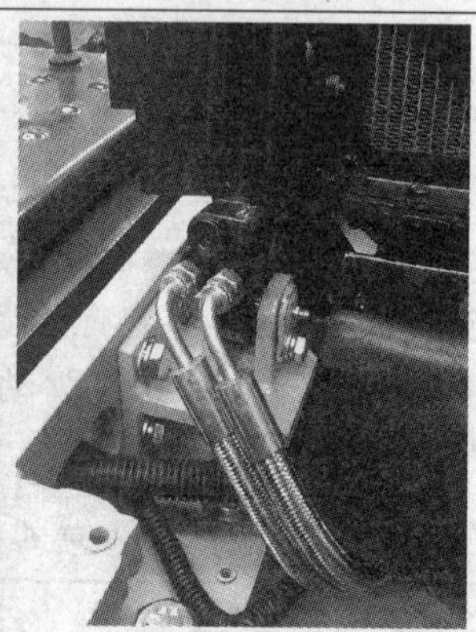

控制要点	1. 将升降液压缸的端部装入缸支座开档内 2. 用销轴固定升降液压缸，安装螺栓 3. 紧固螺栓 M10，力矩至 45～59N·m 4. 安装油杯，油杯紧固可靠 5. 将软管连接在升降液压缸接口处。注意将接手摇液压泵“↑”接口的油管另一端连在升降液压缸的左侧接口处，勿接反。软管紧固至 15～25N·m 6. 将软管捋顺，使其走向美观自然，无折瘪现象。用线夹固定软管 7. 紧固螺栓 M8，力矩至 22～30N·m
工序四	安装中间传动轴

控制要点	1. 在中间传动轴总成润滑脂嘴处注入足量润滑脂 2. 将中间传动轴较长一段端部连接变速器前输出法兰，另一端连接前传动轴，将螺栓 M14 对称交叉拧入传动轴的安装螺纹中，并用风动工具对称交叉将螺栓拧紧至 124～165N·m 3. 将轴承座与过桥支架的连接螺栓锁紧 4. 将过桥支架与前车架用螺栓锁紧至 193～257N·m，调整调心轴承的灵活度，使其处于最佳的调心状态 5. 把前轴承盖与后轴承盖螺栓（4×M10×85）锁紧，检查前后轴承端盖锁紧的宽度尺寸为（65±2）mm

（续）

工序五	安装电源总开关与起动继电器
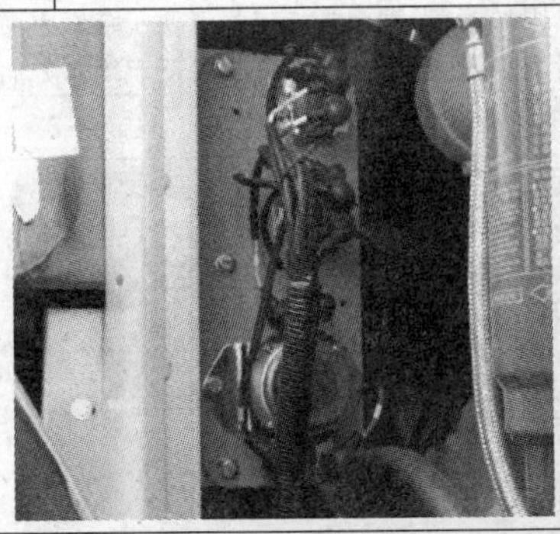 	
控制要点	1. 确认电源总开关、起动继电器型号正确，完好无损坏 2. 将起动继电器安装在前罩相应位置 3. 将电源总开关固定在前罩相应位置 4. 连接后车架线束至起动继电器与电源总开关 5. 连接电源总开关至起动机线与蓄电池线。将继电器安装板安装在机罩内前左侧，用4颗M8螺栓拧紧，各处螺钉拧紧可靠，橡胶保护套防止接线柱外漏
工序六	安装液压油箱

控制要点	1. 将液压油箱平稳地吊装到安装位置 2. 安装液压油箱，调整液压油箱使其上平面尽可能保持水平，螺栓对称均匀紧固，螺栓力矩紧固至376～502N·m
工序七	连接上、下水管
 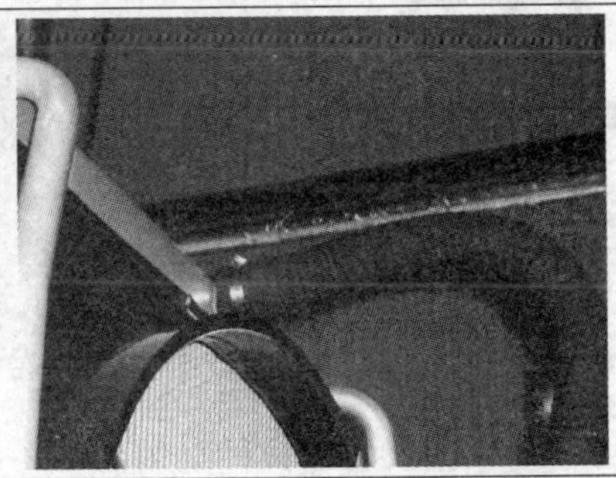	

（续）

工序七	连接上、下水管
控制要点	1. 套上喉箍，将水箱上水管与水箱连接，紧固喉箍，喉箍接头方向朝着便于维修方向 2. 套上喉箍，将水箱下水管与水箱连接，紧固喉箍，喉箍接头方向朝着便于维修方向
工序八	安装前罩
	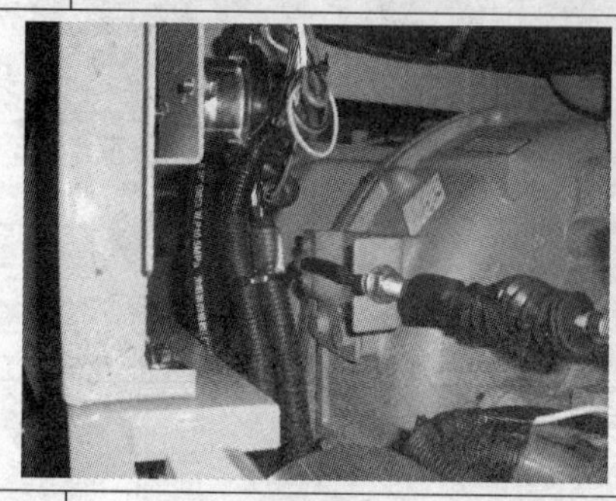 
控制要点	1. 用吊带将前罩安全平稳地吊到安装位置 2. 下落机罩，调整前罩位置，待对齐车架安装孔时用螺栓带上 3. 调整前罩，使前罩左右外侧与后车架左右外侧尽量平齐，紧固前罩螺栓，螺栓 M12 的拧紧力矩为 78～104N·m

6.5 前后车架对接技能训练

前车架对接位于装载机整车装配过程中的第四工位。前车架上需要安装分配阀、流量放大阀、翻斗缸、前车架线束及扬声器、转向液压缸、连接块、动臂缸、限位阀、各种油管。

工作液压系统与转向液压系统（见图 6-4、图 6-5）采用双泵分合流技术，转向泵优先供给转向液压系统，不转向时，转向泵的流量全部合流到工作液压系统，大大降低了工作泵的排量，减少了液压功率损失，提高了元件的可靠性。先导操纵工作液压系统，操纵轻松自如，降低了驾驶人的工作强度。另外本机液压系统还采用增压式液压油箱，液压系统完全封闭，可有效提高泵的吸油能力、降低噪声，防止油液污染。

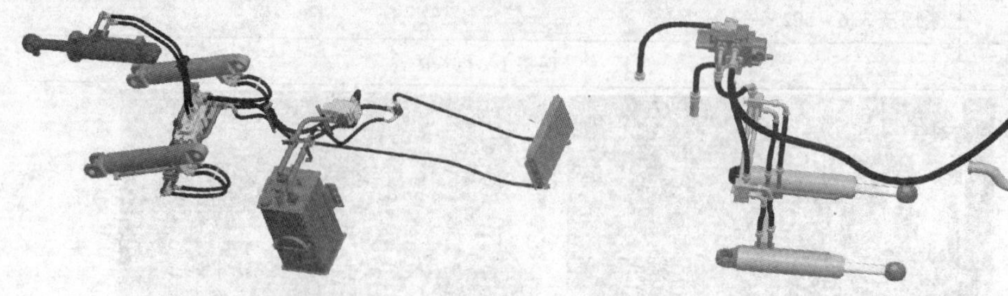

图 6-4　工作液压系统图　　　图 6-5　转向液压系统图

6.5.1 准备工作

安装前后车架所需零部件见表 6-7。

表 6-7　安装前后车架所需零部件

装配内容	序号	名称	数量	备注
固定前车架线束及扬声器	1	扬声器	1	
	2	螺栓 M8 × 16	2	
	3	垫圈 ϕ8mm	2	
	4	线卡	15	
	5	螺栓 M8 × 12	15	
	6	垫圈 ϕ8mm	15	
	7	前车架线束	1	
安装分配阀	1	螺栓 M12 × 35	4	
	2	垫圈 ϕ12mm	4	
	3	垫圈 ϕ12mm	4	
	4	支板	1	
	5	螺母 M8	2	
	6	螺栓 M8 × 40	2	
	7	垫圈 ϕ8mm	2	
	8	单向阀	1	
	9	垫圈 ϕ14mm	1	
	10	接头	1	
安装泵阀油管	1	单向阀	1	
	2	接头	1	
	3	垫圈 ϕ27mm	2	
	4	接头块	1	
	5	O 形圈 50 × 3.55G	1	
	6	堵头	1	
	7	螺柱 M12 × 110	4	
	8	垫圈 ϕ12mm	4	
	9	O 形圈	2	
	10	分离式法兰	1	
	11	螺母 M12	4	
	12	软管总成	1	
	13	F 型胶管	1	
	14	法兰组件	1	
安装翻斗缸	1	转斗缸车架销	1	
	2	螺栓 M16 × 25	1	

（续）

装配内容	序号	名称	数量	备注
安装翻斗缸	3	垫圈 ϕ16mm	1	
	4	垫圈 ϕ16mm	1	
	5	油杯 M10×1	1	
	6	调整垫片	4	
安装分配阀至翻斗缸胶管	1	F 型胶管	1	
	2	F 型胶管	1	
	3	法兰组件	2	
	4	板	1	
	5	下板	1	
	6	压板	1	
	7	螺柱 M10×110	6	
	8	螺母 M10	6	
	9	垫圈 ϕ10mm	6	
安装指示杆	1	传感器支架	1	
	2	螺栓 M6×16	2	
	3	垫圈 ϕ6mm	2	
	4	垫圈 ϕ6mm	2	
	5	螺栓 M10×30	4	
	6	垫圈 ϕ10mm	4	
	7	垫圈 ϕ10mm	4	
	8	护罩	1	
连接接近开关线	1	接近开关线束	1	
	2	前车架线束	1	
	3	扎带	10	
	4	接近开关	1	
安装前车架轴承	1	轴承 32217	2	
	2	轴承盖	1	
	3	螺栓 M16×55	8	
	4	垫圈 ϕ16mm	8	
	5	调整垫片	6	
	6	油封 B100×125×12	2	
	7	调整垫片	2	
	8	调整垫片	2	
	9	调整垫片	2	

（续）

装配内容	序号	名称	数量	备注
安装转向液压缸	1	左转向液压缸	1	
	2	右转向液压缸	1	
	3	转向销	2	
	4	螺栓 M16×25	2	
	5	垫圈 ϕ16mm	2	
	6	垫块	2	
	7	调整垫片	8	
安装连接块	1	连接块	1	
	2	高压软管总成	4	
	3	螺栓 M10×30	2	
	4	垫圈 ϕ10mm	2	
	5	垫圈 ϕ10mm	2	
安装流量放大阀及油管	1	螺栓 M12×110	3	
	2	垫圈 ϕ12mm	3	
	3	高压软管总成	4	
	4	软管总成	1	
	5	软管总成	1	
	6	胶管总成	1	
	7	法兰组件	1	
	8	O形圈	2	
安装流量放大阀先导油管	1	胶管总成	1	
	2	胶管总成	1	
安装动臂液压缸及油管	1	左动臂液压缸	1	
	2	右动臂液压缸	1	
	3	油杯 M10×1	2	
	4	动臂缸-前车架销	2	
	5	螺栓 M16×25	2	
	6	垫圈 ϕ16mm	2	
	7	垫圈 ϕ16mm	2	
	8	法兰组件	8	
	9	F型胶管	2	
	10	F型胶管	2	
安装支架及前传动轴	1	螺栓 M16×80	4	

（续）

装配内容	序号	名称	数量	备注
安装支架及前传动轴	2	螺母 M16	4	
	3	前传动轴总成	1	
	4	螺栓 M16×50	4	
	5	垫圈 ϕ16mm	8	
	6	垫圈 ϕ16mm	4	
	7	传动轴支架	1	
前、后车架对接	1	轴套	1	
	2	垫圈	1	
	3	隔套	1	
	4	上铰接销	1	
	5	下盖	1	
	6	螺栓 M18×1.5×65	4	
	7	垫圈 ϕ18mm	4	
	8	垫圈 ϕ18mm	4	
	9	下铰接销	1	
	10	螺栓 M20×40	1	
	11	垫圈 ϕ20mm	1	
	12	垫圈	1	
安装胶管支板	1	螺栓 M10×25	2	
	2	垫圈 ϕ10mm	2	
	3	支板	1	
	4	螺柱 M10×110	4	
	5	螺母 M10	8	
	6	垫圈 ϕ10mm	8	
	7	橡胶夹板	4	
	8	夹板	2	
安装转向缸后销轴	1	转向销	2	
	2	螺栓 M16×25	2	
	3	垫圈 ϕ16mm	2	
	4	垫块	2	
	5	油杯 M10×1	2	
	6	调整垫片	8	

6.5.2 前后车架对接工艺（见表6-8）

确认各零部件型号正确，完好无磕碰划伤，螺纹处涂螺纹密封胶，按规定力矩

将各螺栓紧固到位。依次进行前后车架对接、安装限位杆、安装转向液压缸后销轴、连接泵阀油管、安装限位阀、连接转向泵出油口油管、连接工作泵至选择阀胶管、安装胶管支板。

表 6-8 前后车架对接工艺

<table>
<tr><td>工序一</td><td>固定前车架线束及扬声器</td></tr>
<tr><td colspan="2"> 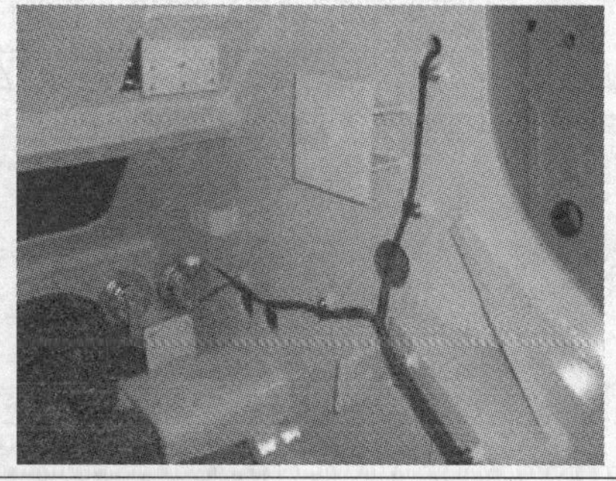</td></tr>
<tr><td>控制要点</td><td>1. 确认前车架线束、扬声器型号正确，无损伤
2. 将线卡连同前车架线束固定在前车架上；线束固定在线卡同侧，走向美观，不能扭曲</td></tr>
<tr><td>工序二</td><td>安装分配阀</td></tr>
<tr><td colspan="2"> </td></tr>
<tr><td>控制要点</td><td>1. 将多路阀总成放于前车架相应位置，对准安装孔，螺栓紧固
2. 将支板一端固定在回油管相应位置，另一端固定在前车架相应位置；单向阀缠适量生胶带，方向朝上；螺栓紧固至规定力矩</td></tr>
<tr><td>工序三</td><td>安装泵阀油管</td></tr>
<tr><td colspan="2"> </td></tr>
</table>

（续）

工序三	安装泵阀油管
控制要点	1. 将单向阀缠生料带旋紧于接头块上，生料带缠绕方向与旋紧方向相反 2. 安装O形圈，手感O形圈凸出 3. 安装接头块总成，旋入螺柱 4. 用分离式法兰、螺母将工作泵进油管固定在分配阀上 5. 用法兰组件将回油软管固定在钢管上
工序四	安装翻斗缸

控制要点	1. 用吊带安全吊起翻斗缸，置于前车架安装处 2. 将前车架安装孔、液压缸孔涂少量润滑脂，调整对正安装位置 3. 用铜棒将翻斗缸车架销砸入，用螺栓将销轴固定。销轴加注足量润滑脂直至销轴间隙中溢出；螺栓紧固至规定力矩
工序五	安装分配阀至翻斗缸胶管
	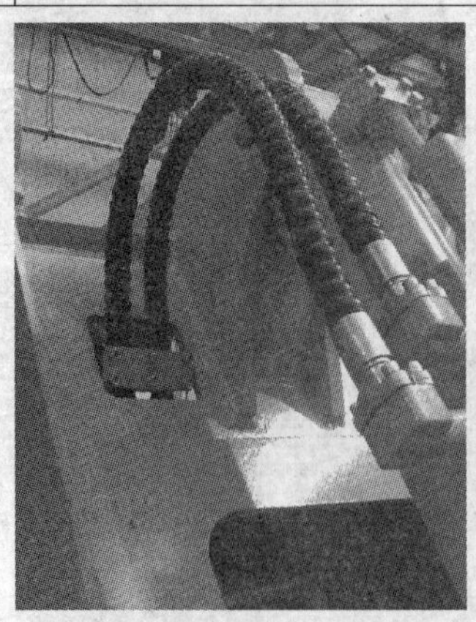 
控制要点	1. 涂适量润滑脂并徒手安装O形圈 2. 拆下翻斗缸上、下腔钢管油口封口，调整软管走向，使软管弯曲自然，折弯半径尽可能大，不能扭曲，不能与翻斗缸连接耳座干涉。用法兰组件将胶管固定在翻斗缸钢管上

（续）

工序六	安装指示杆
	  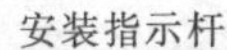
控制要点	1. 将传感器支架安装到翻斗缸支板上 2. 护罩无变形干涉，调整护罩位置，使无偏斜现象
工序七	连接接近开关线

控制要点	1. 接近开关线束穿过前车架右上方翻斗缸管孔，按安装位置布线 2. 接近开关线顺着右边翻斗缸胶管走向，用扎带把线束与胶管捆扎在一起 3. 每扎带间大约间隔150mm，接近开关线捆扎时扎带剪断点要一致 4. 接近开关线束与前车架线束放平限位接近开关白色三芯插接件对接 5. 接近开关与放平限位三芯插接件线号对应关系：蓝色-0号线（地线），红色-12号线（相线），黄色-35号线（信号线）
工序八	安装前车架轴承
	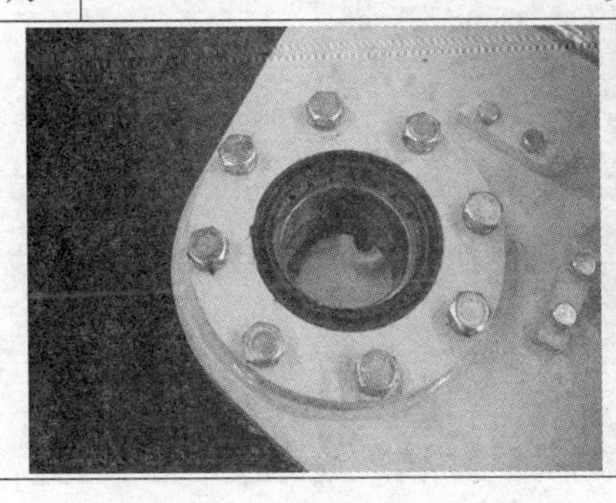 

（续）

工序八	安装前车架轴承
控制要点	1. 确认铰接孔内清洁，无毛刺油污 2. 铰接孔内涂少量润滑脂，密封圈唇口朝外装于销孔内 3. 用专用工具将轴承外圈（大孔朝上）装配到位 4. 轴承内圈外圆涂少量润滑脂，装入轴承内圈 5. 将另一轴承内圈外圆涂足量润滑脂，大端向下装入。注意油封的安装方向，唇口朝向没有倒角的一侧；油封端面与轴承端面平齐；螺栓紧固至规定力矩
工序九	安装转向液压缸
	 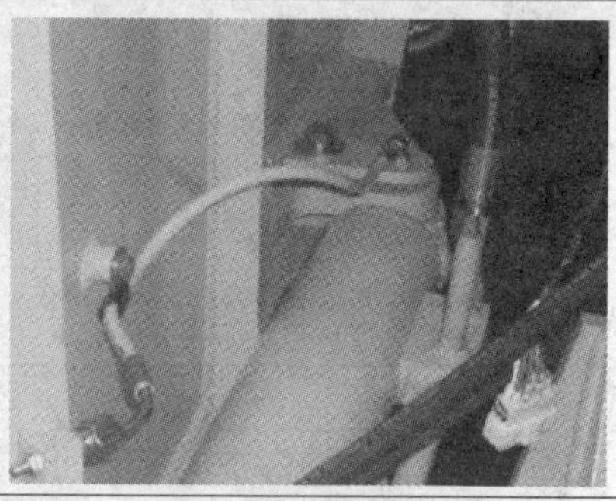
控制要点	1. 确认转向液压缸型号正确、完好，接口有效封口 2. 将左右液压缸前端放入铰接孔内 3. 调整两液压缸位置，保证液压缸前端孔与前车架安装孔位置基本重合，用螺栓将销轴固定；分清左右转向液压缸；保证安装前有效封口；螺栓紧固至规定力矩
工序十	安装连接块
	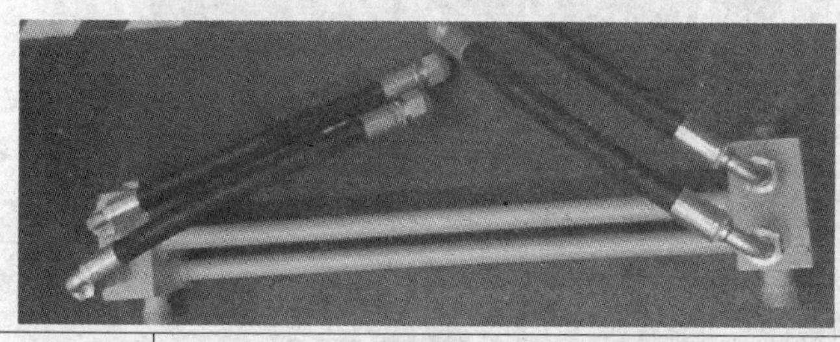 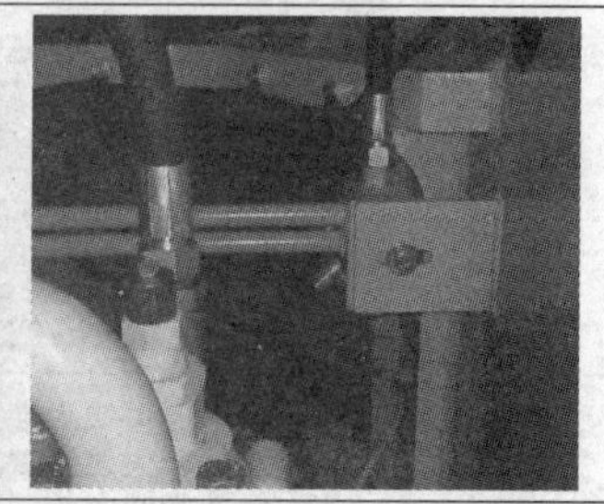
控制要点	1. 确认连接块无磕碰划伤，安装螺塞 2. 安装高压软管，将连接块总成固定在前车架固定板上紧固。各螺栓、接头紧固至规定力矩
工序十一	安装流量放大阀及油管
	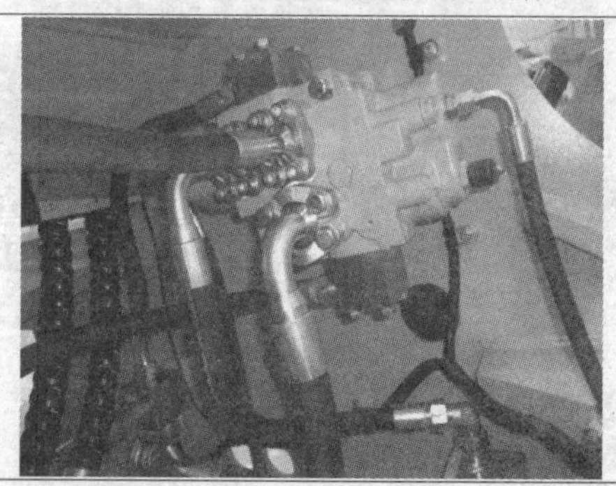

（续）

工序十一	安装流量放大阀及油管
控制要点	1. 确保流量放大阀总成无损坏、无磕碰 2. 将流量放大阀固定在前车架内侧支板上，螺栓紧固到位 3. 根据长度不同分清左右管，将先导油管对应接于流量放大阀相应位置，将流量放大阀上、下接头块与回油钢管相应位置以及多路阀进油口处的单向阀相连。安装后保证先导油管自然朝下；油管走向合理，无拧曲现象；螺栓紧固至规定力矩
工序十二	连接转向液压缸油管
	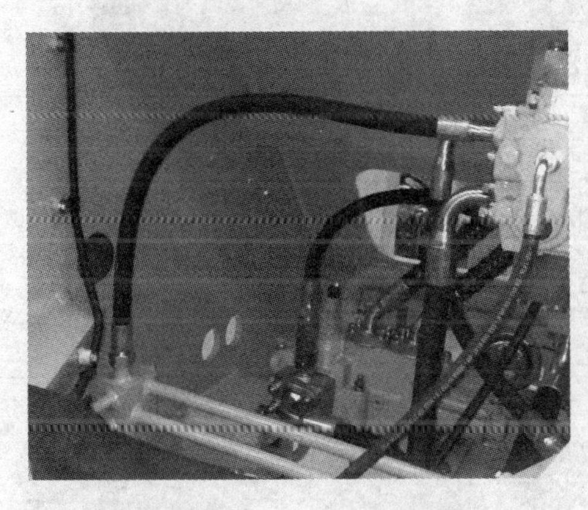 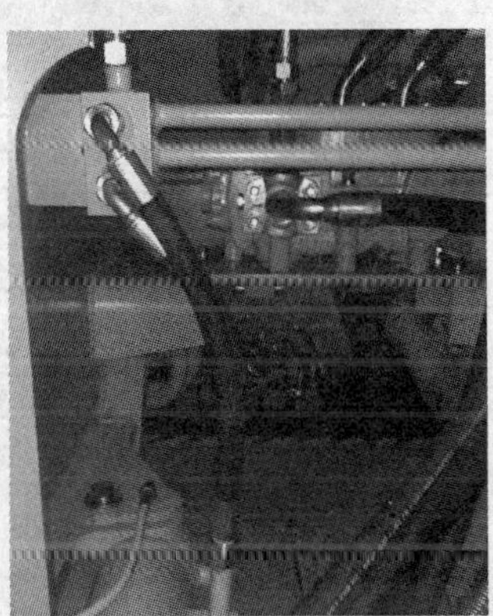
控制要点	1. 确认胶管型号正确、完好无缺陷 2. 将两胶管记号对应互相连接，管接头紧固。各接口封口随装随拆；胶管安装后走向合理
工序十三	安装流量放大阀先导油管
	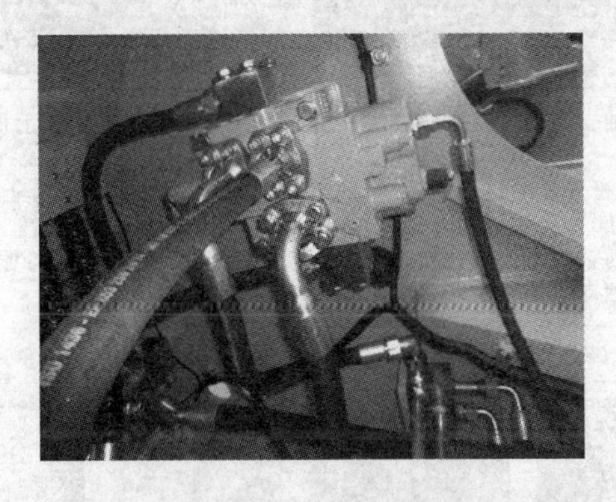
控制要点	捋顺先导油管，注意区分左、右油管。左限位阀上的软管 Z5G. 7. 3B. 5 与流量放大阀 L1 口相连，右限位阀上的软管 Z5G. 7. 3B. 1 与流量放大阀 R1 口相连，注意软管走向自然、美观，不能扭曲

（续）

工序十四	安装动臂液压缸及油管
	 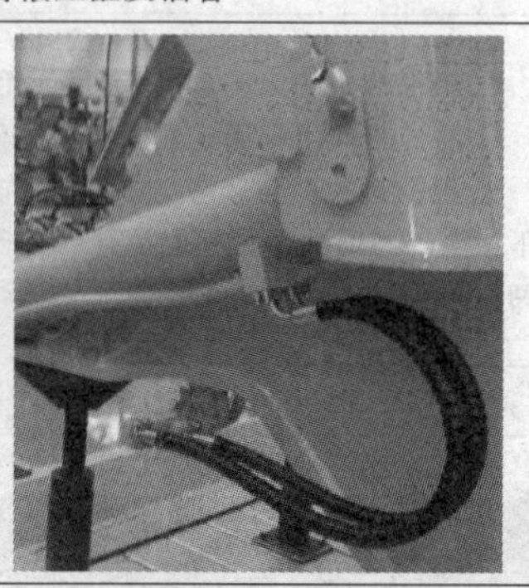
控制要点	1. 将前车架、液压缸销轴孔清理干净，在铰接孔内涂少量润滑脂 2. 用吊带束在动臂液压缸中间部位，试吊至平衡，吊装平稳，防止滑落 3. 安全吊起动臂缸，置于前车架安装处，注意左右动臂液压缸不能装反 4. 调整液压缸孔与前车架安装孔相对位置 5. 安装销轴 6. 落液压缸前需垫硬支板，防止液压缸及车架磕碰、掉漆 7. 安装动臂液压缸软管，注意软管弯曲半径尽可能大，不能出现扭曲折瘪等现象，对称交叉紧固法兰组件螺栓
工序十五	安装支架及前传动轴

控制要点	1. 将传动轴支座固定在前车架相应位置，支座固定，螺栓拧上即可，待调整间隙后再紧固到位 2. 装配前，松开前后轴承盖连接螺栓，使中间橡胶圈处于非完全涨紧，支承座手推时保证适当地轴向移动 3. 将前传动轴轴承座与过桥支座的连接螺栓连接，螺栓不许拧紧 4. 前传动轴支承处润滑脂嘴处加润滑脂，加注至溢出为止
工序十六	前、后车架对接

（续）

工序十六	前、后车架对接
控制要点	1. 检查确认前车架组装完毕，处于可装配状态 2. 用吊带吊起前车架上线，置于后车架前端 3. 将垫圈安装于后车架上铰接孔内 4. 将隔套安装在前车架上铰接孔中 5. 对正前、后车架铰接孔，用移动压力器将上下铰接销压装到位，紧固螺栓。前、后车架铰接孔对正；保证隔套紧贴在后车架铰接板上；螺栓紧固至力矩要求
工序十七	安装胶管支板

控制要点	1. 用螺栓 M10×25 安装支板，螺栓 M10 拧紧力矩为 45～59N·m 2. 用螺纹套筒将螺柱安装在支板上，装入橡胶夹板 3. 将胶管嵌入橡胶夹板上，在此处需将由转向泵到流量放大阀的胶管向前适当移动，避免此软管与转向横钢管干涉，并使此胶管与转向横钢管水平距离为 7～10cm，再用另一橡胶夹板盖住 4. 安装夹板，用螺母紧固夹板，胶管不应有压瘪及变形 5. 胶管、线束固定整齐，胶管弯曲过渡自然，走向合理，无扭曲折瘪干涉现象
工序十八	安装转向缸后销轴
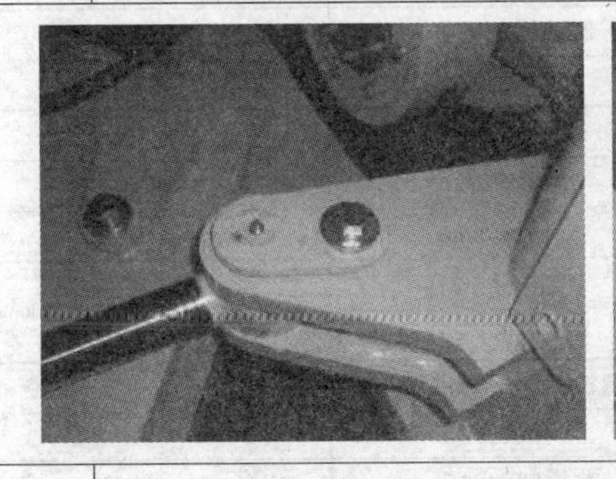 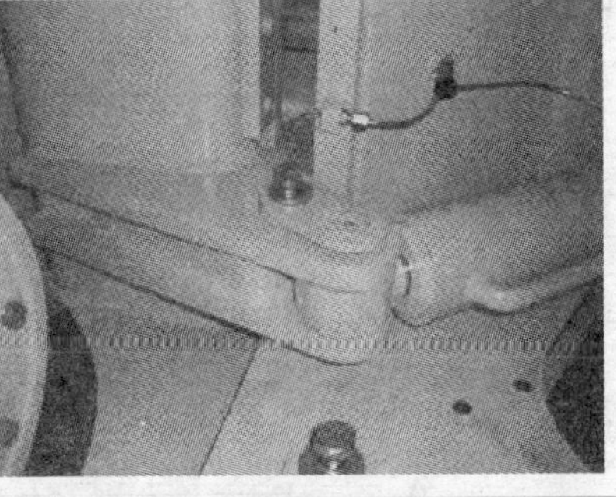	
控制要点	1. 用吊带将前车架置于左端，用撬棒将左转向缸嵌入后车架铰接孔中，安装转向销，必要时加装调整垫片，使该铰接点单侧间隙不大于 1.5mm 2. 用吊带将前车架置于右端，用撬棒将右转向缸嵌入后车架铰接孔中安装转向销，必要时加装调整垫片，使该铰接点单侧间隙不大于 1.5mm 3. 在前后转向缸销轴油杯处加注润滑脂，润滑脂润滑到位，铰接处可见润滑油脂，不得溢出法兰面

6.6 前桥安装技能训练

安装前桥位于装载机整车装配过程中的第五工位。装载机采用四轮驱动，来自发动机的动力经过动力换档变速器将其分别传向前、后桥。前桥与后桥有着相同的结构组成，均由主减速器、桥壳、轮边减速器、半轴、制动盘、轮毂组成。驱动桥如图6-6所示。

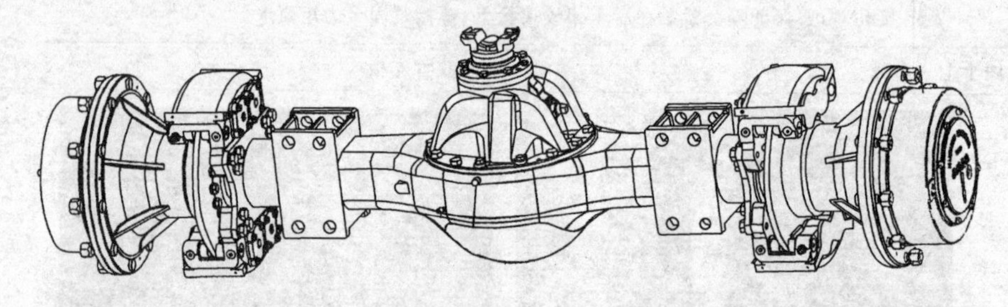

图6-6 驱动桥

6.6.1 准备工作

装配动臂、摇臂所需零部件见表6-9。

表6-9 装配动臂、摇臂所需零部件

装配内容	序号	名称	数量	备注
安装前桥油管及接头	1	接头	4	
	2	O形圈 6×1.8	13	
	3	垫圈 ϕ14mm	4	
	4	制动钳油管Ⅰ	2	
	5	接头体	2	
	6	制动钳油管Ⅱ	2	
	7	三通接头	1	
	8	螺栓 M8×20	1	
	9	垫圈 ϕ8mm	1	
	10	垫圈 ϕ8mm	1	
	11	前桥总成	1	
安装前桥	1	螺母 M30×2	8	
	2	螺栓 M30×2×270	8	
连接油管及安装护板	1	桥油管	2	
	2	前桥制动油管	1	
	3	螺栓 M8×16	4	
	4	垫圈 ϕ8mm	4	
	5	垫圈 ϕ8mm	4	
	6	护板	1	
	7	护板	1	

（续）

装配内容	序号	名称	数量	备注
安装动臂轴套	1	轴套	2	
	2	动臂	1	
	3	轴套	2	
	4	轴套	2	
	5	油封 B80×100×10D	4	
安装摇臂轴套	1	摇臂	1	
	2	摇臂梁轴套	2	
安装摇臂	1	摇臂梁销	1	
	2	油杯 M10×1	1	
	3	调整垫片	4	
安装动臂总成	1	动臂车架销	2	
	2	调整垫片	8	
	3	油杯 M10×1	5	
	4	动臂液压缸销	2	
	5	调整垫片	8	
	6	垫圈 ϕ16mm	4	
	7	垫圈 ϕ16mm	6	
	8	螺栓 M16×25	6	
	9	垫块	2	
	10	摇臂液压缸销	1	
	11	调整垫片	2	

6.6.2　前桥、动臂摇臂装配工艺（见表6-10）

确认各零部件型号正确，完好无磕碰划伤，各线束用扎带固定到位，螺纹处涂螺纹密封胶，按规定力矩将各螺栓紧固到位。

表6-10　前桥、动臂摇臂装配工艺

工序一	安装前桥油管及接头

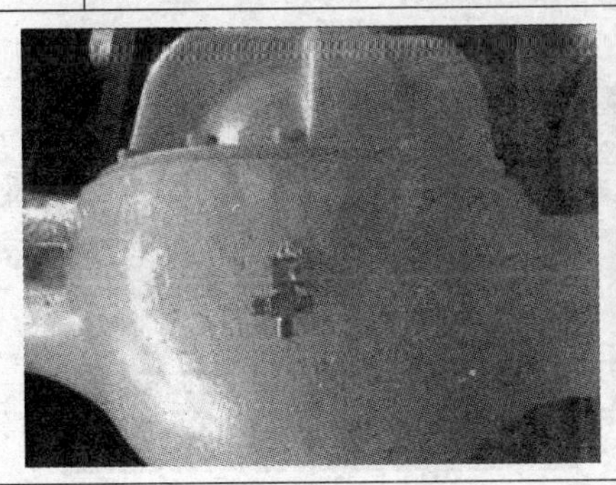

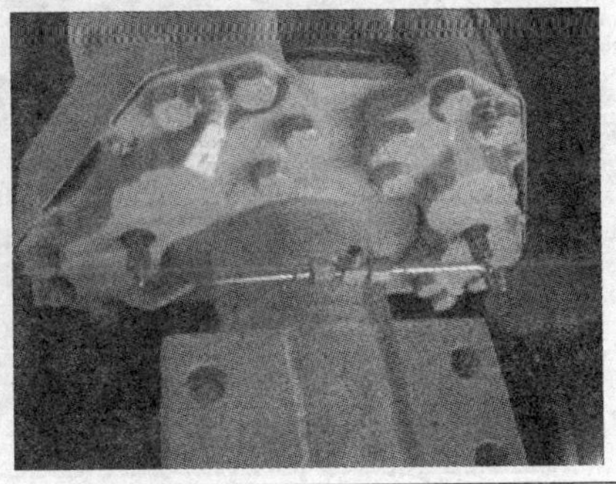

（续）

工序一	安装前桥油管及接头
控制要点	1. 在接头的各接口装上 O 形圈，手感 O 形圈凸出 2. 将接头配上组合垫圈依次固定于后桥并拧紧 3. 安装制动钳油管Ⅰ、油管Ⅱ，用接头体将油管相连。注意：各接头可靠拧紧，保证下线不渗漏，不松；装配完毕，未连接端有效封口 4. 在三通接头的各接口装上 O 形圈，手感 O 形圈凸出 5. 将三通接头固定在前桥相应位置，螺栓紧固至 22～30N·m。注意：装配完毕未连接端有效封口
工序二	安装前桥

控制要点	1. 将桥螺栓分别插入前车架安装孔中 2. 起吊前桥至安装位置，对准桥安装孔，将螺栓穿过桥底部 3. 带上螺母，调整前桥与前车架间隙至规定要求，紧固螺母 4. 将桥油管一端与制动钳油管上的三通相连，另一端穿过车架与前桥中间位置的三通相连，紧固螺母。保证前桥与前车架尽可能贴紧；连接油管时，保证各有关走向合理无拧曲；螺栓紧固至规定要求
工序三	连接油管及安装护板

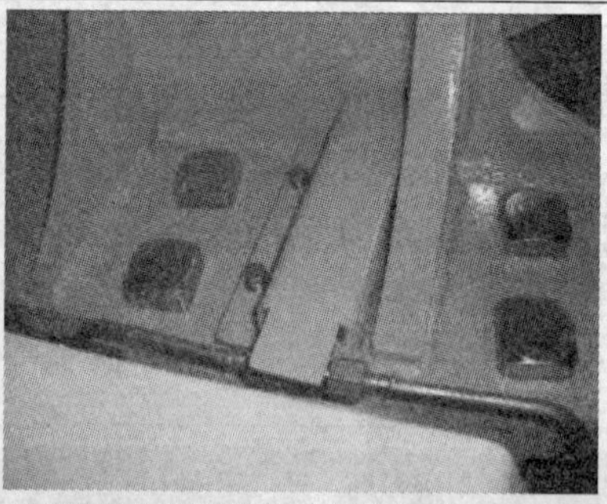

（续）

工序三	连接油管及安装护板
控制要点	1. 前桥油管一端从前车架上孔穿过，连接制动钳油管处；接头体，用呆扳手拧紧 2. 前桥油管另一端连接桥中间安装的三通接头，用呆扳手拧紧 3. 安装前确认前桥制动油管接口有效封口 4. 将前桥制动油管的一端安装在桥肚上的三通接头上，力矩为 30～45N·m 5. 软管的弯曲半径尽可能大，走向自然美观，无扭曲干涉现象 6. 将护板安装于相应的安装螺孔上，螺栓拧紧力矩为 22～30N·m
工序四	安装动臂轴套

控制要点	1. 戴上手套，将轴套放入工业冰箱中进行冷却 2. 清除动臂各铰接孔内的铁屑、灰尘等颗粒杂质以防刮伤轴套 3. 在铰接孔内均匀地涂上一层润滑脂 4. 轴套在工业冰箱中达到冷却平衡后，取出轴套快速装配到位，注意轴套位于铰接孔中间不偏斜 5. 在动臂前端铰接孔内、件4的两端装入油封，油封用铜棒轻轻敲入。注意油封唇口朝外，不超出于法兰端面
工序五	安装摇臂轴套
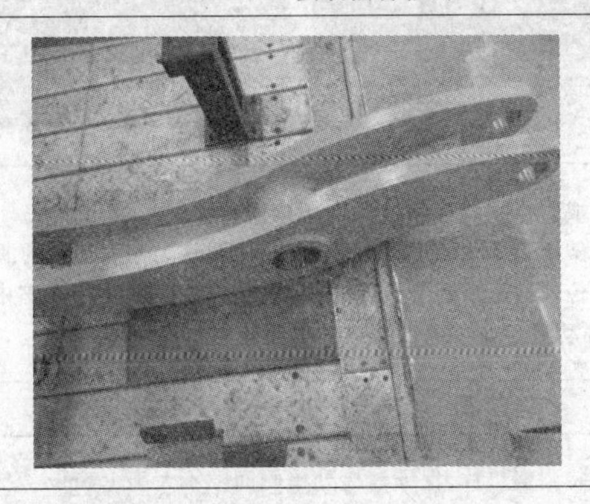	
控制要点	1. 戴上手套，将轴套放入工业冰箱中进行冷却 2. 清除摇臂梁销铰接孔内的铁屑、灰尘等颗粒杂质以防刮伤轴套 3. 在摇臂梁销铰接孔内均匀地涂上一层润滑脂 4. 轴套在工业冰箱中达到冷却平衡后，取出轴套快速装配到位，注意轴套位于铰接孔中间不偏斜

（续）

工序六	安装摇臂

控制要点	1. 清除摇臂梁销座孔内的铁屑等颗粒杂质 2. 在摇臂梁销座孔内涂适量润滑脂 3. 将摇臂吊到动臂横梁开档处，当摇臂中间孔与动臂横梁开档处孔重合时，安装摇臂梁销，必要时加装调整垫片，保证该铰接点单侧间隙≤1.5mm 4. 安装油杯
工序七	安装动臂总成

控制要点	1. 将动臂总成安全平稳地吊装到前车架安装位置 2. 在动臂车架销座孔内、动臂液压缸销座孔内均匀涂入适量的润滑脂 3. 调整动臂位置，使动臂位于前车架耳座与动臂液压缸耳座中间，必要时加装调整垫片TL002007，保证动臂与前车架铰接点的单侧间隙≤1.5mm
工序八	安装动臂车架销
控制要点	1. 必要时安装调整垫片，保证铰接处单侧间隙不大于1.5mm，安装动臂液压缸销 2. 确认翻斗缸与摇臂无干涉，必要时安装调整垫片，保证该铰接点单侧间隙不大于1.5mm，安装摇臂液压缸销 3. 在动臂液压缸销、动臂车架销、摇臂液压缸销、摇臂梁销上安装油杯，共6处 4. 安装紧固销轴螺栓，共6处，螺栓拧紧力矩为193～257N·m，用黑笔在螺栓上做紧固标记

6.7　驾驶室总成安装技能训练

安装驾驶室位于装载机整车装配过程中的第六工位。根据人机工程学原理，现在的驾驶室朝着智能化、舒适化、便于操作的方向发展。现在的驾驶室里面布置有空调、电扇、点烟器、USB接口，收音机、摄像头接收屏等设备，大大提高了作业的舒适度，改善了操作者的心理体验。驾驶室如图6-7所示。

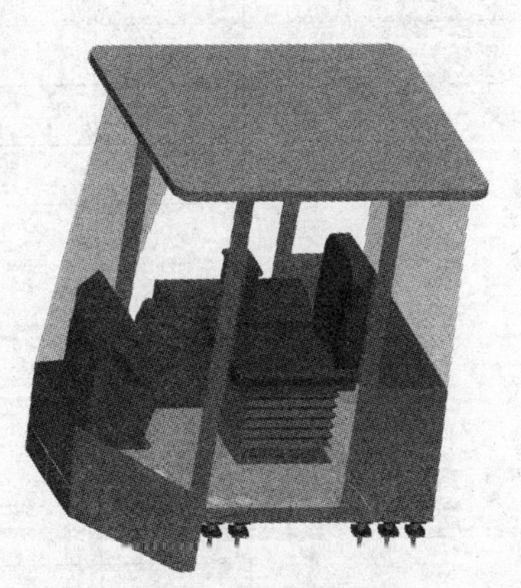

图6-7　驾驶室

6.7.1　准备工作

驾驶室安装所需零部件见表6-11。

6.7.2　驾驶室安装工艺（见表6-12）

确认各零部件型号正确，完好无磕碰划伤，各线束用扎带固定到位，螺纹处涂螺纹密封胶，按规定力矩将各螺栓紧固到位。

表6-11　驾驶室安装所需零部件

装配内容	序号	名称	数量	备注
铺地板橡胶	1	地板橡胶垫(空调)	1	
安装脚制动阀	1	制动开关	1	
	2	过渡接头	1	
	3	垫圈 ϕ22mm	1	
	4	接头	2	
	5	气制动阀	1	
	6	螺栓 M8×30	4	
	7	垫圈 ϕ8mm	4	
	8	垫圈 ϕ8mm	4	
	9	接头	1	
安装加速踏板	1	油门操纵阀	1	
	2	软轴支架	1	
	3	螺栓 M6×25	2	
	4	垫圈 ϕ6mm	2	
	5	垫圈 ϕ6mm	4	
	6	螺母 M6	2	
	7	螺栓 M6×25	3	
	8	垫圈 ϕ6mm	3	
	9	垫圈 ϕ6mm	3	

（续）

装配内容	序号	名称	数量	备注
安装蒸发器	1	空调总成	1	
	2	不锈钢喉箍 32-44	2	
	3	螺栓 M8×16	5	
	4	垫圈 ϕ8mm	5	
	5	垫圈 ϕ8mm	5	
	6	螺栓 M12×35	4	
	7	垫圈 ϕ12mm	4	
	8	垫圈 ϕ12mm	4	
	9	不锈钢喉箍 16-25	2	
	10	暖水水管 2400	2	
安装座椅	1	座椅（XGZY-13）	1	
	2	螺栓 M10×25	4	
	3	垫圈 ϕ10mm	4	
	4	垫圈 ϕ10mm	4	
仪表盘组装	1	水温表	1	
	2	七组合指示灯	1	
	3	燃油表	1	
	4	电压表	1	
	5	小时计（积时表）	1	
	6	变矩器油温表	1	
	7	气压表	1	
	8	可调仪表箱	1	
安装翘板开关	1	组合开关	1	
	2	可调仪表箱	1	
蓄电池、转向开关连接	1	蓄电池按钮	1	
	2	可调仪表箱	1	
	3	转向开关	1	
	4	蓄电池线	1	
	5	仪表盘线束	1	
安装钥匙开关	1	可调仪表箱	1	
	2	点火开关	1	
	3	仪表盘线束	1	

（续）

装配内容	序号	名称	数量	备注
安装仪表箱	1	可调仪表箱	1	
	2	螺栓 M12×35	4	
	3	垫圈 ϕ12mm	4	
	4	垫圈 ϕ12mm	4	
	5	转向器	1	
	6	螺栓 M10×30	4	
	7	垫圈 ϕ10mm	4	
连接制动灯线束	1	仪表盘线束	1	
连接空调软管	1	保温胶管（L=1400mm）	2	
	2	不锈钢喉箍 51-70	4	
	3	尼龙扎带	2	
安装转向器油管	1	接头	4	
	2	软管总成	2	
	3	胶管总成	1	
	4	胶管总成	1	
安装操纵箱	1	螺栓 M10×25	4	
	2	垫圈 ϕ10mm	4	
	3	垫圈 ϕ10mm	4	
	4	操纵箱	1	
安装驻车制动总成	1	接头	1	
	2	手控制动阀	1	
	3	接头	1	
	4	O形圈 10.6×1.8	3	
	5	接头	1	
	6	压力开关	1	
	7	手控阀至制动气缸气管	1	
	8	开关阀进气管	1	
	9	至气控截止阀气管	1	
	10	控制箱线束	1	
熔体盒安装	1	闪光器	1	
	2	蜂鸣器（FM211）	1	
	3	垫圈 ϕ5mm	5	
	4	垫圈 ϕ5mm	5	

（续）

装配内容	序号	名称	数量	备注
熔体盒安装	5	螺钉 M5×12	5	
	6	蓄电池继电器	1	
	7	继电器	1	
	8	控制箱线束	1	
	9	熔体盒安装板	1	
	10	螺钉 M5×16	6	
	11	垫圈 ϕ5mm	6	
	12	垫圈 ϕ5mm	6	
	13	螺栓 M6×16	4	
	14	垫圈 ϕ6mm	4	
	15	垫圈 ϕ6mm	4	
	16	先导阀线束	1	
	17	控制箱搭铁线	1	
安装先导阀总成	1	单手柄先导阀	1	
	2	螺栓 M10×30	4	
	3	垫圈 ϕ10mm	4	
	4	垫圈 ϕ10mm	4	
	5	密封板	4	
	6	密封板	1	
	7	密封板	1	
	8	固定板	2	
	9	螺栓 M8×35	4	
	10	垫圈 ϕ8mm	4	
仪表盘与驾驶室线束连接	1	驾驶室线束	1	
	2	仪表盘线束	1	
连接驾驶室下线束	1	仪表盘线束	1	
	2	驾驶室线束	1	
	3	尼龙扎带	4	
	4	控制箱线束	1	
安装驾驶室	1	减振器组件	4	
	2	螺栓 M30×2×160	4	
	3	隔板	4	
	4	垫圈 ϕ30mm	4	

（续）

装配内容	序号	名称	数量	备注
安装驾驶室	5	垫圈 ϕ30mm	4	
	6	螺母 M30×2	4	
连接分配阀上D口胶管	1	接头	1	
	2	胶管总成	1	
	3	橡胶板	4	
	4	压板	2	
	5	螺栓 M10×65	4	
	6	垫圈 ϕ10mm	4	
	7	垫圈 ϕ10mm	4	
连接气路	1	手控阀进气管	1	
	2	气管	1	
	3	气管	1	
	4	气管	1	
	5	手控阀至制动气缸气管	1	
连接油门拉杆	1	油门软轴总成	1	
	2	软轴支架	1	
连接变速机构	1	销轴 B10×20	1	
	2	销 3.2×20	1	
	3	螺栓 M10×40	2	
	4	垫圈 ϕ10mm	2	
	5	变速操纵器	1	
连接油温传感器线	1	变矩器油温感	1	
	2	仪表盘线束	1	
连接倒车报警器线束	1	倒车报警传感器	1	
连接仪表盘搭铁线	1	仪表盘线束	1	
	2	垫圈 ϕ8mm	1	
	3	螺栓 M8×12	1	
	4	垫圈 ϕ8mm	1	
连接线束	1	仪表盘线束	1	
	2	前车架线束	1	
	3	控制箱线束	1	
	4	后车架线束	1	
	5	尼龙扎带	2	

（续）

装配内容	序号	名称	数量	备注
安装前围板	1	前围板	1	
	2	螺栓 M8×25	6	
	3	垫圈 ϕ8mm	6	
	4	垫圈 ϕ8mm	6	
	5	垫圈 ϕ10mm	6	
连接暖风水管	1	暖水水管 2400	2	
	2	不锈钢喉箍 16-25	2	
连接空调储液软管	1	蒸发器至压缩机软管	1	
	2	压缩机至冷凝器软管	1	
	3	尼龙扎带	2	

表 6-12　驾驶室安装工艺

工序一	铺地板橡胶

控制要点	1. 铺设地板橡胶,使其与驾驶室底板保持一致 2. 地板橡胶必须在安装仪表箱、操纵箱、座椅、空调等之前铺设到位
工序二	安装脚制动阀

控制要点	1. 制动开关螺纹上涂 545 胶,涂胶宽度为螺纹长度的 1/2,胶液填满螺纹沟槽 2. 在制动阀上安装制动开关,在驾驶室底板左侧固定制动阀 3. 气制动阀紧固螺栓力矩为 22～30N · m

（续）

<table>
<tr><td>工序三</td><td>安装加速踏板</td></tr>
<tr><td colspan="2">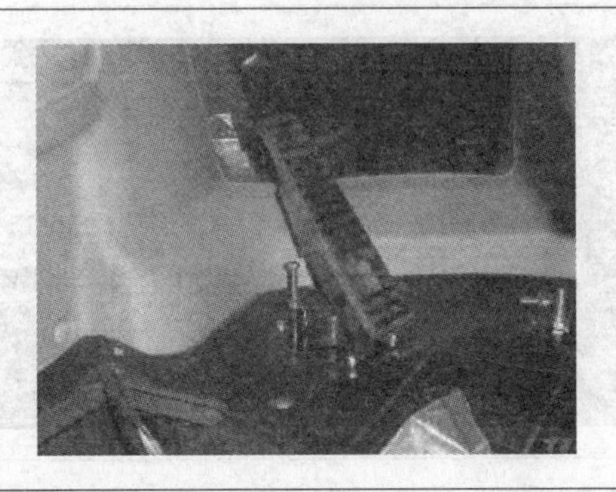</td></tr>
<tr><td>控制要点</td><td>1. 将油门操纵阀固定在驾驶室底板右侧固定孔上
2. 将软轴支架安装在油门操纵阀上
3. 螺栓 M6 拧紧力矩为 9～12N·m</td></tr>
<tr><td>工序四</td><td>安装蒸发器</td></tr>
<tr><td colspan="2"> </td></tr>
<tr><td>控制要点</td><td>1. 喉箍束紧后螺钉头朝便于维修方向
2. 螺栓接头、喉箍有效紧固，保证下线时不渗漏
3. 各线束、水管、储液软管安装后均通过相应位置插向驾驶室底部，便于后续安装</td></tr>
<tr><td>工序五</td><td>安装座椅</td></tr>
<tr><td colspan="2"></td></tr>
<tr><td>控制要点</td><td>1. 将座椅安装在驾驶室底板上，并用螺栓紧固
2. 螺栓 M10 拧紧力矩为 45～59N·m</td></tr>
</table>

（续）

工序六	仪表盘组装
	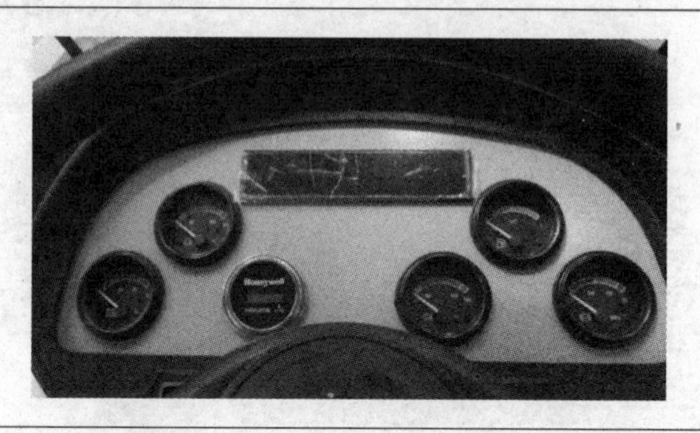
控制要点	1. 将各仪表后面支架及垫圈、螺母等拆下放好 2. 逐一将各仪表穿过安装板各安装孔，手动调整各仪表位置，使各仪表水平放置，再用支架及垫圈、螺母将仪表固定好。从上到下从左到右仪表分别：七组合指示灯、水温表、燃油表、电压表、小时计、变矩器油温表、气压表 3. 将各灯泡安装于七组合指示灯上，再把指示灯穿过安装孔安到安装板上，对准亮处观察电源指示灯方向朝上，防止装反气压表：8X2（绿红），29（棕黄），19X2（白红），0X2（黑）。电压表：8X2（绿红），19X2（白红），0（黑）。积时表：8（绿红）接“1”，0（黑）接“2” 燃油表：8X2（绿红），21（黄），19X2（白红），0X2（黑） 水温表：8（绿红），27（蓝），19X2（白红），0X2（黑） 油温表：8X2（绿红），28（绿红），19X2（白红），0（黑）
工序七	安装翘板开关

控制要点	1. 按图样翘板开关排列位置核对配送翘板各开关是否一致 2. 翘板开关排列顺序从左到右依次：前工作灯开关、后工作灯开关、顶灯开关、紧急开关、暖风机开关 3. 各开关接线如下 前工作灯：80（红蓝），83（绿红），19X2（白红），0X2（黑） 后工作灯：81（红白），82（绿红），19（白红）0（黑） 顶灯：80（红蓝），100（绿黄），19X2（白红），0X2（黑） 紧急开关：35（绿），34（黄绿），34X2（黄绿），36（绿红），19X2（白红），0X2（黑） 30、37号线备用

（续）

工序八	扬声器、转向开关连接
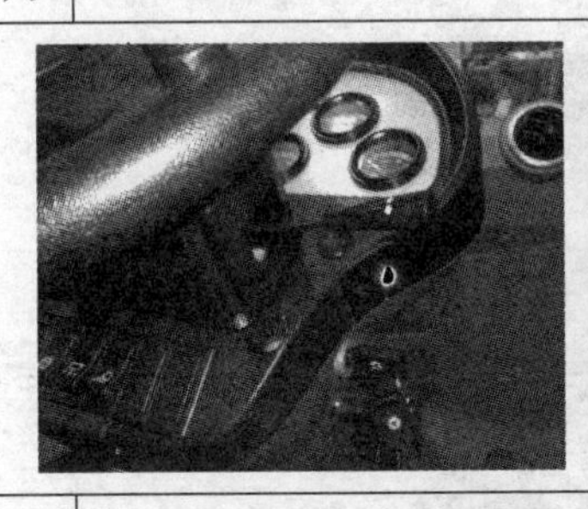	
控制要点	1. 安装转向开关 2. 将仪表盘线束上转向开关九芯插接件与转向开关自带线九芯插接件对接，仪表盘线束上10（棕）号线接仪表盘扬声器线 转向开关九芯插接件线：35（绿），34X2（黄绿），36（绿红）
工序九	安装钥匙开关

控制要点	1. 将钥匙开关自带端盖拧下，将钥匙开关（带钥匙端）从仪表箱内的安装孔穿过，将端盖盖上并拧紧 2. 仪表盘线束上钥匙开关线接线方法：9（红白）号线接ACC端，5（白）号线接C端，4（绿）接Br端，2（红黑）接B端
工序十	安装仪表箱

控制要点	1. 将转向柱上键轴与转向器相连接 2. 用M10×30螺栓将转向器安装在仪表箱转向柱上，螺栓力矩45～59N·m 3. 用吊带捆住仪表箱，将吊带端挂在行车挂钩上，将仪表箱安全平稳地吊到驾驶室安装位置 4. 用M12×35螺栓把仪表箱安装在驾驶室底板上，螺栓力矩78～104N·m

（续）

工序十一	连接制动灯线束
	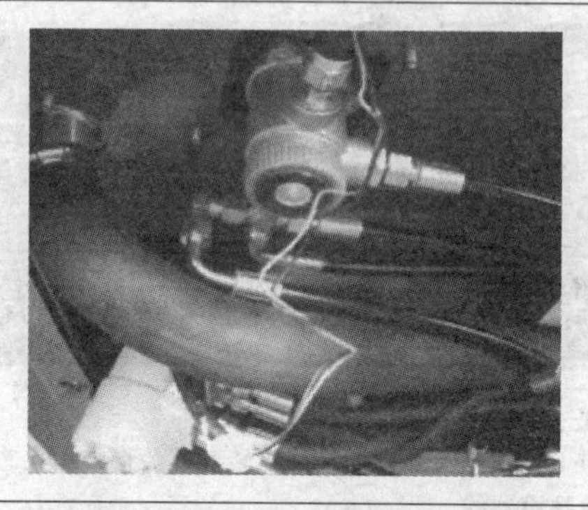
控制要点	找出仪表盘线束上32（灰红）、14（绿色）二芯插接件，与制动开关自带二芯插接件对接
工序十二	连接空调软管
	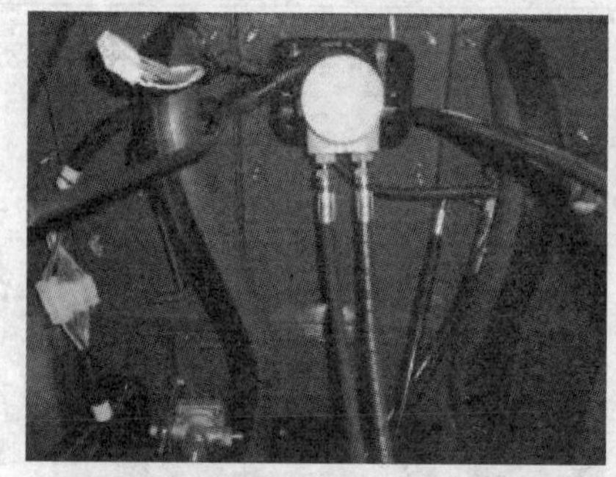 
控制要点	1. 用喉箍将胶管固定在蒸发器底孔上，将两胶管另一端分别安装在驾驶室前下侧进风口 2. 喉箍束紧后螺钉朝便于维修方向
工序十三	安装转向器油管
	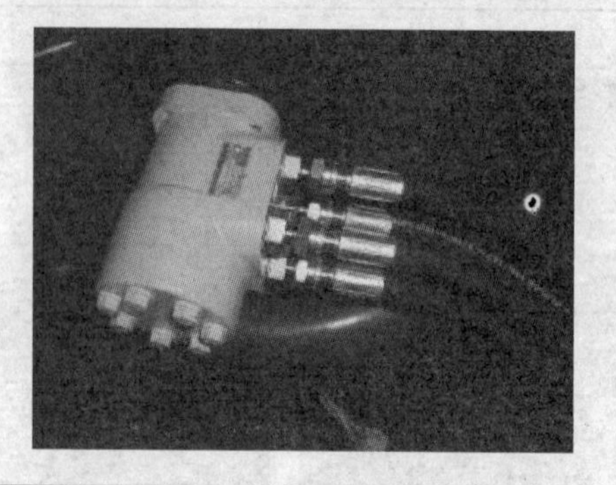
控制要点	1. 转向器上油口封口，随装随拆，用擦拭纸清理油口油渍 2. 安装转向器上接头 3. 件2接L口和R口，件3接T口，件4接P口 4. 紧固转向器油管，四根软管的拧紧力矩均为30～45N·m

（续）

工序十四	安装操纵箱

控制要点	1. 用丝锥清理操纵箱安装螺孔毛刺、涂装残留、锈迹 2. 将操纵箱放至驾驶室内安装位置 3. 用螺栓、开口垫、平垫将操纵箱固定在驾驶室底版上 4. 操纵箱装配后下平面与驾驶室底板无闪缝，M10 螺栓力矩 45 ~ 59N · m
工序十五	安装驻车制动总成
	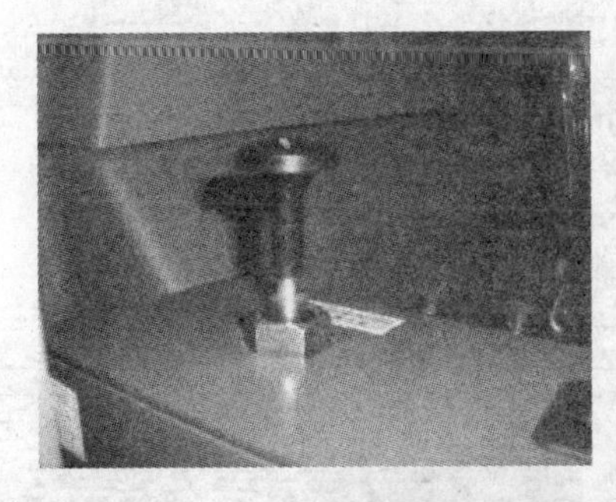  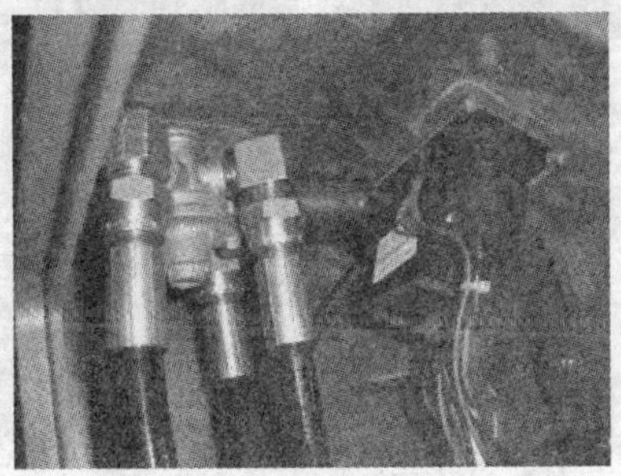
控制要点	1. 在压力开关螺纹上涂适量 545 胶后装配在手控阀上 2. 将 O 形圈安装在接头孔内，O 形圈手感凸出 3. 将手控制动阀手柄及螺母拆下 4. 将手控制动阀总成从操纵箱里面穿向其顶部，并用螺母在外端锁紧 5. 找出控制箱线束上 43（棕）和 0（黑）号线端子，插于开关两插片上，并用护套套好

（续）

<table>
<tr><td>工序十六</td><td>熔体盒安装</td></tr>
<tr><td colspan="2">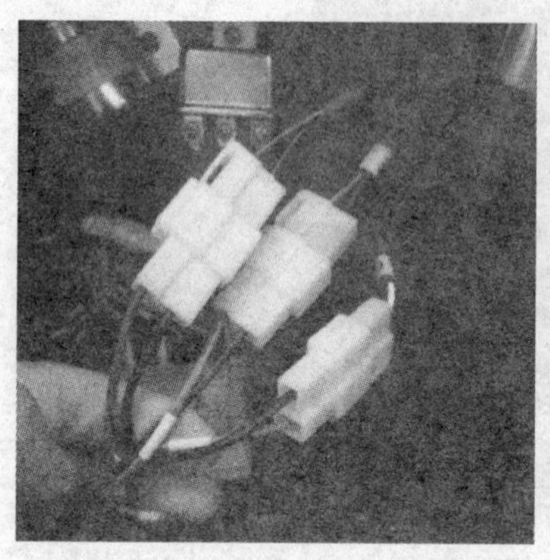
</td></tr>
<tr><td>控制要点</td><td>1. 布置并安装闪光器、蜂鸣器、扬声器继电器和熔体盒，并用螺栓紧固
2. 从控制箱线束上找出各元器件线束线号
3. 闪光器：34（黄绿）、33（灰白）、0（黑）三芯插接件接于闪光器上
4. 蜂鸣器：24（黄黑）和33（灰白）分别接于蜂鸣器对应端子
5. 扬声器继电器：33（灰白）接左端子、10（棕）接右端子、11（棕白）接中间端子
6. 熔体盒自带线束与控制箱线束3个4芯对应插接件对接
7. 将未用的先导阀线束、继电器线束和电源备用线，用扎带扎好
8. 将组装好的熔体盒安装板安装于控制箱内，用螺栓紧固至9～12N・m</td></tr>
<tr><td>工序十七</td><td>安装先导阀总成</td></tr>
<tr><td colspan="2">
</td></tr>
<tr><td>控制要点</td><td>1. 将先导阀总成胶管从操纵箱安装孔穿入并捋顺，调整先导阀位置，对准安装孔后用螺栓固定
2. 螺栓M10拧紧力矩为45～59N・m
3. 在操纵箱下端固定胶管时，须区分橡胶密封板各孔，保证胶管一一对应穿过
4. 保证胶管在操纵箱内走向自然，不能别劲、扭曲</td></tr>
</table>

（续）

工序十八	仪表盘与驾驶室线束连接
	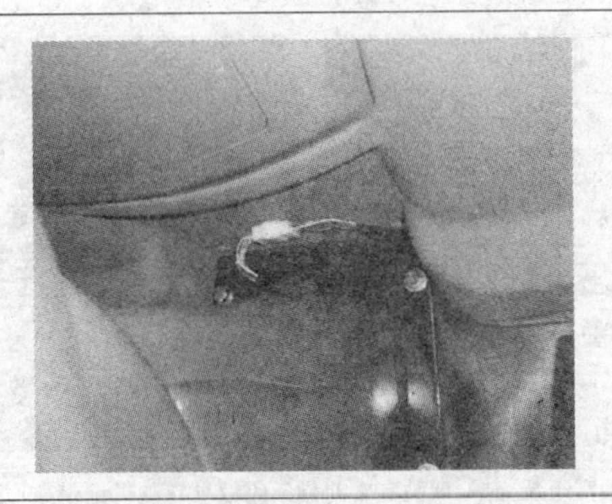
控制要点	将仪表盘线束与驾驶室线束六芯插接件对接，整理后放置到驾驶室内罩内。仪表盘线束各线：20（红白），0（黑），13（蓝白），19（红白），48（黄色），47（蓝色）。注意两插接件两端对应线号是否一致
工序十九	连接驾驶室下线束
	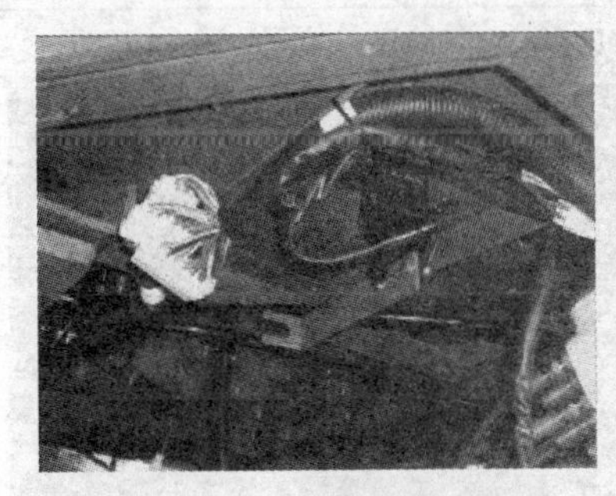  
控制要点	1. 安装好仪表盘后，将仪表盘线束与驾驶室线束六芯插接件对接；六芯插接件线：20（白红），0（黑），82（蓝黑），19（白红），100（绿黄），83（绿红） 2. 将仪表盘线束和操纵箱线束对接，并用扎带把线束固定在驾驶室下 3. 将操纵箱线束固定在驾驶室底板后面 4. 将控制箱线束上48（黄）和0（黑）二芯插接件与暖风机下来的两芯插接件对接，并与备用线37（白）和0（黑）二芯插接件整理后用扎带扎在主线束上

（续）

工序二十	安装驾驶室

控制要点	1. 检查确认驾驶室组装完毕，驾驶室右前侧条码编号与整机记录本一致，用四根吊带吊装驾驶室 2. 理顺驾驶室下面的制动气管、液压管、软轴之后，落下驾驶室并固定 气管不能接错，中间为手控阀进气管。气管弯曲半径尽可能大 3. 气管、油管连接正确，走向合理，无打折干涉及扭曲现象 4. 气管、油管接头紧固无松动 5. 驾驶室螺栓力矩 500～550N·m
工序二十一	连接分配阀上 D 口胶管
	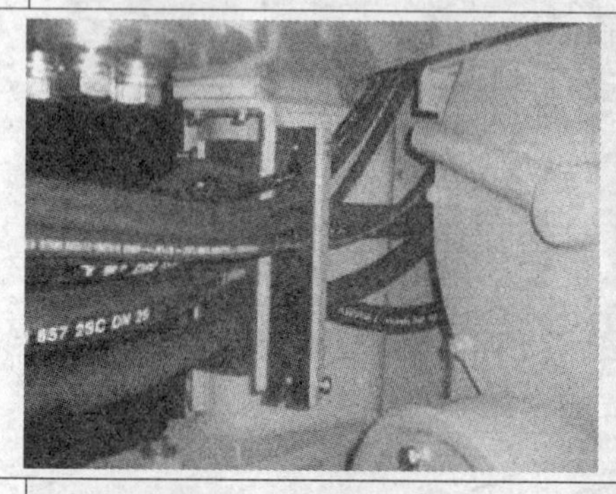 
控制要点	1. 将胶管 Z5G. 7. 3B. 1 弯头一端与分配阀上单向阀相连。胶管接头拧紧力矩为 30～45N·m。胶管另一端与选择阀下端相连，胶管接头拧紧力矩为 30～45N·m 2. 待连接后，安装压板总成，并将后桥制动管、转向先导管、件 2 共同固定在橡胶板中，软管走向自然、美观，弯曲半径尽可能大，无扭曲现象
工序二十二	连接先导阀油管
	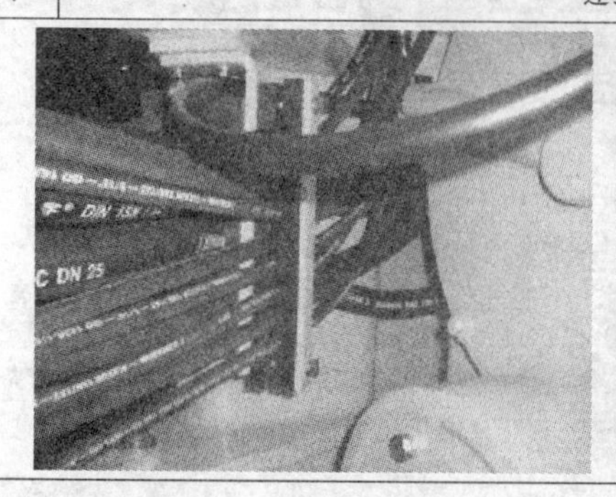 

（续）

工序二十二	连接先导阀油管
控制要点	1. 将先导阀回油管 Z5G. 7. 3B. 14 固定在选择阀回油口，软管紧固至 30～45N·m 2. 将先导阀上软管 Z5G. 7. 3B. 8 固定在分配阀 2C 口，软管接头力矩 30～45N·m 3. 胶管连接完毕后固定于夹板总成中，软管走向自然、美观，弯曲半径尽可能大，无扭曲现象。紧固支板螺栓
工序二十三	连接气路

控制要点	1. 将手制动阀上胶管 1 另一端与储气缸中间出气口相连。胶管 1 拧紧力矩为 43～85N·m 2. 将脚制动阀上胶管 2 与储气缸相连。胶管 2 拧紧力矩为 43～85N·m 3. 将手制动阀上胶管 3 与切断气缸上端相连。胶管 3 拧紧力矩为 43～85N·m 4. 将脚制动阀上胶管 4 与切断气缸前端相连。胶管 4 拧紧力矩为 43～85N·m 5. 将手制动阀上胶管 5 与制动气缸相连。胶管 5 的拧紧力矩为 43～85N·m
工序二十四	连接变速机构

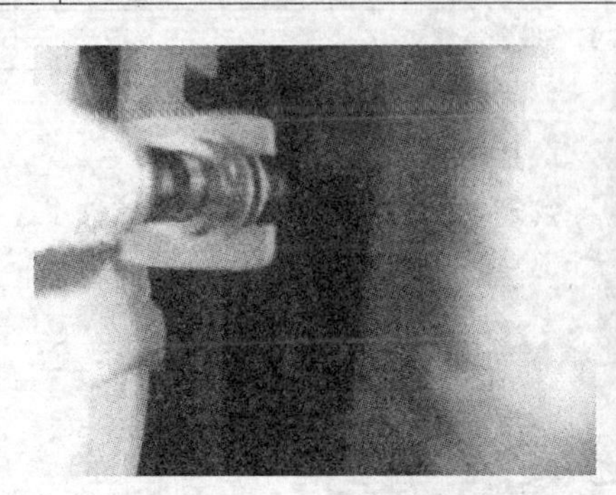
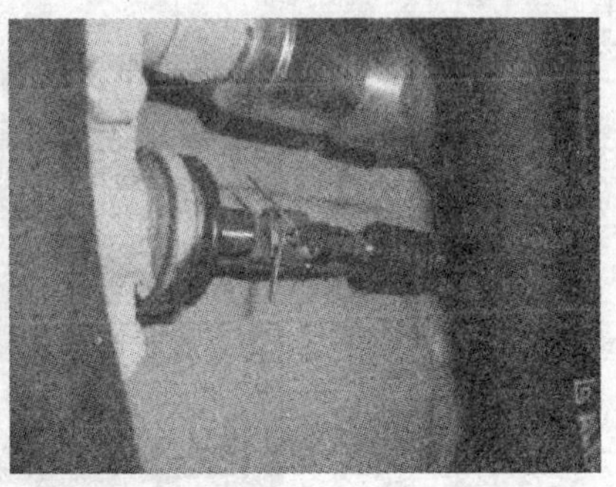

（续）

工序二十四	连接变速机构
控制要点	1. 将操纵手柄置于Ⅱ档，变速操纵阀处于Ⅱ档位置 2. 将操纵软轴连于变速操纵阀上。注意操纵软轴无干涉 3. 将阀杆上锁紧螺母固定在变速器支架上 4. 调整完毕后紧固各件 5. 开口销应双片穿入，尾部分开角度大于90°
工序二十五	连接油门拉杆
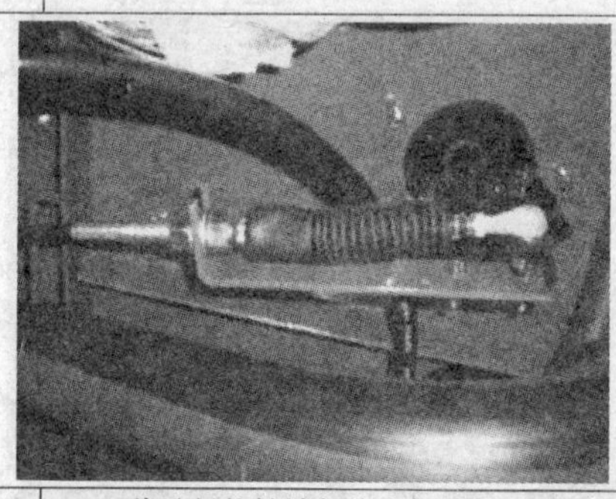 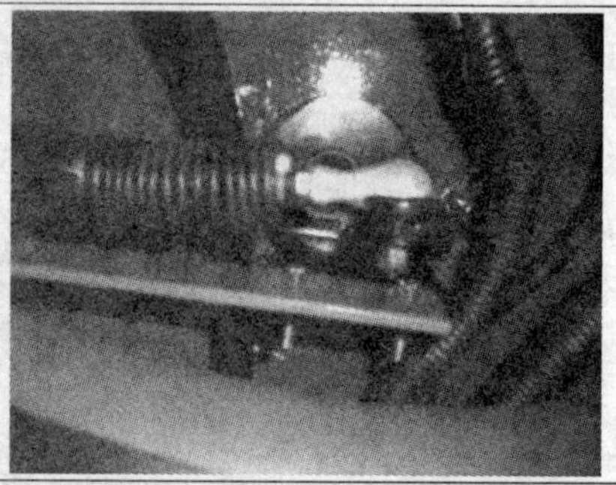	
控制要点	1. 将油门软轴端部接头螺栓拆下，插装接头，将软轴连于加速踏板上并紧固 2. 将油门软轴锁紧槽嵌入油门软轴支架上 3. 装配后软轴在同一平面内呈直线状，不得倾斜
工序二十六	连接油温传感器线
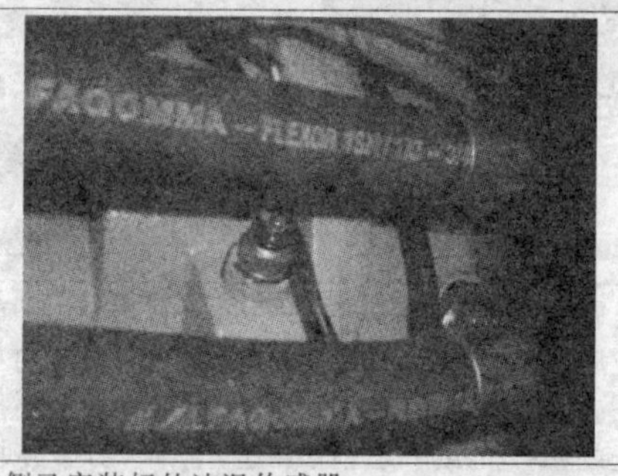	
控制要点	1. 找出发动机左侧已安装好的油温传感器 2. 找出仪表盘线束上28（灰红）号线插接端子，插到变矩器油温传感器插片上，并把绿色塑料防护插头套好
工序二十七	连接倒车报警器线束

（续）

工序二十七	连接倒车报警器线束
控制要点	1. 找出发动机左侧已安装好的倒车报警开关 2. 找出仪表盘线束上32(灰红)、23(白黑)号线插接端子,插到倒车报警开关上,并用橡胶防护套罩好
工序二十八	连接仪表盘搭铁线

控制要点	找出仪表盘线束上搭铁线0X4(黑色)号线,固定于驾驶室支座内侧固定块M8螺栓上
工序二十九	连接线束

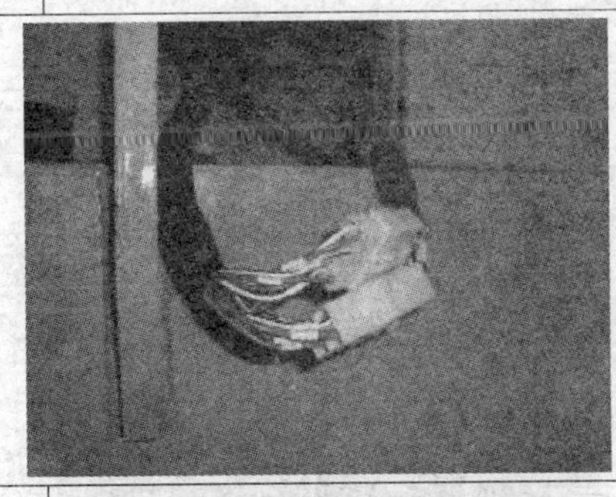

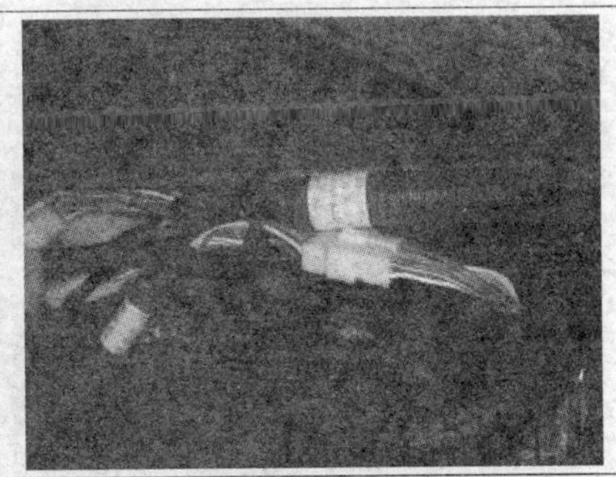

控制要点	1. 将仪表盘线束与前车架线束插接在一起 2. 用尼龙扎带将线束捆绑于驾驶室底部 3. 将控制箱线束与后车架线束插接在一起 4. 用尼龙扎带将线束捆绑于后车架内侧 5. 各插接件线色与线号要与对应插接件一致
工序三十	安装前围板

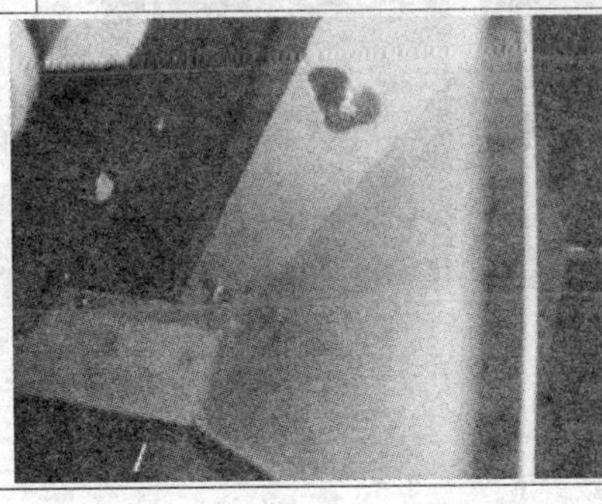

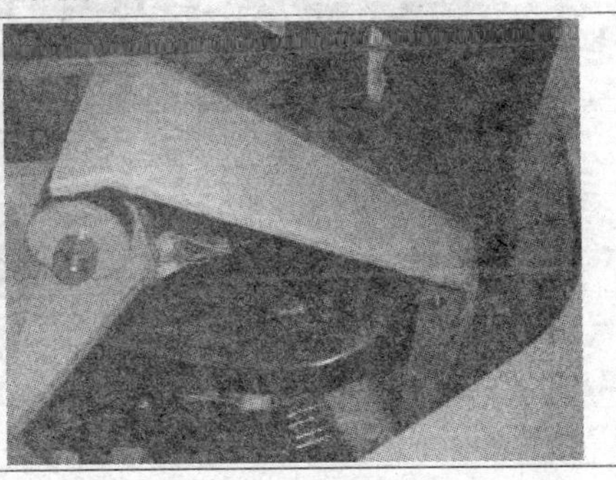

（续）

工序三十	安装前围板
控制要点	安装固定前围板，确保围板与驾驶室无明显接缝，前围板外平面与驾驶室外围平齐，保证错位量≤4mm，紧固螺栓至要求，M8 螺栓拧紧力矩为 22～30N·m
工序三十一	连接转向器油管

控制要点	1. 连接转向器与限位阀以及双联泵之间油管 2. 转向器 P 口接双联泵，O 口接右限位阀回油，L 口接左限位阀进油口，R 口接右限位阀进油口 3. 油管连接无扭曲、干涉现象。四根软管拧紧力矩均为 30～45N·m 4. 用扎带将转向器油管和变速器操纵软轴扎在一起。将扎带多余部分剪掉
工序三十二	连接空调储液软管
	 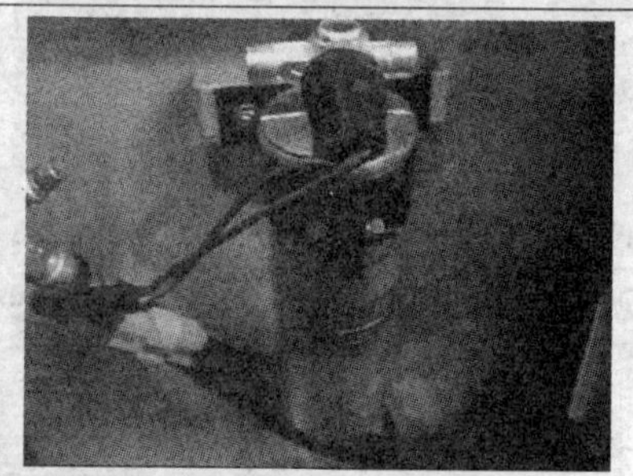  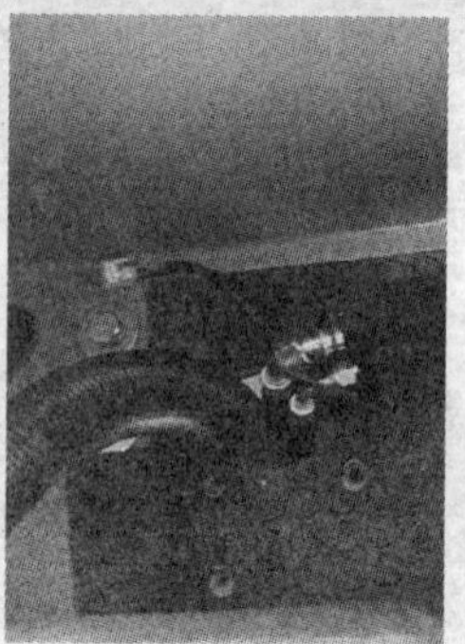
控制要点	1. 确认空调总成完好，将空调储液软管固定在空调压缩机上 2. 连接空调离合开关线束，用扎带固定软管，末端盘于空滤器总成上 3. 连接软管前在螺纹处涂 262 密封胶 4. 空调软管每 400mm 用扎带扎紧

（续）

工序三十三	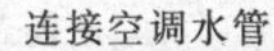 连接空调水管
	 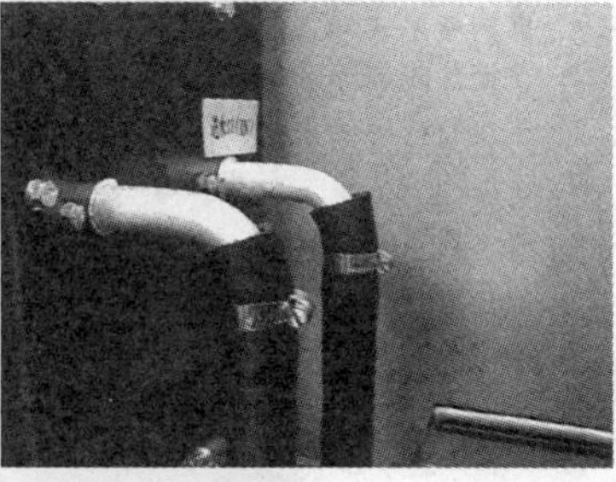 
控制要点	1. 确认水管无缺陷，将水管从驾驶室底部穿出并拉至发动机相应位置 2. 用喉箍将两水管分别固定在暖风热水开关和接头上 3. 喉箍束紧后螺钉头朝向便于维修方向 4. 喉箍有效紧固保证下线时不渗漏 5. 分清暖水进回水管，其中进水管与暖风热水开关相连，回水管与接头相连
工序三十四	连接空调软管、线束

（续）

工序三十四	连接空调软管、线束
控制要点	1. 确认线束完好，接口有效封口 2. 连接冷凝器至储液罐软管、储液罐至蒸发器软管 3. 连接储液罐线束 4. 连接压缩机至冷凝器软管 5. 连接冷凝器线束 6. 用扎带将各软管、线束固定 7. 装配时防止异物进入各接口 8. 储液罐、压缩机接头螺纹处螺纹涂 262 胶 9. 软管走向工艺文件，不被挤压 10. 分清储液罐“IN”口、“OUT”口 11. 各接头螺栓可靠拧紧，各软管每隔 400mm 用扎带扎紧
工序三十五	连接搭铁线
	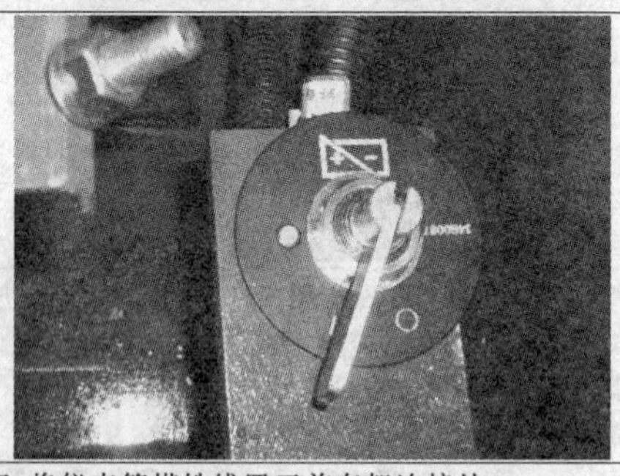
控制要点	1. 确认线束完好，将仪表箱搭铁线置于前车架连接处 2. 用螺栓将其固定在后车架相应位置 3. 将空调搭铁线置于连接处，将搭铁线固定在机罩相应位置

6.8 机罩安装技能训练

安装机罩安装位于装载机整车装配过程中的第七工位。机罩用于保护发动机及附属件免受碰撞、日晒雨淋，提高了发动机的使用寿命。另外，机罩的打开也由原来的手动操作变为现在的电动操作，通过线性驱动器带动液压缸将机罩打开或关闭。机罩如图 6-8 所示。

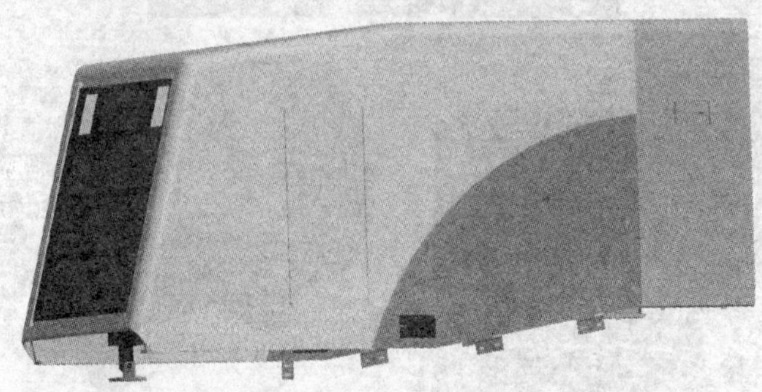

图 6-8 机罩

6.8.1　准备工作

机罩安装所需零部件见表 6-13。

表 6-13　机罩安装所需零部件

装配内容	序号	名称	数量	备注
安装加力缸	1	空气加力泵	2	
	2	接头	2	
	3	O 形圈 6×1.8	2	
	4	垫圈 ϕ14mm	2	
	5	三通管	1	
	6	垫圈 ϕ22mm	4	
	7	空心螺栓	2	
	8	螺栓 M10×25	4	
	9	垫圈 ϕ10mm	4	
	10	吸湿器总成	2	
	11	过渡管	2	
	12	O 形圈 10.6×1.8	2	
	13	过渡接头	2	
安装爬梯支架	1	爬梯支架	1	
	2	垫圈 ϕ20mm	2	
	3	垫圈 ϕ20mm	2	
	4	螺栓 M20×40	2	
安装右台架	1	右台架	1	
	2	垫圈 ϕ12mm	4	
	3	垫圈 ϕ12mm	4	
	4	螺栓 M12×30	4	
安装右爬梯	1	垫圈 ϕ12mm	3	
	2	垫圈 ϕ12mm	6	
	3	螺栓 M12×35	3	
	4	爬梯	1	
	5	螺栓 M12×40	3	
	6	螺母 M12	3	
安装侧盖板	1	垫圈 ϕ8mm	4	
	2	螺栓 M8×20	4	
	3	侧盖板	1	

（续）

装配内容	序号	名称	数量	备注
安装右盖板	1	垫圈 ϕ8mm	2	
	2	螺栓 M8 ×20	2	
	3	右盖板	1	
安装左台架	1	左台架	1	
	2	垫圈 ϕ12mm	4	
	3	垫圈 ϕ12mm	4	
	4	螺栓 M12 ×30	4	
安装左爬梯	1	垫圈 ϕ12mm	3	
	2	垫圈 ϕ12mm	6	
	3	螺栓 M12 ×35	3	
	4	爬梯	1	
	5	螺栓 M12 ×40	3	
	6	螺母 M12	3	
安装左盖板	1	垫圈 ϕ8mm	2	
	2	螺栓 M8 ×20	2	
	3	左盖板	1	
安装前罩板	1	垫圈 ϕ8mm	4	
	2	螺栓 M8 ×20	4	
	3	前罩板	1	
加注油水	1	防冻液	47L	
	2	液压油	210L	
	3	液力传动油	38L	
	4	轻柴油	80L	

6.8.2 机罩安装工艺（见表6-14）

确认各零部件型号正确，完好无磕碰划伤，各线束用扎带固定到位，螺纹处涂螺纹密封胶，按规定力矩将各螺栓紧固到位，依次安装。

表6-14 机罩安装工艺

工序一	安装加力缸

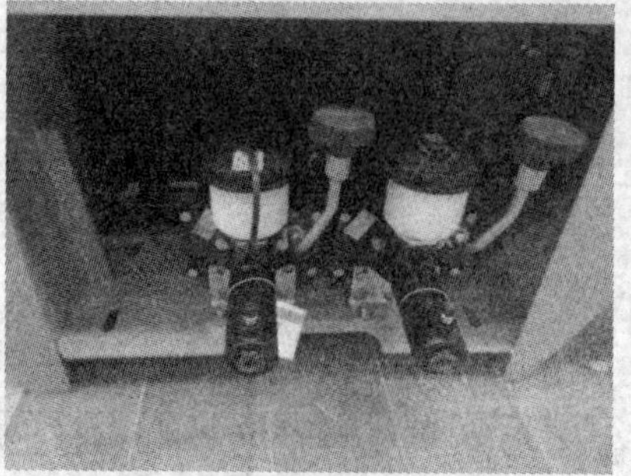

（续）

工序一	安装加力缸
控制要点	1. 将三通管用空心螺栓把加力泵连接在一起 2. 安装加力泵前后桥制动管接头，O 形圈手感凸出 3. 将接头、过渡管、吸湿器总成安装在加力泵上 4. 接头紧固无松动 5. 将加力泵组安装在右台架固定板上，加力泵组朝向车架安装 6. M10 螺栓拧紧力矩为 45～59N·m
工序二	安装爬梯支架

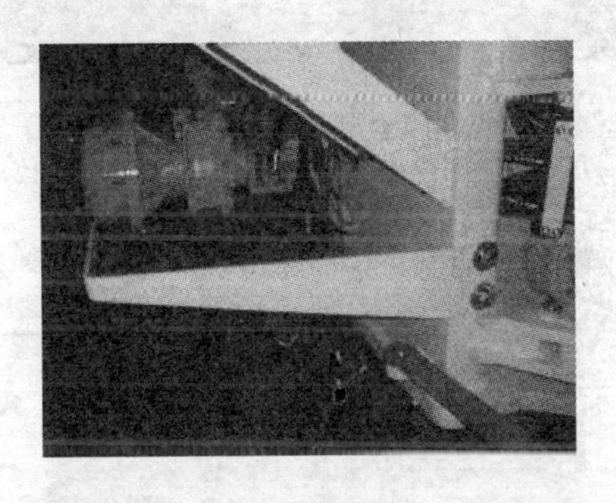

控制要点	1. 将爬梯支架安装在后车架右前侧 2. 紧固爬梯支架螺栓 M20，爬梯支架螺栓 M20 拧紧力矩为 376～502N·m
工序三	安装右台架

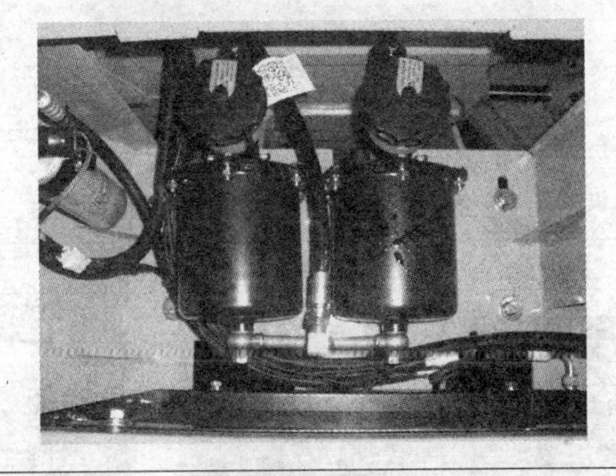

控制要点	1. 将右台架安全平稳地吊到右台架支架上方 2. 缓慢下落右台架，调整右台架位置，当右台架与支架孔重合时，用螺栓带上右台架，取下吊带 3. 调整右台架与驾驶室间隙，使间隙尽量均匀，保持右台架上平面处于水平状态，交叉紧固右台架螺栓，右台架螺栓 M12 的拧紧力矩为 78～104N·m

（续）

工序四	安装右爬梯

控制要点	1. 将右爬梯安全平稳地吊装到右台架位置 2. 用螺栓 M12×35 将右爬梯上端固定在右台架上。用螺栓 M12×40 和螺母 M12 将右爬梯下端固定在爬梯支架上 3. 调整右爬梯位置，使爬梯无明显的倾斜现象；紧固右爬梯螺栓、螺母，右爬梯螺栓、螺母的拧紧力矩均为 78～104N·m
工序五	安装右盖板
	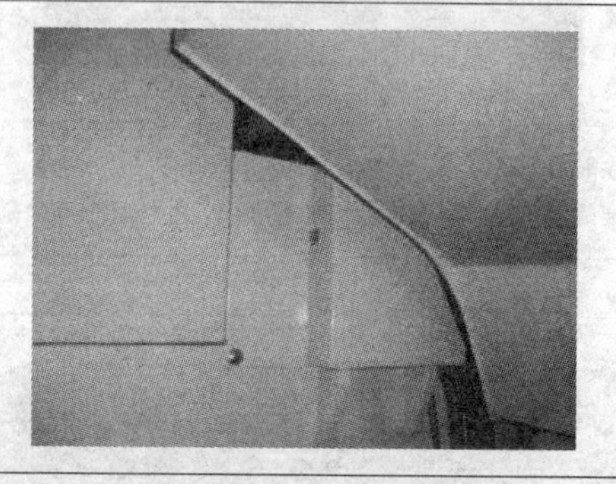
控制要点	1. 将右盖板安装在后车架右侧相应位置 2. 紧固右盖板螺栓，右盖板螺栓 M8 的拧紧力矩为 22～30N·m
工序六	安装左台架
	 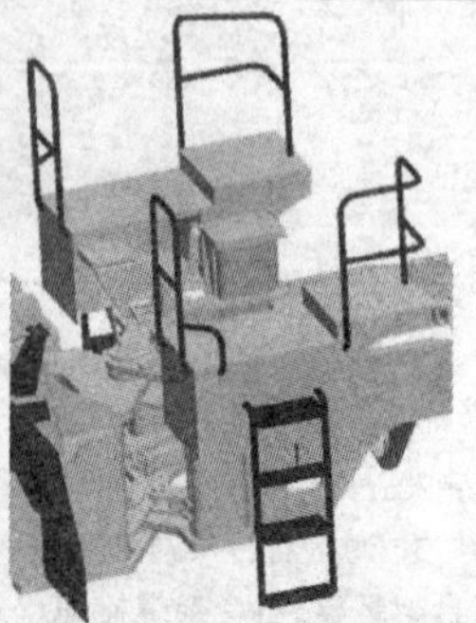

（续）

工序六	安装左台架
控制要点	1. 将左台架安全平稳地吊到液压油箱上方 2. 缓慢下落左台架，调整左台架位置，当左台架与油箱孔重合时，用螺栓带上左台架，取下吊带 3. 调整左台架与驾驶室间隙，使间隙尽量均匀，保持左台架上平面处于水平状态，交叉紧固左台架螺栓，左台架螺栓 M12 的拧紧力矩为 78～104N·m
工序七	安装左爬梯
	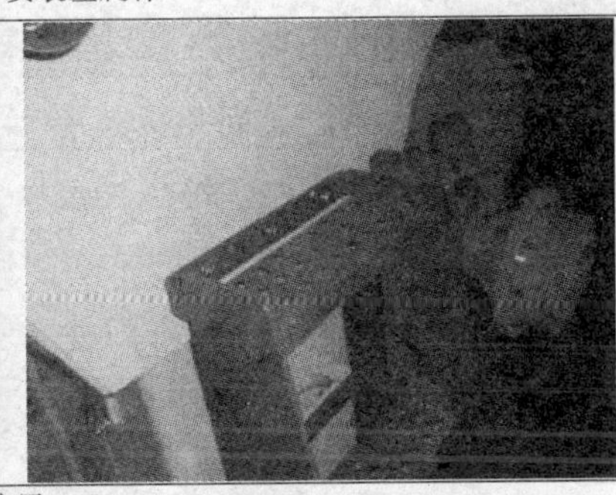
控制要点	1. 将左爬梯安全平稳地吊装到左台架位置 2. 用螺栓 M12×35 将左爬梯上端固定在左台架上。用螺栓 M12×40 和螺母 M12 将左爬梯下端固定在液压油箱上 3. 调整左爬梯位置，使左爬梯无明显的倾斜现象；紧固左爬梯螺栓、螺母，左爬梯螺栓、螺母的拧紧力矩均为 78～104N·m
工序八	安装左盖板
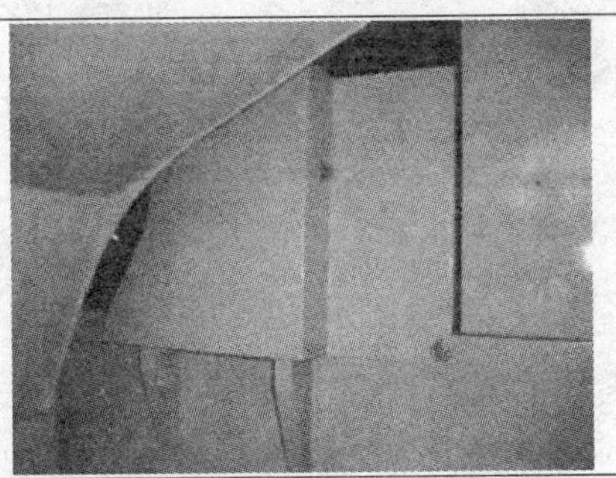	
控制要点	1. 将左盖板安装在后车架左侧相应位置 2. 紧固左盖板螺栓，左盖板螺栓 M8 的拧紧力矩为 22～30N·m
工序九	安装前罩板
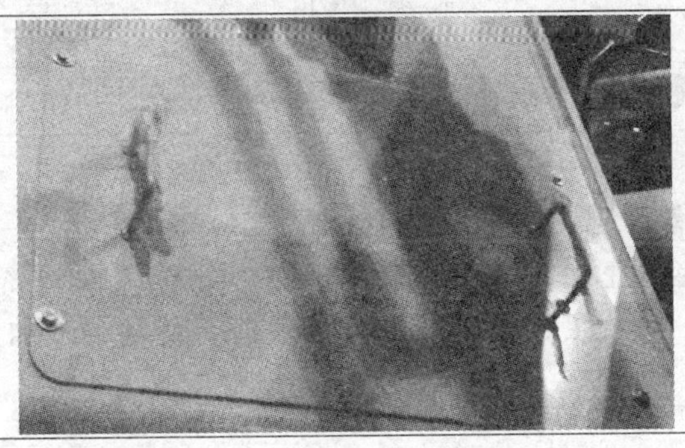	

（续）

工序九	安装前罩板
控制要点	1. 将前罩板安装在前车架前侧。前罩板安装后无明显闪缝及扭曲，不存在歪斜现象 2. 对角依次紧固前罩螺栓，前罩螺栓 M8 的拧紧力矩为 22～30N·m

6.9 前后轮胎安装技能训练

安装前后轮胎位于装载机整车装配过程中的第八工位。安装轮胎需用专用工具，调整好力矩后，将轮辋螺母旋入螺栓，用专用工具拧紧至规定力矩。前后轮胎如图 6-9 所示。

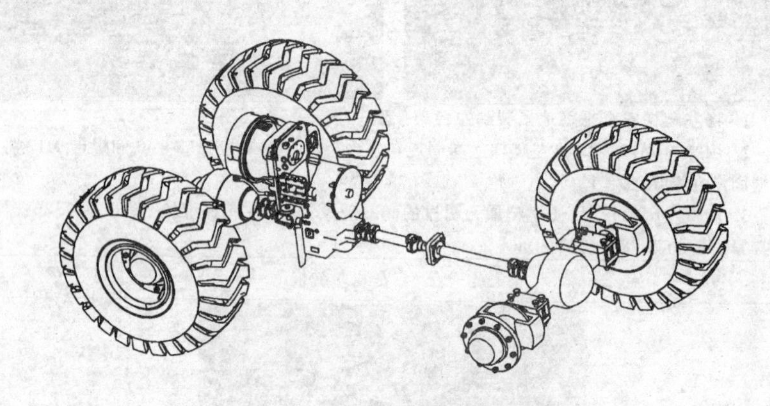

图 6-9　前后轮胎

6.9.1　准备工作

前后轮胎安装所需零件见表 6-15。

表 6-15　前后轮胎安装所需零件

序号	零部件名称	数量	工辅具	吊具	量具	备注
1	前后轮胎	4	专用工具	行车	扭力扳手	
2	加注油水	适量	油枪			传动油、柴油、防冻液、液压油

6.9.2　前后轮胎安装工艺（见表 6-16）

确认各零部件型号正确，完好无磕碰划伤，螺纹处涂螺纹密封胶，按规定力矩将各螺栓紧固到位。依次安装前后轮胎、加注液力传动油、加注柴油、加注防冻液、加注液压油。

表 6-16　前后轮胎安装工艺

<table>
<tr><td>工序一</td><td>安装前后轮胎</td></tr>
<tr><td colspan="2"> </td></tr>
<tr><td>控制要点</td><td>1. 检查确认轮胎总成完好无损伤、轮辋表面无缺陷；用吊具将轮胎吊至安装位置并将轮胎卡入
2. 将螺栓紧固至规定力矩
3. 轮辋螺母涂螺纹密封胶
4. 轮辋螺母拧紧力矩 700～750N・m</td></tr>
<tr><td>工序二</td><td>加注油水</td></tr>
<tr><td colspan="2">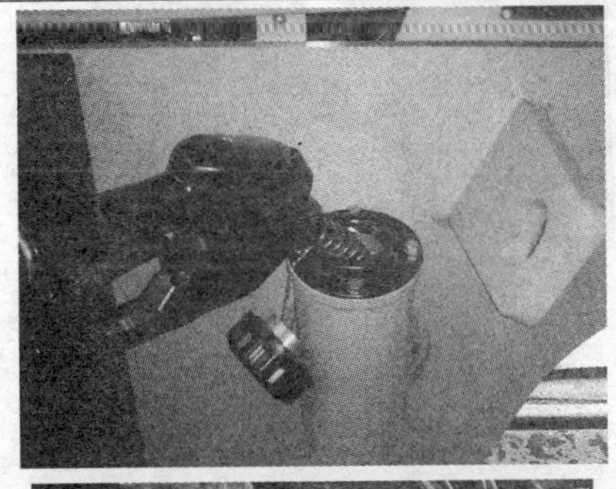 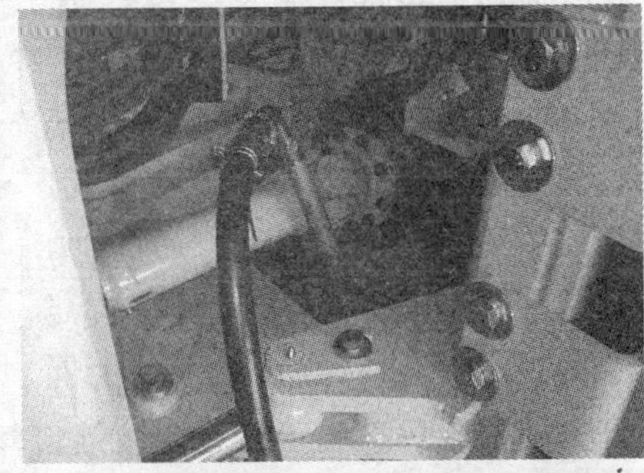
 </td></tr>
<tr><td>控制要点</td><td>1. 拧开加油盖，加注液力传动油(47L)，加注完毕后拧紧油盖
2. 拧开加油盖，加注柴油(50L)，加注完毕后拧紧油盖
3. 拧开加油盖，加注防冻液(61.2L)，加注完毕后拧紧油盖
4. 拧开加油盖，加注液压油(224.5L)，加注完毕后拧紧油盖；加注规定要求油水；待起动至下一工位后，需补加适量液压油</td></tr>
</table>

（续）

工序三	加注制动液
控制要点	1. 打开前加力缸油杯帽，将加油枪过渡接盘拧紧在油杯上，注意应该拧紧，再将加注枪卡紧在过渡接盘上，按下加注枪上的起动按钮加注制动液 2. 加注完成后取下加注枪及拧下过渡接盘，旋紧前加力缸油杯帽 3. 打开后加力缸油杯帽，将加油枪过渡接盘拧紧在油杯上，注意应该拧紧，再将加注枪卡紧在过渡接盘上，按下加注枪上的起动按钮加注制动液 4. 加注完成后取下加注枪及拧下过渡接盘，旋紧后加力缸油杯帽 5. 加力缸油杯液面在最低油位环线至最高油位环线之间

6.10 铲斗总成及附件安装技能训练

安装动臂总成、铲斗位于装载机整车装配过程中的第九工位。动臂总成及铲斗是装载机的工作装置，安装时应该注意销连接时的配合及润滑。铲斗总成如图6-10所示。

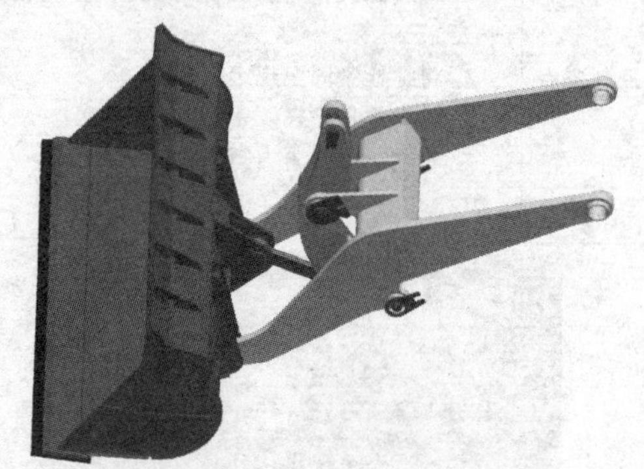

图6-10 铲斗总成

6.10.1 准备工作

铲斗安装所需零部件见表6-17。

6.10.2 铲斗安装工艺（见表6-18）

确认各零部件型号正确，完好无磕碰划伤，螺纹处涂螺纹密封胶，动臂孔、动臂液压缸孔涂少量润滑脂，按规定力矩将各螺栓紧固到位。依次安装动臂总成、安装摇臂拉杆总成、安装铲斗、安装左右灯架、安装放平指示杆、安装锁定杆、连接驻车制动。

表6-17 铲斗安装所需零部件

装配内容	序号	名称	数量	备注
安装倒车报警器	1	垫圈 ϕ8mm	4	
	2	垫圈 ϕ8mm	4	
	3	螺钉 M8×20	4	
	4	倒车报警器	1	
安装机罩支架	1	罩右支座	1	
	2	罩左支座	1	
	3	轴承 61904	2	
	4	垫圈 ϕ16mm	2	
	5	螺母 M16	2	

（续）

装配内容	序号	名称	数量	备注
安装后罩	1	垫圈 ϕ12mm	4	
	2	垫圈 ϕ12mm	4	
	3	螺栓 M12×30	4	
安装左右侧罩	1	右侧罩	1	
	2	铰接座	4	
	3	垫圈 ϕ8mm	8	
	4	螺栓 M8×16	8	
	5	左侧罩	1	
连接举升机构	1	上销轴	1	
	2	垫圈 ϕ8mm	1	
	3	螺栓 M8×16	1	
	4	油杯 M6×1	1	
安装左右前罩灯	1	前车架线束	1	
	2	前罩灯线束	2	
	3	右灯架	1	
	4	螺栓 M10×25	8	
	5	垫圈 ϕ10mm	8	
	6	左灯架	1	
	7	垫圈 ϕ10mm	8	
安装左右挡泥板	1	左挡泥板	1	
	2	垫圈 ϕ12mm	6	
	3	垫圈 ϕ12mm	6	
	4	螺栓 M12×30	6	
	5	右挡泥板	1	
连接蓄电池负极蓄电池线	1	蓄电池线	1	
	2	蓄电池	2	
安装拉杆轴套	1	拉杆	1	
	2	轴套	2	
	3	油封 B80×100×10D	4	
安装拉杆总成	1	摇臂液压缸销	1	
	2	油杯 M10×1	1	
	3	O 形圈	2	
	4	调整垫片	3	

（续）

装配内容	序号	名称	数量	备注
连接驻车制动	1	螺母 M10	1	
	2	插接头	1	
	3	销 B10×35	1	
	4	销 3.2×16ZBJ	1	
	5	垫圈 ϕ10mm	1	
安装铲斗	1	标配铲斗(3.0)	1	
	2	O 形圈	6	
	3	调整垫片	9	
	4	铲斗销	3	
	5	油杯 M10×1	3	
	6	垫块	4	
	7	垫圈 ϕ16mm	4	
	8	螺栓 M16×25	4	

表 6-18 铲斗安装工艺

工序一	安装倒车报警器

控制要点	1. 将倒车报警器上接线端的螺母(倒车报警器带)拆下,整齐地放在一旁,待接倒车报警器线束时用 2. 将倒车报警器线束黑线端接倒车报警器的 -NEG 端,安装部 1 拆下螺母一个 3. 将倒车报警器线束白线端接倒车报警器的 +HI 端,安装部 1 拆下螺母一个 4. 紧固倒车报警器线束螺母 5. 将倒车报警器固定在机罩后内侧相应位置,螺栓拧紧力矩为 22~30N·m
工序二	安装机罩支架

（续）

工序二	安装机罩支架
控制要点	1. 清除罩左右支座孔中的灰尘与杂物 2. 在罩左右支座孔内涂适量润滑脂后安装轴承，注意安装后轴承有标记端朝向外侧 3. 在轴承内圈涂适量润滑脂 4. 吊起机罩，将焊接在机罩后面左右两侧的销轴擦拭干净 5. 装入罩左支座，用螺母将左支座固定在机罩上，螺母不需紧固，待上线固定机罩后再紧固到位 6. 装入罩右支座，用螺母将右支座固定在机罩上，螺母不需紧固，待上线固定机罩后再紧固到位
工序三	安装机罩

控制要点	1. 确认机罩型号正确，无缺陷；拆下后挡罩，将后挡罩吊至后车架相应位置 2. 缓慢下落机罩，调整机罩与车架相对位置，待左右支座安装孔与机罩对应螺孔基本重合后带上螺栓 3. 下落后罩，将螺母紧固至规定力矩要求 4. 保证后罩与前罩间隙≤3mm 5. 保证机罩左右外侧与车架外侧平面度≤3mm
工序四	安装左右侧盖板
	 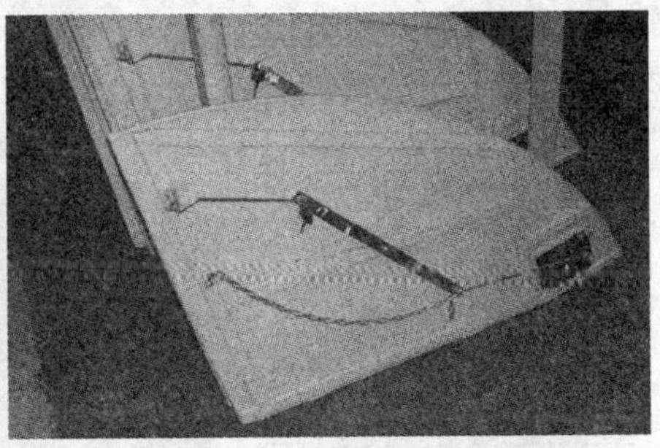
控制要点	1. 检查侧盖板有无磕碰变形 2. 将侧盖板安装在后车架相应位置，螺栓紧固至规定力矩。确保挡板安装后无明显闪缝扭曲现象；M8 拧紧力矩 22 ~ 30N · m

（续）

工序五	连接举升机构
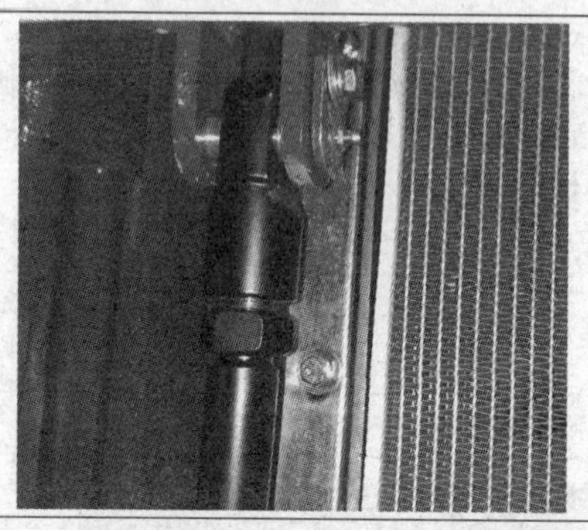	
控制要点	1. 用销轴将举升液压缸上端固定在机罩开挡处 2. 用螺栓将销轴锁紧，螺栓 M8 的拧紧力矩为 22～30N·m 3. 安装油杯 4. 往线性驱动器上、下销轴加注润滑脂，直至销轴间隙中溢出为止，润滑脂不得溢出法兰面，润滑脂润滑到位
工序六	安装燃油箱盖板

控制要点	1. 将支承杆安装在燃油箱的相应位置，用螺栓固定 2. 螺栓 M8 力矩紧固至 22～30N·m 3. 安装燃油箱盖板
工序七	安装左右前照灯
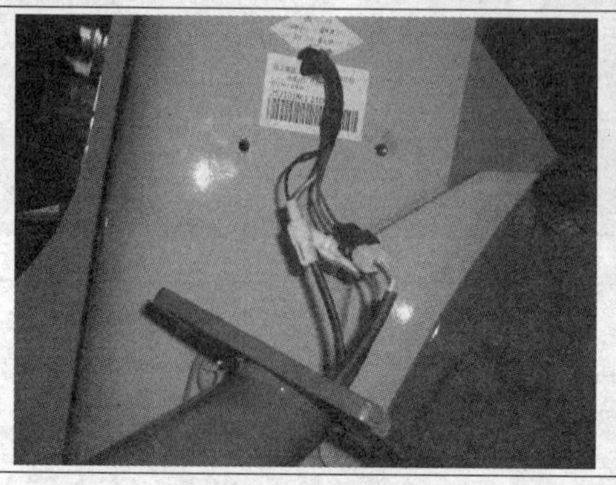 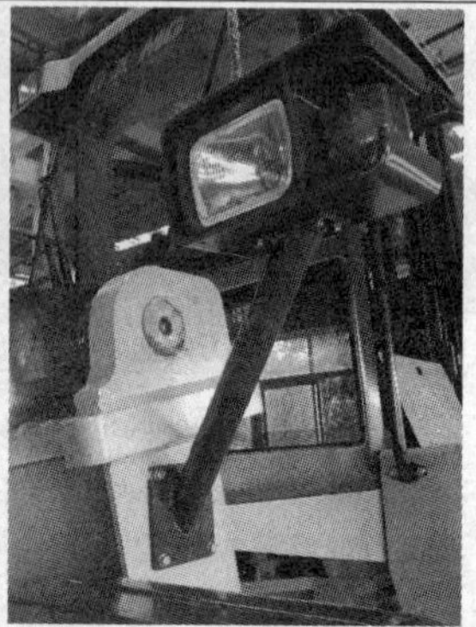	

（续）

工序七	安装左右前照灯
控制要点	1. 确认灯架总成完好无缺陷，将大灯线与前车架线束可靠插接在一起 2. 安装左、右前照灯，螺栓紧固至规定力矩 3. 注意区分左右灯架，不要装反；各插接件线色与线号要与对应插接件一致 4. M10拧紧力矩45～59N·m
工序八	安装左右挡泥板
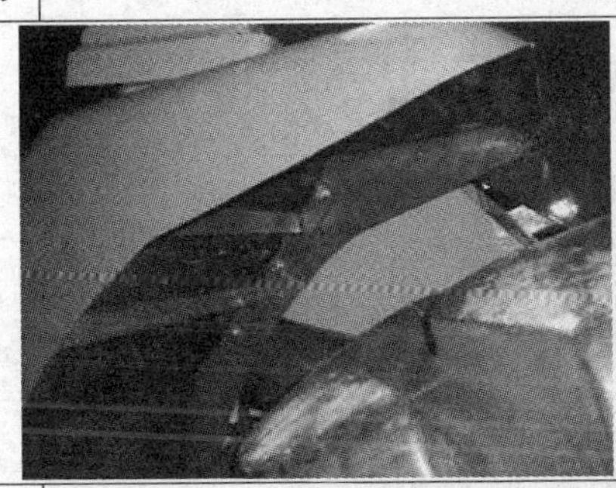 	
控制要点	1. 用螺钉旋具开启前车架左右侧挡泥板安装处的堵塞 2. 将左挡泥板固定在前车架左侧，螺栓拧紧力矩为78～104N·m 3. 将右挡泥板固定在前车架右侧，螺栓拧紧力矩为78～104N·m
工序九	连接蓄电池负极蓄电池线

控制要点	1. 将接于负极开关1800mm蓄电池线带黑色护套端接于蓄电池负极端，蓄电池线端螺母紧固至45～59N·m 2. 然后用黑色负极护套盖好接线柱
工序十	安装拉杆轴套

（续）

工序十	安装拉杆轴套
控制要点	1. 清除拉杆铰接孔内的铁屑、灰尘等颗粒杂质 2. 在铰接孔内均匀地涂上一层润滑脂 3. 将轴套敲入铰接孔内，使轴套位于铰接孔中间不偏斜 4. 将油封依次轻轻敲入铰接孔内，油封唇口朝外，注意油封不得超出法兰端面
工序十一	安装拉杆总成

控制要点	1. 在摇臂液压缸销面板上安装油杯 2. 将拉杆吊到摇臂前端，清除铰接孔内的灰尘等颗粒杂质 3. 在装配前可在铰接孔内涂适量的润滑脂 4. 在拉杆与摇臂间放入O形圈，必要时加装调整垫片，保证该铰接点单侧间隙≤1.5mm，安装摇臂液压缸销
工序十二	安装铲斗

控制要点	1. 确保铲斗无磕碰变形，各销轴油道畅通；吊铲斗至动臂安装处，调整铲斗位置，使其与动臂安装孔对准 2. 动臂两侧各放入O形圈，将销轴插入；将拉杆两侧各放入O形圈，将铲斗销插入 3. 统一紧固工作位置销轴，共6个垫块，4个平垫；各销轴孔加入足量润滑脂；加注足量润滑脂，直至销轴间隙中溢出为止 4. 销轴固定螺栓 M16×25 拧紧力矩 193～257N·m

（续）

工序十三	安装放平指示杆

控制要点	1. 确认护罩、开关支架无缺陷；将支板、传感器支架组装到位 2. 拆下缸头螺栓，套上开关支架，再紧固至规定力矩 3. 安装护罩，螺栓紧固至规定力矩 4. 如护罩支座歪斜，安装过程中在支座与护罩之间适当添加垫片 5. M10 拧紧力矩 45 ~ 59N · m
工序十四	安装固定杆
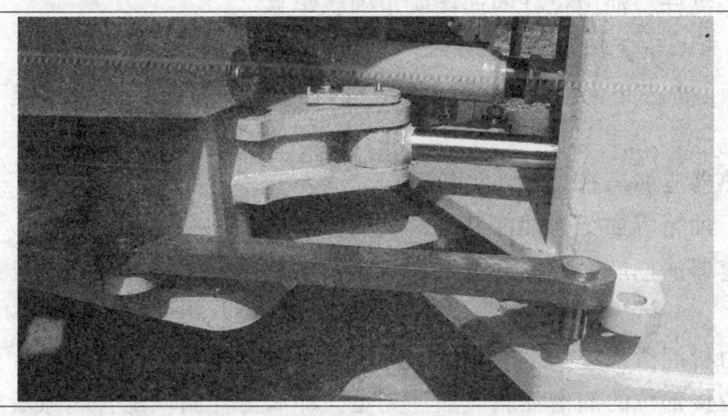	
控制要点	确认固定杆无缺陷，安装固定杆，用弹性挡簧锁紧
工序十五	连接驻车制动

（续）

工序十五	连接驻车制动
控制要点	1. 确认制动器、操纵软轴无损坏；起动发动机，使气压大于0.4MPa，按下手控制动阀按钮，将操纵软轴穿过变速器安装孔 2. 将软轴安装在制动蹄片上，检查和调整制动间隙，调整完毕将开口销锁紧，螺母锁紧插接头 3. 保证提起驻车制动按钮时，制动蹄片和制动鼓完全贴合；按下时，制动蹄片和制动鼓完全分离 4. 开口销应双片穿入销孔，尾部分开角度≥90°

6.11 装载机整车调试

6.11.1 任务准备

1. 检查主要连接部位紧固件的装配状况

1）驱动桥、轮辋、铰接销、传动轴等关键部位紧固件应无漏装、错装、松动和损坏现象。

2）各操纵杆、油门拉杆的连接应正确、牢靠。

2. 检查油水加注状况

检查液压油、变速器传动油、动力机润滑油、燃油、冷却水是否加至规定位置。

1）散热器应加满水。

2）液压油箱应加至下油标满格，上油标空格。

3）变速器油位应在上下刻度线之间，即下刻度线可放出油液，上刻度线无油液流出。

4）动力机润滑油应加至油位标尺标识的位置。

5）各铰接部位的润滑油脂应加注充足，即润滑油脂从配合间隙溢出。

3. 检查传动系统运转状况

运转时，不得有异常声响，如果有，应排除后方可继续其他调试工作。

4. 检查电器、仪表的工作状况

灵敏、准确、指示正常、可靠。

5. 检查发电机皮带下沉量

在发电机带轮至减振带轮中部的皮带上，施加10kg负荷，允许皮带下沉10mm。

6. 检查管路、电路的安装质量

绑扎牢固，不得与其他机件缠绕，且避开热源。

7. 检查各操纵杆的工作状况

灵活、可靠，档位正确、无卡滞现象。

8. 检查整机密封性

工作液压系统、转向系统、传动系统、制动系统各管路接头及平面密封处无明显泄漏。

9. 检查整机其他装配情况

完整、正确、不得出现混装现象。

10. 检查制动系统气压及密封性

1）挂空档，起动发动机，待制动气压停止上升后，检查气压表：0.68～0.80MPa。

2）将发动机熄火，30min后，气压降量应不大于0.1MPa。

11. 加注制动液，排除制动油路中的空气

1）旋开油杯盖，加满制动液。

2）踩死制动踏板的同时，松开制动钳上的排气嘴进行排气，排气后旋紧排气嘴。

3）向油杯中补充刹车油，保证油面不低于进油口。

4）重复2）和3），逐个排放各制动钳中的空气，直至全部气体排光为止。

5）补充油杯中的制动液，最终油位离油杯端面30mm左右，旋紧油杯盖。

12. 核定发动机怠速

调节油门拉线长度，使发动机怠速满足要求：650～750r/min。

6.11.2　任务实施

（一）坡道试验

1. 准备工作

1）检查轮胎的充气状况（轮胎气压：0.27～0.31MPa）。

2）起动柴油机后让柴油机空转。

3）待气压升至0.44MPa后，挂一档。

2. 越障试验

1）把装载机开进坡道试验车道。

2）降低车速，握紧转向盘，调节好方向，使左右轮依次越过障碍块。

3）注意装载机的行走状况，检查传动系统工作是否正常。

3. 18%坡道试验

1）加大油门，开上18%坡道。

2）在坡道中段踩下制动踏板，实施制动，将装载机停止在坡道上。

3）检查行车制动系统工作是否正常。

4）拉起制动手柄，放开制动踏板。

5）检查停车制动系统工作是否正常。

4. 15%坡道试验

1）装载机减速开过坡顶，缓慢驶入15%坡道。

2）在坡道中段踩下制动踏板，实施制动，将装载机停止在坡道上。

3）检查行车制动系统工作是否正常。

4）拉起制动手柄，放开制动踏板。

5）检查停车制动系统工作是否正常。

6）放下制动手柄，装载机驶离坡道试验场。

（二）跑车试验

1. 准备工作

1）将装载机开进环形试车道。

2）档位挂在二档。

2. 跑车试验

1）顺时针绕环形试车道跑车。

2）连续跑车6圈，约10km，25min内跑完。

3）跑车过程中，应随时注意传动系统的运行状况是否正常，有无异常声音。

4）在转向过程中，检查转向是否平稳均匀，无轻重之感。

5）跑车过程中若发现异常，应驶离跑车道，至检修停车位停车检查，排除故障后方可继续试验，停车时间不得超过10min。若停车修理时间过长，则应重新试验。

6）试验结束后，开至工作试验场停车位或停靠在试车道右侧。

3. 记录相关数据

1）挂空档，让柴油机在怠速下工作。

2）查看仪表盘上各仪表的读数，要求如下。

① 柴油机油压。0.25～0.35MPa。

② 变速器油压。1.08～1.47MPa。

③ 变矩器油温。≤100℃。

④ 柴油机水温。55～95℃。

⑤ 制动气压。0.68～0.80MPa。

（三）工作试验

1. 准备工作

1）将装载机开进工作试验场。

2）档位挂在一档，铲斗后翻至水平运输状态。

3）慢速行至举重块支架处，用铲斗缓慢托起举重块，使挂钩脱离支架横梁。

4）档位挂在倒档，后退驶离支架处并降下动臂，使铲斗离地面约400mm。

2. 工作试验

1）直线后退约10m处停下，挂空档。

2）踩油门并往后拉动臂操纵杆，使动臂匀速提升到最高位置后松开操纵杆。

3）高位试验。

① 持续加大油门。

② 往后拉动臂操纵杆至极限位置，保持不动约 1min。

③ 松开动臂操纵杆，使其回位。

④ 重复②和③步骤 2 次。

4）松开油门，往前推动臂操纵杆，使动臂平稳降至最低位置后松开操纵杆。

5）低位试验。

① 持续加大油门

② 往前推动臂操纵杆至极限位置，保持不动约 20s。

③ 松开动臂操纵杆，使其回位。

④ 减小油门。

⑤ 往前推转斗操纵杆，使铲斗平稳前倾约 15°。

⑥ 松开转斗操纵杆，使其回位。

⑦ 往后拉转斗操纵杆，使铲斗平稳翻回运输状态。

⑧ 持续加大油门。

⑨ 继续往后拉转斗操纵杆至极限位置，保持不动约 20s。

⑩ 重复②～⑨步骤 2 次。

6）重复 2）～5）步骤，连续作业 20min，总数不少于 4 个回合。

7）试验结束后，将举重块重新挂回支架上。

8）装载机驶离试验场，开至检修工位。

3. 检查整机密封性

1）装载机停车熄火 5min。

2）仔细检查液压系统、制动系统、传动系统各接头、堵头、装配接合面、输出法兰等连接处的密封状况。

第7章

装载机装配与调试工模拟试卷样例

7.1 装载机装配与调试工（初级）模拟试卷样例

7.1.1 模拟试卷样例1（初级工）

一、填空题（每空1分，共20分）

1. 检查液压油量时，铲斗要保持________状态放置地面，发动机要在________状态。

2. 装载机作业时，发动机正常机油压力为______MPa，水温不应超过______℃；制动气压不得低于______MPa。

3. 装载机一次起动时间不可超过______s，需要再次起动应间隔______min。

4. LW500F使用的是________式变速器；其变速器的正常工作压力是________MPa。

5. 装载机变矩器、变速器油应使用________油。

6. LW500F装载机工作液压系统压力是________MPa；转向液压系统压力是________MPa。

7. 新车发动机经过50h磨合后应更换新的________及________。

8. 装载机轮胎气压前轮应为________MPa，后轮应为________MPa。

9. 装载机行车制动系统制动液应使用________型制动液，不同型号的制动液不得______。

10. 在冬季或寒冷时（气温在0℃以下），要将装载机的冷却水______或在冷却水中添加________。

二、选择题（每题2分，共20分）

1. 当环境温度为0℃时，装载机应选择使用（　　）燃油。

A. 10号　　B. 0号　　C. -10号

2. 变矩器油温在（　　）范围内时属于正常。

A. 45~80℃　　B. 45~110°　　C. 45~100℃

3. 当蓄电池状态指示器（电眼）显示（　　）时，说明蓄电池电量不足需要充电。

A. 黑色　　B. 白色　　C. 绿色

4. 装载机变速器使用的油是（　　）。

A. 抗磨液压油　　B. 齿轮油　　C. 液力传动油

5. 检查调整皮带张紧度时，一般在皮带中间用手指压下（约60N），正常皮带张紧挠度应约（　　）。

A. 10mm　　B. 20mm　　C. 30mm

6. 柴油机高速运转，装载机不走车的故障可能是（　　）。

A. 变速器油位过高　　B. 润滑油不足

C. 轴承间隙过大　　D. 差速器行星轮损坏

7. 当压力表反映变速器各档的压力读数低于正常值时，装载机不走车的故障原因可能是（　　）。

A. 未挂上档　　B. 变速操纵部分的制动阀杆不能回位

C. 轴承间隙大　　D. 调压阀弹簧失效，失去弹性

8. 变速器“乱档”或跳档的故障原因可能是（　　）。

A. 换档阀杆定位不准确　　B. 润滑油不足

C. 轴承间隙过大　　D. 调压阀弹簧损坏，失去弹性

9. 装载机二档换一档过程中突然制动不走的故障可能原因是（　　）。

A. 换档阀的操纵系杠杆比不准确　　B. 无法调节调压弹簧

C. 变速器油位过高　　D. 变速液压泵损坏或油封渗漏

10. 变矩器油温过高的原因可能是（　　）。

A. 使用制动工况作业时间过长　　B. 润滑不良

C. 使用倒档作业时间过长　　D. 变速器液压泵损坏

三、判断题（每题2分，共20分）

1. 在柴油机正常起动后，不允许随意关闭电源开关。（　　）

2. 在安装蓄电池时，首先要连接正（+）端子，拆卸蓄电池时，首先要断开负（-）端子。（　　）

3. 装载机在高速行驶时，无须制动可直接从高速档换到倒档。（　　）

4. 为了保证安全，上机或下机时决不能抓住任何操纵杆。（　　）

5. 装载机在维护保养时换下的废油可随便倒入下水道。（　　）

6. 双涡轮变矩器的两个涡轮同时、共同工作。（　　）

7. 双作用溢流阀是防止拔缸现象出现的液压元件。（　　）

8. 流量转换阀是防止转斗液压缸产生真空的主要液压元件。（　　）

9. 循环球式转向器比球面蜗杆轮式转换器传动效率低。（　　）

10. 转载机在凹凸不平的地带行驶时，须慢速缓行，采用两轮驱动，保持均匀速度行驶。（　　）

四、简答题（每题8分，共40分）

1. 装载机出车前应做哪些检查？

2. 装载机的铲装作业循环由哪几个主要工作过程组成？

3. 用装载机对松散物料进行铲装作业时，有哪些施工技术要求？

4. 用装载机铲装停机面以下物料时，有哪些施工技术要求？

5. 提高装载机生产率的措施有哪些？

7.1.2 模拟试卷样例2（初级工）

一、填空题（每空1分，共20分）

1. 双涡轮变矩器又称为________变矩器。

2. 双涡轮变矩器由泵轮、涡轮、________组成。

3. 变矩器与发电机飞轮连接的元件是________。

4. ZL50型装载机采用双排行星轮传动，变速器有________个前进档和后退档。

5. ZL50型装载机的变速器档用________来控制。

6. ZL50型装载机变速器换档用液压操纵阀中弹簧储能器的作用是保证________能迅速而平稳地接触。

7. 变速泵的作用是提供变矩器—变速器液压系统液压油供________用，并使系统内的润滑油液循环冷却。

8. 转斗换向阀是一只三位阀，它可控制铲斗前倾、后倾和________三个动作。

9. 全轮转向装载机的转向系统采用________式转向器。

10. 卸载高度和________是装载机的两个重要作业尺寸。

11. 插入阻力由物料性质、料堆高度、铲斗插入料堆深度和铲斗________等因素组成。

12. 当装载机沿着平坦地面匀速前进时，铲斗插入料堆的________即是装载机的牵引力。

13. 单位时间内气缸和气体推动活塞顶所做的功，称为________。

14. ________是指曲轴在单位时间内对外输出的实际功率。

15. 柴油机1h功率是为了满足一定功率的储备，以适应________机械要求而规定的一种功率指标。

16. 柴油机持久功率是指为满足________连续运转的机械要求所规定的一种功率指标。

17. 有效热效率表示燃料________的大小。

18. 由于受力的作用，使零件的尺寸或形状产生改变的现象称为________。

19. 一般柴油机的工作范围应在额定功率的转速和________时的转速之间。

20. 从经济性和动力性来考虑，柴油机工作最有利的转速范围应在额定功率时

的转速和＿＿＿＿＿＿的转速之间。

二、选择题（每题2分，共20分）

1. 在装载机发动机运转的大部分时间里，由（　　）向蓄电池充电。

A. 交流发电机　　B. 起动机　　C. 分电器　　D. 点火线圈

2. 小型装载机的前、后轮胎工作压力为（　　）。

A. 0.28～0.30MPa，0.30～0.32MPa　　B. 0.30～0.32MPa，0.28～0.30MPa

C. 0.28～0.30MPa，0.28～0.30MPa　　D. 0.30～0.32MPa，0.30～0.32MPa

3. LW166轮式装载机液压系统压力为（　　）。

A. 10MPa　　B. 16MPa　　C. 18MPa　　D. 21MPa

4. 600K工作液压系统的额定压力为（　　）。

A. 16MPa　　B. 17.5MPa　　C. 18MPa　　D. 20MPa

5. 6t湿式桥，前、后桥一侧主动摩擦片分别是（　　）。

A. 前5片、后4片　　B. 前5片、后6片

C. 前6片、后4片　　D. 前6片、后5片

6. 700K湿式制动系统的制动踏板输出压力为（　　）。

A. 6MPa　　B. 8MPa　　C. 7.9MPa　　D. 9MPa

7. 800K转向液压系统的额定压力为（　　）。

A. 15MPa　　B. 16MPa　　C. 19.5MPa　　D. 21MPa

8. 800K湿式制动系统（MICO）的充液启停压力分别为（　　）。

A. 11.4MPa、13.8MPa　　B. 12.6MPa、15.5MPa

C. 12.8MPa、15.9MPa　　D. 12.4MPa、15.2MPa

9. 故障诊断有“望、闻、问、切”的流程，以下属于“望”的是（　　）。

A. 看速度　　B. 看压力　　C. 看油品　　D. 闻味道

10. 以下属于液压元件拆解注意事项的有（　　）。

A. 保持清洁　　B. 卸除压力　　C. 防止磕碰　　D. 油管封口

三、判断题（每题2分，共20分）

1. 轮边减速器是传动系统中最后的一个增扭减速机构，它靠内齿圈输出动力。（　　）

2. 装载机变速操纵阀中设置动力切断阀的作用是换档时切断动力。（　　）

3. 发动机超负荷工作，排气管排气冒黑烟。（　　）

4. 假如现在的环境温度是0℃，则现在使用选择0号柴油最合适。（　　）

5. 电源总开关是用来接通或断开全车总电源装置的，它并联在整个电路中。（　　）

6. 燃烧室容积是活塞在下止点时活塞顶面的气缸空间容积。（　　）

7. 2BS315A变速器的倒档活塞是直接安装在变速器箱体上的。（　　）

8. 装载机上使用中冷器的作用是降低发动机的进气温度。（　　）

9. 工程机械空调系统中冷凝器的作用是吸收驾驶室内的热量。（ ）

10. 为了保证变矩器正常工作，变矩器的进油口压力要比出油口压力高。（ ）

四、简答题（每题 8 分，共 40 分）

1. 新装载机在磨合期内有哪些注意事项？

2. 主传动器的功用是什么？

3. 简述变矩器的组成。

4. 通常 ZL50 装载机采用的是何种行车制动系统？

5. ZL50 装载机采用何种形式的制动器？

7.1.3 技能要求试题（初级工）

一、技能试题 1（轮式装载机驱动桥拆装）

1）考核时间。50min。

2）分配分值。70 分。

3）考核要求如下。

① 按正确的操作规程拆装驱动桥。

② 掌握驱动桥的构造及工作原理。

4）准备如下。

① 驱动桥 2 台。

② 呆扳手、梅花扳手、铜棒、锤子各 2 套。

③ 清洁毛巾。

5）考核评分表见表 7-1。

表 7-1 考核评分表

序号	作业项目	考核内容	配分	评分标准	评分记录	扣分	得分
1	准备工作	准备好各种装配工、量器具	5	缺一件工具扣一分			
2	拆卸驱动桥	拆卸端盖、轮边减速器及半轴	15	拆卸顺序错误一处扣 2 分			
		拆卸主减速器	5	拆卸顺序错误一处扣 2 分			
		分解主减速器	10	拆卸顺序错误一处扣 2 分			
3	组装驱动桥	组装主减速器	10	安装顺序错误一处扣 2 分			
		安装主减速器	5	安装顺序错误一处扣 2 分			
		安装半轴、轮边减速器及端盖	15	安装顺序错误一处扣 2 分			

（续）

序号	作业项目	考核内容	配分	评分标准	评分记录	扣分	得分
4	安全文明生产	遵守安全操作规程，正确使用工量具，操作现场整洁，无人身、设备事故	5	每项扣1分，扣完为止。因违规操作发生重大人身和设备事故，此题按0分计			
5	在规定时间内完成			每超时2min扣1分，扣完为止			
	合计		70				

评分人：　年　月　日　　　　核分人：　　　　年　月　日

二、技能试题2（主减速器齿轮啮合质量检测）

1）考核时间。30min。

2）分配分值。30分。

3）考核要求如下。

① 主减速器的主从动齿轮的间隙检测。

② 主减速器的主从动齿轮的啮合面调整。

4）准备如下。

① 土减速器2个。

② 钢直尺、百分表、磁力表座各2个，红丹粉若干。

③ 清洁毛巾、记录纸及笔。

5）考核评分表见表7-2。

表7-2　考核评分表

序号	作业项目	考核内容	配分	评分标准	评分记录	扣分	得分
1	主减速器主从动齿轮啮合印痕	检测主减速器主从动齿轮啮合印痕	15	检验方法不正确扣4分 检验结果不正确扣2分			
2	主减速器的主从动齿轮的间隙	检测主减速器的主从动齿轮的间隙数值	10	检验方法不正确扣3分 检验结果不正确扣2分			
4	安全文明生产	遵守安全操作规程，正确使用工量具，操作现场整洁，无人身、设备事故	5	每项扣1分，扣完为止。因违规操作发生重大人身和设备事故，此题按0分计			
5	在规定时间内完成			每超时2min扣1分，扣完为止			
	合计		30				

评分人：　年　月　日　　　　核分人：　　　　年　月　日

7.2 装载机装配与调试工（中级）模拟试卷样例

7.2.1 模拟试卷样例1（中级工）

一、填空题（每空1分，共20分）

1. 从柴油开始喷入燃烧室到开始着火为止，这段时间称为________。

2. 从最高压力点到温度升高到最高点为止，这一时期称为柴油机燃烧过程中的________。

3. 蓄电池容量等于放电电流与________的容量。

4. 额定容量是检验蓄电池________的重要指标之一。

5. 对磨损的轴或孔进行机械加工后，重新加工一个新零件与其相配，这种修理方法称为________。

6. 较大的零件局部磨损后。对磨损部位进行局部的更换来达到原设计要求，这种修理方法称为________。

7. 采用熔接、胶接、挤压、喷镀等方法在磨损零件上增补一块金属，然后进行机械加工，使其恢复原来的尺寸、形状和配合要求的修理方法称为________。

8. 为防止工人过度疲劳。保证作业和安全，在连续工作2h或1车后，应不少于________的间歇时间。

9. 装载机工作装载按结构形式可分为________、无铲斗托架式和推压式三种。

10. 轮式装载机转向系统的基本类型可分为偏转车轮转向和________。

11. 装载机械修理在解体检查和鉴定之前，应对机械进行彻底的________。

12. 动力液压缸缸体端面对内孔的垂直度在100mm上下不大于________。

13. 道路交通主标志包括警告标志、禁令标志、指示标志和________。

14. 材料力学是分析并计算物体的强度、刚度和________，并提出科学地解决安全与经济之间矛盾的方法。

15. 所谓约束反力就是约束________在物体上的力。

16. 在机械制造中，通过测量得到的尺寸是________。

17. 下极限尺寸减去公称尺寸所得的代数差称为________。

18. ________等于上极限尺寸与下极限尺寸代数差的绝对值。

19. 基本偏差为一定的孔公差带，与不同基本偏差的轴公差带形成各种不同性质配合的一种制度称为________。

20. 同一规格产品的相同零件，不经修配能够互相调换的性质称为________。

二、选择题（每题2分，共20分）

1. 柴油机排气冒蓝烟是由于（　　）进入燃烧室造成的。

A. 柴油　　B. 柴机油　　C. 冷却水　　D. 不洁净的空气

2. LW500K型装载机配行星变速器所使用的油品是（　　）。

A. 齿轮油　　B. 柴机油　　C. 抗磨液压油　　D. 液力传动油

3. ZL50G装载机采用的转向方式为（　　）。

A. 滑移式转向　　B. 偏转前轮转向　C. 铰接式转向　D. 偏转后轮转向

4. 调节溢流阀中的弹簧压力，就可以调节（　　）。

A. 液压泵额定压力　B. 液压缸运动速度　C. 液压泵供油量　D. 系统压力

5. 接近开关为（　　）的电子开关。

A. 有触点　　　　　　　　B. 没有触点

C. 有的有触点，有的没有触点　D. 都是永磁型

6. 装载机铲斗自动放平控制属于（　　）。

A. 位置控制　　B. 压力控制　　C. 速度控制　　D. 综合控制

7. ZL50G装载机流量放大阀的放大阀杆的位移是由（　　）控制的。

A. 先导阀　　B. 压力选择阀　　C. 转向器　　D. 梭阀

8. 新机器磨合时间和磨合中使用的工作负荷为（　　）。

A. 50h，额定负荷的70%　　B. 50h，额定负荷的80%

C. 60h，额定负荷的70%　　D. 60h，额定负荷的80%

9.（　　）型装载机的变速泵是安装在变矩器上的。

A. LW300F　　B. LW500F　　C. LW500K　　D. ZL50G

10. 优先型流量放大阀是（　　）型装载机使用的元件。

A. LW300F　　B. LW300K　　C. LW500F　　D. ZL50G

三、判断题（每题2分，共20分）

1. 当蓄电池的电眼显示为白色时表示电量不足必须充电。（　　）

2. 装载机上的蓄电池既可负极搭铁，也可正极搭铁。（　　）

3. 在装载机高速轻载行驶时，双涡轮变矩器的二级涡轮单独起作用。（　　）

4. 不同牌号的制动液不得混用；同牌号、同参数的制动液可以混用。（　　）

5. LW800K装载机的制动系统是采用湿式液压制动的。（　　）

6. 当装载机左转弯时，差速器内右边的半轴齿轮比左边的半轴齿轮转得速度快。（　　）

7. 装载机分配阀的前腔双作用溢流阀的开启压力一般要比系统压力高。（　　）

8. 液压泵吸油腔压力远远低于压油腔压力。（　　）

9. 如果二极管的电阻为零，则说明二极管已被击穿，已失去单向导电的作用。（　　）

10. 液压传动中，作用在液压缸活塞上的推力越大，活塞的运动速度就越快。（　　）

四、简答题（每题8分，共40分）

1. 简述装载机的用途。

2. 通常ZL50装载机使用的动力转向系统为液压系统，其转向液压缸采用的是

何种形式？

3. ZL50 装载机的“三合一”机构是指什么？

4. 装载机作业后有哪些注意事项？

5. 对装载机加注燃油或润滑油时应遵守哪些规定？

7.2.2 模拟试卷样例 2（中级工）

一、填空题（每题 2 分，共 20 分）

1. ZL50 装载机变速器换档用液压操纵阀中弹簧储能器的作用是保证__________。

2. 变速泵的作用是提供变矩器—变速器液压系统液压油供________用，并使系统内的润滑油液循环冷却。

3. 转斗换向阀是一只三位阀，它可控制铲斗前倾、后倾和________三个动作。

4. 全轮转向装载机的转向系统采用________式转向器。

5. 卸载高度和________是装载机的两个重要作业尺寸。

6. 插入阻力由物料性质、料堆高度、铲斗插入料堆深度和铲斗________等因素组成。

7. 当装载机沿着平坦地面匀速前进时，铲斗插入料堆的________即是装载机的牵引力。

8. 单位时间内气缸和气体推动活塞顶所做的功，称为________。

9. ________是指曲轴在单位时间内对外输出的实际功率。

10. 柴油机 1h 功率是为了满足一定功率的储备，以适应________机械要求而规定的一种功率指标。

二、选择题（每题 2 分，共 20 分）

1.（ ）会导致发动机不能起动。

A. 变速器没加油　　B. 蓄电池电量不足

C. 散热器没加水　　D. 气泵损坏

2. 维修过程中，使用工作灯照明时，其电压不得超过（ ）。

A. 36V　　B. 110V　　C. 220V　　D. 380V

3. 四冲程发动机曲轴旋转（ ）周完成一个工作循环，发动机做功一次。

A. 四　　B. 三　　C. 两　　D. 一

4. 调整潍柴 WD615 柴油机气门间隙时，最少可以分（ ）次调整。

A. 1　　B. 2　　C. 4　　D. 6

5. ZL50G 装载机转向系统压力的调整位置在（ ）上。

A. 转向器　　B. 流量放大阀　　C. 转向限位阀　　D. 单稳阀

6. 装载机在起步或换档时，车身瞬间振抖并伴有“格拉、格拉”响声的故障可能原因是（ ）。

A. 万向联轴器滚针轴承严重磨损松旷　　B. 变矩器的油温过高

C. 前后输出轴咬死　　D. 换档阀的操纵杆系杠杆比不准确

7. 装载机行走时，会听到“呜拉、呜拉”的响声，车速增加而响声增大，车身发抖，手握转向盘有麻木感觉的故障可能原因是（　　）。

A. 传动轴弯曲　　B. 变速器齿轮打坏

C. 花键轴与键孔磨损松旷　　D. 润滑油不足

8. 装载机起步、运行中或换档时，会停到驱动桥有“咯噔、咯噔”或者“呜呜”及“咯叭、咯叭”声响的故障可能原因是（　　）。

A. 主传动齿轮啮合间隙过大或过小，啮合齿面损坏或啮合不良

B. 传动轴弯曲

C. 传动轴凹陷

D. 变速器轮齿打坏

9. 装载机作业一段时间以后，主传动器壳有极度烫手的感觉的故障可能原因是（　　）。

A. 齿轮油不足　　B. 主传动齿轮啮合间隙过大

C. 齿轮断齿　　D. 润滑不良

10. 主传动器漏油的故障可能原因是（　　）。

A. 轴颈严重磨损使间隙过大　　B. 轴承装配过紧

C. 齿轮油不足　　D. 齿轮啮合间隙过大

三、判断题（每题2分，共20分）

1. 装载机遇横短路面的小沟槽，应使装载机斜向驶过。（　　）
2. 在比较陡的坡道上行驶时，要低速缓行、四轮驱动。（　　）
3. 在坡道途中不能换档，更不能利用惯性下滑。（　　）
4. 装载机在水中作业时，驾驶员要注视闪光水面，以防倾覆。（　　）
5. 牵引力大，说明装载机插入料堆的能力强。（　　）
6. 装载机作业时，发动机飞轮功率消耗等于牵引功率和驱动油泵功率。（　　）
7. 柴油机有效功率比指示功率要大。（　　）
8. 发动机的功率随转速增高而减小。（　　）
9. 发动机的功率随转速增高而增大。（　　）
10. 柴油机额定功率必须是在额定转速下的功率。（　　）

四、简答题（每题8分，共40分）

1. 制动系按照制动传动机构可分为哪几种类型？
2. 简述引起液压系统中油温升高的原因。
3. 装载机柴油机运转但整机不能行驶的故障原因可能有哪些？
4. 液压传动的优缺点是什么？
5. 装载机脚制动力不足可能的原因有哪些？

7.2.3 技能要求试题（中级工）

一、技能试题1（变矩器—变速器总成拆装）

1）考核时间。60min。

2）分配分值。50分。

3）考核要求如下。

① 按正确的操作规程拆装变矩器—变速器总成。

② 掌握变矩器—变速器的构造及工作原理。

③ 装配完毕，变矩器—变速器转动自如，不得有任何异常声响及阻滞现象。

4）准备如下。

① 双变总成2台。

② 呆扳手、梅花扳手、套筒扳手、一字螺钉旋具、深度尺（0～300mm）、铜棒、锤子各2套。

③ 清洁毛巾若干、记录纸及笔。

5）考核评分表见表7-3。

表7-3 考核评分表

序号	作业项目	考核内容	配分	评分标准	评分记录	扣分	得分
1	准备工作	准备好各种装配工、量器具	5	准备工作不充分，每项扣1分，扣完为止			
2	拆卸变矩器—变速器	去毛刺，修正缺陷，清理壳体	5	有一处不清理不得分			
		清洗装配件	5	有一处不清洗不得分			
		拆解顺序正确	5	一处拆解顺序不正确扣2分，两次以上不得分			
		拆解方法正确	5	发现一处拆解方法不正确扣2分，两处以上不得分			
3	组装变矩器—变速器	装配顺序正确	10	一次重装或漏装扣3分，两次重装或漏装不得分			
		装配方法正确	10	发现一次不正确扣3分，两次以上不得分			
4	检测	变矩器—变速器转动自如，无明显阻滞、异响	5	不能转动自如不得分			
5	安全文明生产	按国家颁发有关法规或企业自定的有关规定		每违反一项规定从总分中扣5分；严重者取消考试资格			
6	在规定时间内完成			每超时5min扣1分，扣完为止			
	合计		50				

二、技能试题2（一档总成的拆装）

1）考核时间。20min。

2）分配分值。20分。

3）考核要求如下。

① 各零件安装位置正确。

② 装配完毕，行星减速机构转动自如，不得有任何异常声响及阻滞现象。

4）考核评分表见表7-4。

表7-4 考核评分表

序号	作业项目	考核内容	配分	评分标准	评分记录	扣分	得分
1	准备工作	准备好各种装配工、量器具	2	准备工作不充分，不得分。			
2	拆卸一档总成	去毛刺，修正缺陷，清洗装配件	2	清洗不彻底不得分			
		拆解顺序正确	2	一处拆解顺序不正确扣1分，两次以上不得分			
		拆解方法正确	2	发现一处拆解方法不正确扣1分，两处以上不得分			
3	装配一档总成	装配顺序正确	4	一处重装扣1分，两次重装不得分			
		装配方法正确	4	发现一处扣1分，两处以上不正确不得分			
4	检测	一档总成转动自如，无明显阻滞、异响	4	不能转动自如不得分			
5	安全文明生产	按国家颁发有关法规或企业自定有关规定		每违反一项规定从总分中扣5分；严重者取消考试资格			
6	在规定时间内完成			每超时2min扣1分，扣完为止			
	合计		20				

三、技能试题3（变矩器—变速器装配精度检测）

1）考核时间。20min。

2）分配分值。20分。

3）考核要求如下。

① 检测6211轴承端面至箱体与变矩器结合面的距离 X_1；检测变矩器与6211轴承配合的100mm孔底端至变矩器结合的距离 X_2，并计算装配精度 A_3。

② 检测变矩器 6016 轴承孔肩面至二级涡轮内挡圈处距离 L_1；检测输入二级总成 6016 轴承内端面至输入二级齿轮花键端部距离 L_2，并计算装配精度 A_1。

4）考核评分表见表 7-5。

表 7-5　考核评分表

序号	作业项目	考核内容	配分	评分标准	评分记录	扣分	得分
1	X_1、X_2	检测计算过程（写在此处）	10	检验方法不正确扣 5 分 检验结果不正确扣 5 分			
2	L_1、L_2	检测计算过程（写在此处）	10	检验方法不正确扣 5 分 检验结果不正确扣 5 分			
3	安全文明生产	按国家颁发有关法规或企业自定的有关规定		每违反一项规定从总分中扣 5 分；严重者取消考试资格			
4	在规定时间内完成			每超时 2min 扣 1 分，扣完为止			
	合计		20				

7.3　装载机装配与调试工（高级）模拟试卷样例

7.3.1　模拟试卷样例 1（高级工）

一、填空题（每空 1 分，共 20 分）

1. “ZL50” 表示该机器是额定载重量为______t 的______装载机。
2. 动力元件就是______。
3. 控制元件统称为______装置。
4. 执行元件包括和______和______。
5. 分配阀属于______控制阀，同时又包含有______控制阀的功能。
6. 徐工 2BS315 变速器为______式变速器，变速压力正常范围为________。
7. 变矩器能将发动机转矩增大______倍，它是通过________实现变矩的。变矩器内油压为________。
8. 装载机制动系统气压为________。
9. 电气系统电压为直流______V，电流表为负数表示系统由______供电，发动

机起动后电流表读数应为______。

10. 全液压制动系统制动油压为__________MPa。

11. 全液压制动充液阀开启压力为______MPa、关闭压力为__________MPa。

二、选择题（每题1分，共10分）

1. 轮边减速器在转向实出现“咔嚓”声响，在高速运行中出现“嚓嚓”声响的故障可能原因是（　　）。

A. 行星轮的滚针轴承损坏　　B. 轴承装配过松

C. 齿轮啮合间隙过小　　D. 润滑不良

2. 装载机不随转向盘转动而转向，但转向盘转动时出现“轻松”的故障可能原因是（　　）。

A. 转向泵磨损，流量不足　　B. 转向油管接错

C. 润滑不良　　D. 方向机空行程大

3. 柴油机额定功率是指油门在（　　）位置，转速为额定转速时柴油机输出的功率。

A. 最大供油量　　B. 最小供油量

C. 最大和最小中间供油量　　D. 适当供油量

4. 电解液密度为（　　）时，蓄电池容量最大。

A. $1.21g/m^3$　　B. $1.22g/m^3$　　C. $1.23g/m^3$　　D. $1.24g/m^3$

5. 电解液密度小于（　　）时，容量随着密度的增大而显著增大。

A. $1.21g/m^3$　　B. $1.22g/m^3$　　C. $1.23g/m^3$　　D. $1.24g/m^3$

6. 当蓄电池容量下降到（　　）以下时，应进行补充充电。

A. 70%　　B. 75%　　C. 80%　　D. 85%

7. 涡轮轴上输出功率与泵轮轴上输入功率之比称为（　　）。

A. 变矩比　　B. 传动比　　C. 传动效率　　D. 起动变矩比

8. 太阳轮齿数 $z=22$，齿圈齿数 $z=60$ 的单排行星轮机构，行星架被制动，太阳轮为主动体，齿圈为从动体，其传动比为（　　）。

A. 3.7　　B. 0.7　　C. 2.7　　D. 1.3

9. 单排行星轮机构将太阳轮、行星轮和齿圈之中的太阳轮和行星架固定连接起来，其传动比为（　　）。

A. 3.7　　B. 0.7　　C. 2.7　　D. 1.3

10. 单排行星轮机构将太阳轮、行星架和齿圈之中的行星架和齿圈固定连接起来，其传动比为（　　）。

A. 3　　B. 0.7　　C. 2.7　　D. 1.3

三、判断题（每题1分，共10分）

1. 装载机传动系润滑的部分为前、后桥传动轴。（　　）

2. 装载机又称单斗装载机。（　　）

3. 车辆因制动使用频繁，制动摩擦力下降，当制动器发生故障时，车辆立即停车，修复后方可行驶。 （ ）

4. 车辆的制动器制动间隙应适当，如制动间隙过小造成制动解除不彻底。 （ ）

5. 液压传动以液压油介质作为传动。 （ ）

6. 驾驶员身体过度疲劳或患病有碍行车安全时，不得驾驶车辆。 （ ）

7. 工作中发现各仪表和指示信号工作异常时应立即停机检查。 （ ）

8. 车辆行驶中，放开调速踏板，行驶电动机不断电，车辆失控，驾驶员应拔下总电源开关并踏下制动踏板。 （ ）

9. 机械在运转中，如有故障应及时处理。 （ ）

10. 液压系统一般包括动力装置、控制装置、辅助装置和执行装置四个部分。 （ ）

四、简答题（每题8分，共40分）

1. 废气涡轮增压器的工作原理是什么？

2. 双涡轮变矩器的工作特性是什么？

3. 装载机对于油、脂、水、液的供给有哪些注意事项？

4. 对装载机加注燃油或润滑油时应遵守哪些规定？

5. 装载机在冬季施工有哪些注意事项？

7.3.2 模拟试卷样例2（高级工）

一、填空题（每空1分，共12分）

1. 装载机轮胎气压前轮应为______MPa，后轮应为______MPa。

2. 装载机行车制动系统制动液应使用______型制动液，不同型号的制动液不得______。

3. 在冬季或寒冷时（气温在0℃以下），要将装载机的冷却水______或在冷却水中添加______。

4. 下极限尺寸减去公称尺寸所得的代数差称为______。

5. ______等于上极限尺寸与下极限尺寸代数差的绝对值。

6. 基本偏差为一定的孔公差带，与不同基本偏差的轴公差带形成各种不同性质配合的一种制度称为______。

7. 同一规格产品的相同零件，不经修配能够互相调换的性质称为______。

8. 装载机一次起动时间不可超过______s，需要再次起动应间隔______min。

二、选择题（每题2分，共20分）

1. ZL50装载机驱动桥的弧齿锥齿轮副的啮合间隙应为（ ）。

A. 0.1～0.25mm B. 0.2～0.25mm

C. 0.1～0.35mm D. 0.2～0.35mm

2. 盘式制动器摩擦片磨损达（ ）时应更换。

A. 6mm　　B. 7mm　　C. 8mm　　D. 9mm

3. 间隙配合的矩形花键，齿侧间隙使用限度为最大标准间隙的（　　）。

A. 1.4倍　　B. 1.6倍　　C. 1.8倍　　D. 2.0倍

4. 测量额定工作电压为48V及以下时，应用（　　）的兆欧表。

A. 250V　　B. 300V　　C. 500V　　D. 1000V

5. ZL50装载机驻车制动装配后，制动鼓之间的间隙应为（　　）。

A. 0.50mm　　B. 0.60mm　　C. 0.70mm　　D. 0.80mm

6. 蓄电池充放电电解液温度不应超过40℃，严禁超过（　　）。

A. 50℃　　B. 55℃　　C. 60℃　　D. 65℃

7. 动力液压缸当活塞采用橡胶密封时，缸的内孔表面粗糙度值 Ra 应大于（　　）。

A. 0.2μm　　B. 0.3μm　　C. 0.1μm　　D. 0.4μm

8. 当有（　　）背压时，溢流阀不得出现泄漏。

A. 0.5MPa　　B. 0.4MPa　　C. 0.3MPa　　D. 0.2MPa

9. 柴油机气门研磨后，接触面的宽度应为（　　）。

A. 1～1.5mm　　B. 1.5～2.0mm　　C. 2.0～2.5mm　　D. 2.5～3.0mm

10. 装载机走行10min后，制动器的温升不得超过（　　），否则应检修。

A. 60℃　　B. 70℃　　C. 75℃　　D. 80℃

三、判断题（每题2分，共20分）

1. 装载机由发动机、底盘、工作装置、车身、电气设备等主要部分组成。（　　）

2. 运行联锁指在设备运行之后起联锁保护作用。（　　）

3. 蓄电池电解液因渗漏而不足应加入蓄电池补充液。（　　）

4. 根据安全规程，车辆在路口会车时应转弯车让直行。（　　）

5. 电路中的电源线金属外露部分与车辆的金属部分接触就构成短路。（　　）

6. 装载机转向费力的原因是转向系统内泄漏严重。（　　）

7. 喷油器的作用是将柴油雾化成极微小的油滴。（　　）

8. 装载机通过铁道时，要提前减速，注意标志、信号及有无火车通过，不准在铁道上变速、制动和停留。（　　）

9. 发生“飞车”时，制止的方法可以用堵塞进气口。（　　）

10. 柴油机风扇皮带过松打滑会造成散热器水温过高。（　　）

四、简答题（每题8分，共48分）

1. 装载机现场作业十不准有哪些？

2. 交接班要做到“五查”有哪些？

3. 轮胎气压不足或过多有什么危害？

4. 发动机“开锅”的危害性有哪些？

5. 发动机传动带过紧和过松有什么危害？松紧度标准如何衡量？

6. 装载机在行驶和作业时有哪些工作要求？

7.3.3 技能要求试题（高级工）

一、技能试题1（康明斯发动机拆装）

1. 准备

1）康明斯发动机两台。

2）清洁毛巾。

3）行车2台。

4）煤油、毛刷、油盆、机油、润滑脂若干。

5）呆扳手、梅花扳手、铜棒、锤子、汽车专用工具各2套。

2. 考核评分表（见表7-6）

表7-6 考核评分表

序号	作业项目	考核内容	配分	评分标准	评分记录	扣分	得分
1	准备工作	准备好各种拆装工、量器具	2	准备工作不充分，每项扣1分，扣完为止			
2	拆下发动机外围部件	拆涡轮增压器、喷油泵、机油滤清器、柴油滤清器、气缸盖罩、起动机、高压油管、回油管等	8	拆卸方法、螺栓等拆卸顺序不正确一次扣2分，两次以上不得分			
3	拆气机构及气缸盖	拆下进气歧管、排气歧管、发电机、传动带、气门组件、气缸盖等	10	拆卸方法不正确一次扣2分，两次以上不得分			
4	翻转发动机	摇动旋转手柄，将发动机翻转	2	翻转顺序不正确扣2分			
5	拆油底壳、集滤器等	拆油底壳、集滤器等	5	拆卸方法不正确一次扣2分，两次以上不得分			
6	拆活塞连杆组件	1. 分别拆下1~6缸连杆盖，注意连杆配对记号，并按顺序放好 2. 用橡胶锤分别推出1~6缸的活塞连杆组件，注意活塞安装方向	10	拆卸方法不正确一次扣2分，两次以上不得分			
7	装活塞连杆组件	将连杆盖、连杆螺栓、螺母按原位置装回，不同缸的活塞连杆组件不能互相调换	10	安装方法不正确一次扣2分，两次以上不得分。力矩值不正确扣5分			
8	装油底壳、集滤器等	装油底壳、集滤器等	5	安装方法不正确一次扣2分，两次以上不得分			

（续）

序号	作业项目	考核内容	配分	评分标准	评分记录	扣分	得分
9	装气机构及气缸盖	装进气歧管、排气歧管、发电机、皮带、气门组件、气缸盖等	10	安装方法不正确一次扣2分，两次以上不得分。力矩值不正确扣5分			
10	装发动机外围部件	装涡轮增压器、喷油泵、机油滤清器、柴油滤清器、气缸盖罩、起动机、高压油管、回油管等	8	安装方法不正确一次扣2分，两次以上不得分			
11	安全文明生产	按国家颁发有关法规或企业自定的有关规定		每违反一项规定从总分中扣5分；严重者取消考试资格			
12	在规定时间内完成			每超时5min扣2分，扣完为止			
	合计		70				

二、技能试题2（气门间隙的调整与测量）

1. 准备

1）康明斯发动机两台。

2）塞尺两套。

3）一字螺钉旋具两把。

4）清洁毛巾。

2. 考核评分表（见表7-7）

表7-7 考核评分表

序号	作业项目	考核内容	配分	评分标准	评分记录	扣分	得分
1	准备工作	准备好工、量器具	2	准备工作不充分，每项扣1分，扣完为止			
		拆下气门盖罩的固定螺钉，并取下气门盖罩	3	操作方法不正确每次扣1分			
		使1缸处于压缩上止点位置	4	操作方法不正确一次扣1分，两次以上不得分			
2	调整间隙	松开气门调整螺钉的固定螺母，将规定厚度的塞尺插入气门杆尾端与气门摇臂之间，一手用螺钉旋具拧动调整螺钉，一手稍微拉动塞尺，当感觉到塞尺稍微受到阻力时，表示间隙已调整正确	7	操作方法不正确一次扣2分，三次以上不得分			

（续）

序号	作业项目	考核内容	配分	评分标准	评分记录	扣分	得分
3	测量间隙	将塞尺插到气门间隙中央，使调整螺钉保持不动，拧紧固定螺母，使其锁紧调整螺钉。锁好调整螺钉后，应再用塞尺重新测量气门间隙	4	操作方法不正确一次扣2分			
4	安全文明生产	遵守安全操作规程，正确使用工量具，操作现场整洁		每项扣1分，扣完为止			
5	否定项	安全用电，防火，无人身、设备事故		因违规操作发生重大人身和设备事故，此题按0分计			
	合计		20				

评分人：　　　年　月　日　　　　核分人：　　　年　月　日

参考答案

模拟试卷样例1（初级工）参考答案

一、填空题（每空1分，共20分）

1. 水平、熄火
2. 0.2~0.4、95、0.44
3. 10、2
4. 行星、1.1~1.5
5. 液力传动
6. 17.5、14
7. 柴机油、滤芯
8. 0.30~0.32、0.28~0.30
9. 合成、混用
10. 放净、防冻液

二、选择题（每题2分，共20分）

1. C；2. B；3. A；4. C；5. A；6. A；7. D；8. A；9. A；10. A；

三、判断题（每题2分，共20分）

1. √；2. √；3. ×；4. √；5. ×；6. ×；7. √；8. ×；9. ×；10. ×；

四、简答题（每题8分，共40分）

1. 散热器的水位。

发动机油底壳机油量、燃油箱油量、液压油箱油量、变速器油量。

各油管、水管、气管及各部附件的密封性。

蓄电池接线。

制动踏板，驻车制动工作是否可靠。

各操纵杆是否灵活并放在空档位。

轮胎气压是否正常。

轮辋螺栓、桥安装螺栓、传动轴联接螺栓及其他螺栓是否有松动。

2. 铲装作业、运输作业、卸料作业和空回作业。

3. 1）使装载机以前进Ⅰ档速度驶近料堆，铲斗底面与地面平行。

2）当距离料堆1m时，下降动臂并将铲斗放至刚刚接触地面，徐徐加大油门前进，使铲斗插入料堆中。

3）作业时，铲斗不可插歪、插斜。要求对正、对准物料成直角接近。避免急剧冲装，油门不能开得太大。铲斗铲装过头会造成超载、打滑，降低作业效率。

4）当铲斗切入料堆后，边前进边收斗，配合动臂上升，以达到装满铲斗为止。装载后，将动臂举升至运输位置再驶离工作面。当遇到阻力很大时，采用操纵铲斗或稍举动臂的方法以达到装满为止。

4. 铲装时，须先将动臂略予提起，转动铲斗使其与地面成一定的铲土角（硬质地面10°~30°，软质地面5°~10°），然后前进，使铲斗切入土内。切土深度一般保持在150~200mm，直至铲斗装满。装满收斗后，将铲斗举升到运输位置再驶离工作面，运至卸料处。对于难铲装的土壤，可操纵动臂或铲斗稍微改变一下铲土角。

5. 1）尽可能地缩短作业循环时间，减少停车时间。疏松的物料，用推土机协助装填铲斗，可在某些作业中降低少量循环时间。

2）运输车辆不足时，装载机应尽可能进行一些辅助工作，如清理现场、疏松物料等。

3）尽量保证运输车辆的停车位置距离装载机在25m的合理范围内。

4）装载机与运输车辆的容量应尽量选配适当。

5）作业循环速度不宜太快，否则不能装满斗。每个作业现场的装载作业应平稳而有节奏。

6）大功率装载机宜运送岩石，小功率装载机宜装运松散物料。

7）行走速度要合理选择。一般来说，装载机行走速度增加1km/h，其生产能力就会提高12%~21%。

模拟试卷样例2（初级工）参考答案

一、填空题（每空1分，共20分）

1. 双功率　2. 涡轮和导轮　3. 泵轮　4. 两　5. 液压操纵阀　6. 摩擦离合器　7. 换档　8. 保持原位　9. 球面蜗杆滚动　10. 卸载距离　11. 结构　12. 作用力　13. 指示功率　14. 有效功率　15. 突加功率　16. 长时间　17. 有效利用程度　18. 变形　19. 最大扭矩　20. 最低耗油率

二、选择题（每题2分，共20分）

1. A；2. B；3. B；4. D；5. D；6. A；7. C；8. C；9. ABC；10. ABCD；

三、判断题（每题2分，共20分）

1. ×；2. ×；3. √；4. ×；5. ×；6. ×；7. √；8. ×；9. √；10. √；

四、简答题（每题8分，共40分）

1. 开机后空转5min，使发动机充分地预热运转；不能在预热阶段突然加速发动机；除紧急情况外，避免突然起动、突然加速、突然转向和突然制动；磨合期，前进Ⅰ、Ⅱ档，后退档，每种档位应均匀安排磨合；磨合期间以装载松散物料为宜，作业不得过猛过急。在磨合期内，装载重量不得超过额定载重的70%，行驶速度不能超过额定最高车速的70%；注意机器的润滑情况，按规定的时间更换或添加润滑油；必须经常注意变速器、变矩器、前后桥以及制动鼓的温度，如有过热现象，应找出原因进行排除；检查各部件螺栓、螺母紧固情况。

2. 主传动器也称主减速器，其基本功用是进一步降低速度、增大转矩，保证工程机械有足够的牵引力。因工程机械上用的发动机通常是沿机械纵向布置的，故主传动器还用来改变动力传递方向，使其和驱动轮的旋转方向一致。

3. 公路工程机械的变矩器一般由泵轮、涡轮和导轮组成，简称为三元件变矩器。泵轮与变矩器壳连成一体，并用螺钉固定在输入轴的凸缘上，内侧由许多曲面叶片组成，为主动件，可使叶片中的油液在离心力的作用下沿曲面向外流动，在叶片出口处射向涡轮叶片入口，完成机械能向流体动能的转变。涡轮通过输出轴与传动系相连接，由许多曲面叶片组成，通过输出轴输出转矩，为从动件，可将液体的动能转换为输出轴的机械能。导轮是一个固定不动的工作轮，通过导轮固定座与变速器的壳体连接，由许多曲面叶片组成，从涡轮流出的油液经油道改变方

向后再流入泵轮，承受一反作用扭矩。

4. ZL50装载机采用的是气液综合式行车制动系，它由双管路气压系统和双管路液压系统组成。由空气压缩机产生的压缩空气经油水分离器后，进入两储气筒。两储气筒相互独立。双腔制动阀由制动踏板直接操纵。踩下制动踏板，两储气筒中的压缩空气分别经双腔制动阀的上、下腔充入各自的助力器，使液压油推动前、后轮制动器的分泵活塞，使车轮制动。放松制动踏板时，助力器的空气经制动阀排入大气，制动接触。

5. ZL50装载机采用固定嵌盘式制动器。制动盘固定在车轮轮毂上，随车轮一起旋转。夹钳整体结构固定在驱动桥壳上，每个驱动桥左右各装一个夹钳。每个钳体都是泵体，其中装两对活塞，分泵壁上开有梯形环槽，其中装有矩形橡胶密封圈，小环槽装有防尘罩；分泵端盖固定在泵上，并用O形圈密封。夹钳每侧两分泵间有内油道相通，两侧分泵间有油管相通。制动块由摩擦片与钢制底板铆接粘结而成，每个制动块通过两根销轴悬装在夹钳上，并能够沿销轴做轴向移动。

模拟试卷样例1（中级工）参考答案

一、填空题（每空1分，共20分）

1. 着火延迟期 2. 缓燃期 3. 放电时间 4. 质量 5. 修理尺寸法 6. 局部更换法 7. 恢复尺寸法 8. 10min 9. 有铲斗托架式 10. 铰接式转向 11. 清洗 12. 0.04mm 13. 指路标志 14. 稳定性 15. 物体 16. 实际尺寸 17. 下极限偏差 18. 公差 19. 基孔制 20. 互换性

二、选择题（每题2分，共20分）

1 B；2. D；3. C；4. D；5. D；6. A；7. C；8. C；9. A；10. D；

三、判断题（每题2分，共20分）

1. ×；2. ×；3. √；4. ×；5. √；6. √；7. ×；8. √；9. √；10. ×；

四、简答题（每题8分，共40分）

1. 装载机是一种广泛用于公路、铁路、矿山、建筑、水电、港口等工程的土石方施工机械，它主要用来铲、装、卸、运土与砂石类散装物料，也可对岩石、硬土进行轻度铲掘土作业。如果换不同的工作装置，还可以扩大其使用范围，完成推土、起重、装卸其他物料的工作。装载机可以进行的具体作业项目有卸载作业、铲运作业、刮平作业、压实作业、堆土作业、推土作业。装载机的铲装方式根据物料种类、状态及位置不同，可进行对松散物料的铲装作业、对铲装停机面以下物料（挖掘）作业及对铲装土丘作业。

2. 转向液压缸采用的是单向双作用式液压缸。缸头通过销轴与前车架连接，耳环通过销轴与后车架连接，转向液压缸两端带缓冲。

3. 机构实现了装载机拖起动（当时蓄电池达不到要求）、长坡制动（当时制动系统不能满足要求）、熄火转向（之前熄火后铰接转向的液压缸不能伸缩）。

4. 1）装载机应放在平坦、安全、不妨碍交通的地方，并将铲斗落地放平。

2）停机前，发动机应怠速运行5min，切忌突然熄火。

3）机械设备在现场停放时，必须选择好停放地点，关闭好驾驶室，有驻车制动装置的要拉上驻车制动，坡道上要打好掩木或石块，夜间要有专人看管。

4）按规定对装载机进行保养。

5）机械设备在保养和修理时，要特别注意安全，禁止在机械设备运转中冒险进行保养修理、调整作业，禁止在工作机构没有保险装置的情况下，到工作机构下面工作。

6）要妥善保管长期停放或封存的机械设备，定期发动检查，确保机械设备经常处于完好状态。

5. 加注燃油或润滑油时要把发动机停止；严禁烟火；溢出的燃油、润滑油、液压油、防冻油、制动液要立即擦干净；所有盛装容器的顶盖要拧牢固；添加或储存燃油、润滑油、液压油、防冻油、制动液的地方要通风良好。

模拟试卷样例2（中级工）参考答案

一、填空题（每空2分，共20分）

1. 摩擦离合器 2. 换档 3. 保持原位 4. 球面蜗杆滚动 5. 卸载距离 6. 结构 7. 作用力 8. 指示功率 9. 有效功率 10. 突加功率

二、选择题（每题2分，共20分）

1. B；2. A；3. C；4. B；5. B；6. A；7. A；8. A；9. A；10. A；

三、判断题（每题2分，共20分）

1. √；2. √；3. √；4. ×；5. √；6. √；7. ×；8. ×；9. ×；10. √；

四、简答题（每题8分，共40分）

1. 机械式制动系、液压式制动系、气压式制动系、气液综合式制动系。

2. 答：

1）液压系统设计不合理产生的系统温升。

2）压力损耗大使压力能转换为热能。

3）容积损耗大（泄漏严重）而引起的油液发热。

4）机械损耗大而引起的油液发热。

5）压力调整过高而引起的。

6）油箱体积小、散热条件差。

7）液压油选用不当引起的。

8）操作不当引起的。

3. 答：

1）未挂上档。

2）未解除驻车制动。

3）传动系统油液太少。

4）变速器油压过低。

5）变矩器故障。

6）变速器离合器或传动件损坏。

4. 答：

（1）优点　容易实现无级变速，而且调整范围宽，液压传动装置调速范围可以很容易达到100～2000r/min；传动平稳，能吸收冲击，允许频繁换向，可以不停车变速；液压元件结构紧凑，单位功率的重量小，惯性也小；采用液压传动的机械工作效率高，容易改进变型；单位质量输出功率大，容易获得大的力和转矩；起动、制动迅速，可以简便地与电控部分组成电液一体的传动、控制器件，实现各种自动控制；工作安全性好，易于实现过载保护；易于实现标准化、系列化和通用化，便于设计、制造和推广使用。

（2）缺点　传动效率低；工作性能易受温度的影响；液压元件的制造和维护要求较高，价

格也较贵。

5. 答：

1）分泵漏油。

2）制动液压管路中有气体。

3）制动气压低。

4）密封圈损坏。

5）轮毂漏油到制动片上。

6）制动片磨损严重。

模拟试卷样例1（高级工）参考答案

一、填空题（每空1分，共20分）

1. 5、轮式 2. 油泵 3. 阀 4. 马达、液压缸 5. 方向、流量 6. 行星、1.08~1.47MPa 7. 4、导轮、0.55MPa 8. 0.69~0.78MPa 9. 24、蓄电池、正数 10. 6 11. 12.3、15

二、选择题（每题1分，共10分）

1. A；2. A；3. A；4. C；5. C；6. B；7. C；8. C；9. B；10. B；

三、判断题（每题1分，共10分）

1. √；2. √；3. √；4. √；5. √；6. √；7. √；8. √；9. √；10. √；

四、简答题（每题8分，共40分）

1. 答：废气涡轮增压器利用柴油机气缸排出的废气推动涡轮旋转，随即带动气压机转动，利用压气机压缩，使空气压力升高，送入气缸。

2. 答：双涡轮变矩器的第一与第二涡轮彼此不是刚性连接，两个涡轮借助超越离合器的作用有时共同工作，有时第二涡轮单独工作。双涡轮变矩器又称为四元件单级两相内功率分流的变矩器，它的变距系数值达4.7，且高效区较宽，它相当于一个两档变速器，故可以减少换档变速器的排档数，从而简化了动力换档箱的结构和操纵。

3. 答：油料必须清洁，柴油必须经过72h沉淀；液压系统清洁度必须达到18/15（GB/T 14039—2002）；注油器及注油部位必须清洁，防止水分污物进入油中；检查油量时必须使机器处于水平状态；在不同的环境温度下，应使用不同黏度、牌号的油，要严格按用油牌号进行；各种油料不得混用、代用，否则会造成橡胶件老化失效，零件过早磨损；加油、换油后务必检查有无漏油现象。

4. 答：加注燃油或润滑油时要把发动机停止；严禁烟火；溢出的燃油、润滑油、液压油、防冻油、制动液要立即擦干净；所有盛装容器的顶盖要拧牢固；添加或储存燃油、润滑油、液压油、防冻油、制动液的地方要通风良好。

5. 答：做好低温条件下机械的预热发动工作；预防冻土，冬季作业时，土壤和物料往往被冻结，这时可用松土机等进行必要的疏松工作；应尽可能在冬季前安排薄土层区域施工，留下厚土层区进行冬期施工；铲挖冻料，物料冻结深度在30cm以内时，仍可直接用铲斗铲装，超过30cm以上时，需用松土机等疏松后才能铲装。

模拟试卷样例2（高级工）参考答案

一、填空题（每空1分，共12分）

1. 0.30~0.32、0.28~0.30 2. 合成、混用 3. 放净、防冻液 4. 下极限偏差 5. 公差 6. 基孔制 7. 互换性 8. 10、2

二、选择题（每题2分，共20分）

1. D；2. D；3. D；4. B；5. A；6. D；7. A；8. A；9. C；10. D；

三、判断题（每题2分，共20分）

1. √；2. ×；3. √；4. √；5. √；6. √；7. √；8. √；9. √；10. √；

四、简答题（每题8分，共48分）

1. 答：

1）取货时，不准用惯性力或冲击力取货。

2）取货时，不准用铲斗来回挖掘取货。

3）取货时，不准轮胎离地。

4）取货时，不准轮胎连续打滑。

5）倒货时，不准来回磕铲斗，货物黏斗，不准对地磕铲斗。

6）堆高时，不准配重铁偏低或着地。

7）堆高时，不准超负荷推货。

8）作业过程中，严禁各斗轴因缺油有响声。

9）作业过程中，车未停稳，严禁反方向行驶。

10）机械加油时，严禁将油箱滤网拿出，舱底加油，严禁用路锥作为漏斗使用。

2. 答：

1）查燃润料、冷却水、电解液是否按规定加足。是否有渗漏现象。

2）查轮胎有无破损，气压是否正常。

3）查起升链条、铲斗等附件是否完好。

4）转向、制动、灯光及各限位装置等安全设备是否安全有效。

5）各紧固是否齐全牢靠，电气线路是否完好。

3. 答：气压不足的害处：加剧轮胎的磨损，降低轮胎的使用寿命，易引起外轮胎在轮辋上转动，造成气门嘴脱落，降低机械行驶速度，增加燃料消耗，转向沉重。

气压过高的害处：使轮胎的弹性降低，机械振动加剧，加速机械零件的磨损和损坏，在不平道路行驶时油耗增加，加速行驶时转向盘不稳，碰到障碍物时易爆胎。

4. 答：

1）产生早燃，降低充气系数，功率下降，燃料消耗增大。

2）润滑油消耗过大，黏度降低、变质、烧损。

3）零件膨胀过度，出现拉缸、烧瓦、抱轴等卡死现象。

4）造成湿式缸套上阻水套老化。

5答：过紧：易使皮带破损、磨损、折断，风扇、水泵轴及发电机轴容易弯曲，轴承损坏加快。

过松：皮带易打滑。使水泵、风扇以及发动机的转速减慢，发动机易过热，发电量减少。

6. 答：

1）除驾驶室外，机上其他地方严禁乘人。

2）装载时铲斗的装料角度不宜过大，以免增加铲装阻力。

3）装料时应低速前进，不得采用加大油门、高速将铲斗插入料堆的方式。

4）装载时驱动轮如有打滑现象，应微升铲斗再装料。

5）在土质坚硬的情况下，不宜强行装料，应先用其他机械松动后，再用装载机装料。

6）向车上卸料时，必须将铲斗提升到不会触及车厢挡板的高度，严禁铲斗碰撞车厢。

7）向车内卸料时，严禁将铲斗从驾驶室顶上越过。

8）当操纵动臂与铲斗达到需要位置后，应使操纵阀杆置于中间位置。

9）装载机不能在坡度较大的场地上作业。

10）在装载机作业中，应经常注意变矩器油温情况，当油温超过正常油温时，应停机降温后再继续作业。

11）装载机一般应采用中速行驶，在平坦的路面上行驶时，可以短时间采用高速档，在上坡及不平坦的道路上行驶时，应采用低速档。

12）高速行驶用两轮驱动，低速铲装用四轮驱动，接、脱后驱动桥时，必须在停车后进行。

13）不得将铲斗提升到最高位置运料，运输物料时应保持动臂下铰接点离地400～500mm，以保证稳定行驶。

14）通过桥涵时，应先注意交通标志所限定的载重吨位及行驶速度，确认可以通过时再匀速通过，在桥上应避免变速、制动和停车。

15）涉水时，应在发动机正常有力且转向机构灵活可靠的情况下进行，并应对河流的水深、流速及河床情况了解后再通过，涉水深度不得超过发动机油底壳。

16）涉水后应立即停机检查，如发现因涉水造成制动失灵，则应进行连续制动，利用发热蒸发掉制动器内的水分，以尽快使制动器恢复正常。

17）操作人员离开驾驶室时，必须将铲斗落地。

18）山区行驶时可接通拖起动操纵杆，以防止发动机熄火及保证液压转向，拖起动必须正向行驶。

19）机械设备夜间作业时，作业区内应有充分的照明。

20）严禁机械设备带病作业或超负荷运转。

21）新配备的或大修后的机械设备开始使用时，应按规定执行磨合期制度，在磨合期内要按规定减载、限速，磨合期满后要按规定进行检查保养。

22）在公路或城市道路上行驶的车辆、机械，必须严格遵守交通规则和国家其他有关规定。

参考文献

[1] 汪桂华. 轮式装载机结构原理与维修［M］. 徐州：中国矿业大学出版社，2000.
[2] 王胜春，靳同红. 装载机构造与维修手册［M］. 北京：化学工业出版社，2011.
[3] 张育益，张珩. 图解装载机构造与拆装维修［M］. 北京：化学工业出版社，2012.
[4] 黄忠叶. 装载机维修速成图解［M］. 南京：江苏科学技术出版社，2009.
[5] 刘良臣. 装载机维修图解手册［M］. 南京：江苏科学技术出版社，2007.
[6] 杨占敏，王智明，张春秋. 轮式装载机［M］. 北京：化学工业出版社，2006.
[7] 王文兴，杨申仲，李凯，等. 装载机械日常使用与维护［M］. 北京：机械工业出版社，2010.

国家职业资格培训教材

丛书介绍：深受读者喜爱的经典培训教材，依据最新国家职技能标准，按初级、中级、高级、技师（含高级技师）分册编写，以技能培训为主线，理论与技能有机结合，书末有配套的试题库和答案。所有教材均免费提供 PPT 电子教案，部分教材配有 VCD 实景操作光盘（注：标注★的图书配有 VCD 实景操作光盘）。

读者对象：本套教材是各级职业技能鉴定培训机构、企业培训部门、再就业和农民工培训机构的理想教材，也可作为技工学校、职业高中、各种短训班的专业课教材。

◆ 机械识图
◆ 机械制图
◆ 金属材料及热处理知识
◆ 公差配合与测量
◆ 机械基础（实级、中级、高级）（第2版）
◆ 液气压传动（第2版）
◆ 数控技术与 AutoCAD 应用（第2版）
◆ 机床夹具设计与制造（第2版）
◆ 测量与机械零件测绘（第2版）
◆ 管理与论文写作
◆ 钳工常识
◆ 电工常识
◆ 电工识图
◆ 电工基础
◆ 电子技术基础
◆ 建筑识图
◆ 建筑装饰材料
◆ 车工（初级★、中级、高级、技师和高级技师）（第2版）
◆ 铣工（初级★、中级、高级、技师和高级技师）（第2版）
◆ 磨工（初级、中级、高级、技师和高级技师）（第2版）
◆ 钳工（初级★、中级、高级、技师和高级技师）（第2版）
◆ 机修钳工（初级、中级、高级、技师和高级技师）（第2版）
◆ 锻造工（初级、中级、高级、技师和高级技师）
◆ 模具工（中级、高级、技师和高级技师）
◆ 数控车工（中级★、高级★、技师和高级技师）
◆ 数控铣工/加工中心操作工（中级★、高级★、技师和高级技师）
◆ 铸造工（初级、中级、高级、技师和高级技师）
◆ 冷作钣金工（初级、中级、高级、技师和高级技师）
◆ 焊工（初级★、中级★、高级★、技师和高级技师★）（第2版）
◆ 热处理工（初级、中级、高级、技师和高级技师）
◆ 涂装工（初级、中级、高级、技师和高级技师）
◆ 电镀工（初级、中级、高级、技师和高级技师）
◆ 锅炉操作工（初级、中级、高级、

技师和高级技师）
◆ 数控机床维修工（中级、高级和技师）
◆ 汽车驾驶员（初级、中级、高级、技师）
◆ 汽车修理工（初级★、中级、高级、技师和高级技师）
◆ 摩托车维修工（初级、中级、高级）
◆ 制冷设备维修工（初级、中级、高级、技师和高级技师）
◆ 电气设备安装工（初级、中级、高级、技师和高级技师）
◆ 值班电工（初级、中级、高级、技师和高级技师）
◆ 维修电工（初级★、中级★、高级、技师和高级技师）
◆ 家用电器产品维修工（初级、中级、高级）
◆ 家用电子产品维修工（初级、中级、高级、技师和高级技师）
◆ 可编程序控制系统设计师（一级、二级、三级、四级）
◆ 无损检测员（基础知识、超声波探伤、射线探伤、磁粉探伤）
◆ 化学检验工（初级、中级、高级、技师和高级技师）
◆ 食品检验工（初级、中级、高级、技师和高级技师）
◆ 制图员（土建）
◆ 起重工（初级、中级、高级、技师）
◆ 测量放线工（初级、中级、高级、技师和高级技师）
◆ 架子工（初级、中级、高级）
◆ 混凝土工（初级、中级、高级）
◆ 钢筋工（初级、中级、高级、技师）
◆ 管工（初级、中级、高级、技师和高级技师）
◆ 木工（初级、中级、高级、技师）
◆ 砌筑工（初级、中级、高级、技师）
◆ 中央空调系统操作员（初级、中级、高级、技师）
◆ 物业管理员（物业管理基础、物业管理员、助理物业管理师、物业管理师）
◆ 物流师（助理物流师、物流师、高级物流师）
◆ 室内装饰设计员（室内装饰设计员、室内装饰设计师、高级室内装饰设计师）
◆ 电切削工（初级、中级、高级、技师和高级技师）
◆ 汽车装配工
◆ 电梯安装工
◆ 电梯维修工

变压器行业特有工种国家职业资格培训教程

丛书介绍：由相关国家职业标准的制定者——机械工业职业技能鉴定指导中心组织编写，是配套用于国家职业技能鉴定的指定教材，覆盖变压器行业5个特有工种，共10种。

读者对象：可作为相关企业培训部门、各级职业技能鉴定培训机构的鉴定培训教材，也可作为变压器行业从业人员学习、考证用书，还可作为技工学校、职业高中、各种短训班的教材。

◆ 变压器基础知识
◆ 绕组制造工（基础知识）
◆ 绕组制造工（初级、中级、高级技能）
◆ 绕组制造工（技师、高级技师技能）
◆ 干式变压器装配工（初级、中级、高级技能）
◆ 变压器装配工（初级、中级、高级、技师、高级技师技能）
◆ 变压器试验工（初级、中级、高级、技师、高级技师技能）
◆ 互感器装配工（初级、中级、高级、技师、高级技师技能）
◆ 绝缘制品件装配工（初级、中级、高级、技师、高级技师技能）
◆ 铁心叠装工（初级、中级、高级、技师、高级技师技能）

国家职业资格培训教材——理论鉴定培训系列

丛书介绍：以国家职业技能标准为依据，按机电行业主要职业（工种）的中级、高级理论鉴定考核要求编写，着眼于理论知识的培训。

读者对象：可作为各级职业技能鉴定培训机构、企业培训部门的培训教材，也可作为职业技术院校、技工院校、各种短训班的专业课教材，还可作为个人的学习用书。

◆ 车工（中级）鉴定培训教材
◆ 车工（高级）鉴定培训教材
◆ 铣工（中级）鉴定培训教材
◆ 铣工（高级）鉴定培训教材
◆ 磨工（中级）鉴定培训教材
◆ 磨工（高级）鉴定培训教材
◆ 钳工（中级）鉴定培训教材
◆ 钳工（高级）鉴定培训教材
◆ 机修钳工（中级）鉴定培训教材
◆ 机修钳工（高级）鉴定培训教材
◆ 焊工（中级）鉴定培训教材
◆ 焊工（高级）鉴定培训教材
◆ 热处理工（中级）鉴定培训教材
◆ 热处理工（高级）鉴定培训教材
◆ 铸造工（中级）鉴定培训教材
◆ 铸造工（高级）鉴定培训教材
◆ 电镀工（中级）鉴定培训教材
◆ 电镀工（高级）鉴定培训教材
◆ 维修电工（中级）鉴定培训教材
◆ 维修电工（高级）鉴定培训教材
◆ 汽车修理工（中级）鉴定培训教材
◆ 汽车修理工（高级）鉴定培训教材
◆ 涂装工（中级）鉴定培训教材
◆ 涂装工（高级）鉴定培训教材
◆ 制造设备维修工（中级）鉴定培训教材
◆ 制造设备维修工（高级）鉴定培训教材

国家职业资格培训教材——操作技能鉴定试题集锦与考点详解系列

丛书介绍：用于国家职业技能鉴定操作技能考试前的强化训练。特色：

- 重点突出，具有针对性——依据技能考核鉴定点设计，目的明确。
- 内容全面，具有典型性——图样、评分表、准备清单，完整齐全。
- 解析详细，具有实用性——工艺分析、操作步骤和重点解析详细。
- 练考结合，具有实战性——单项训练题、综合训练题，步步提升。

读者对象：可作为各级职业技能鉴定培训机构、企业培训部门的考前培训教材，也可供职业技能鉴定部门在鉴定命题时参考，也可作为读者考前复习和自测使用的复习用书，还可作为职业技术院校、技工院校、各种短训班的专业课教材。

技能鉴定考核试题库

丛书介绍：根据各职业（工种）鉴定考核要求分级编写，试题针对性、通用性、实用性强。

读者对象：可作为企业培训部门、各级职业技能鉴定机构、再就业培训机构培训考核用书，也可供技工学校、职业高中、各种短训班培训考核使用，还可作为个人读者学习自测用书。

- ◆ 机械识图与制图鉴定考核试题库（第2版）
- ◆ 机械基础技能鉴定考核试题库（第2版）
- ◆ 电工基础技能鉴定考核试题库
- ◆ 车工职业技能鉴定考核试题库（第2版）
- ◆ 铣工职业技能鉴定考核试题库（第2版）
- ◆ 磨工职业技能鉴定考核试题库
- ◆ 数控车工职业技能鉴定考核试题库
- ◆ 数控铣工/加工中心操作工职业技能鉴定考核试题库
- ◆ 模具工职业技能鉴定考核试题库
- ◆ 钳工职业技能鉴定考核试题库（第2版）
- ◆ 机修钳工职业技能鉴定考核试题库（第2版）
- ◆ 汽车修理工职业技能鉴定考核试题库
- ◆ 制冷设备维修工职业技能鉴定考核试题库
- ◆ 维修电工职业技能鉴定考核试题库
- ◆ 铸造工职业技能鉴定考核试题库
- ◆ 焊工职业技能鉴定考核试题库
- ◆ 冷作钣金工职业技能鉴定考核试题库
- ◆ 热处理工职业技能鉴定考核试题库
- ◆ 涂装工职业技能鉴定考核试题库

机电类技师培训教材

丛书介绍：以国家职业标准中对各工种技师的要求为依据，以便于培训为前提，紧扣职业技能鉴定培训要求编写。加强了高难度生产加工，复杂设备的安装、调试和维修，技术质量难题的分析和解决，复杂工艺的编制，故障诊断与排除以及论文写作和答辩的内容。书中均配有培训目标、复习思考题、培训内容、试题库、答案、技能鉴定模拟试卷样例。

读者对象：可作为职业技能鉴定培训机构、企业培训部门、技师学院培训鉴定教材，也可供读者自学及考前复习和自测使用。

- ◆ 公共基础知识
- ◆ 电工与电子技术

- 机械制图与零件测绘
- 金属材料与加工工艺
- 机械基础与现代制造技术
- 技师论文写作、点评、答辩指导
- 车工技师鉴定培训教材
- 铣工技师鉴定培训教材
- 钳工技师鉴定培训教材
- 焊工技师鉴定培训教材
- 电工技师鉴定培训教材
- 铸造工技师鉴定培训教材
- 涂装工技师鉴定培训教材
- 模具工技师鉴定培训教材
- 机修钳工技师鉴定培训教材
- 热处理工技师鉴定培训教材
- 维修电工技师鉴定培训教材
- 数控车工技师鉴定培训教材
- 数控铣工技师鉴定培训教材
- 冷作钣金工技师鉴定培训教材
- 汽车修理工技师鉴定培训教材
- 制冷设备维修工技师鉴定培训教材

特种作业人员安全技术培训考核教材

丛书介绍：依据《特种作业人员安全技术培训大纲及考核标准》编写，内容包含法律法规、安全培训、案例分析、考核复习题及答案。

读者对象：可用作各级各类安全生产培训部门、企业培训部门、培训机构安全生产培训和考核的教材，也可作为各种企事业单位安全管理和相关技术人员的参考书。

- 起重机司索指挥作业
- 企业内机动车辆驾驶员
- 起重机司机
- 金属焊接与切割作业
- 电工作业
- 压力容器操作
- 锅炉司炉作业
- 电梯作业
- 制冷与空调作业
- 登高作业

读者信息反馈表

亲爱的读者：

您好！感谢您购买《工程机械装配与调试工（装载机）》（李清德　主编）一书。为了更好地为您服务，我们希望了解您的需求以及对我社教材的意见和建议，愿这小小的表格在我们之间架起一座沟通的桥梁。另外，如果您在培训中选用了本教材，我们将免费为您提供与本教材配套的电子课件。

姓　名		所在单位名称	
性　别		所从事工作(或专业)	
通信地址		邮编	
办公电话		移动电话	
E-mail		QQ	

1. 您选择图书时主要考虑的因素(在相应项后面画✓)：

   出版社(　　)　内容(　　)　价格(　　)　其他：______

2. 您选择我们图书的途径(在相应项后面画✓)：

   书目(　　)　书店(　　)　网站(　　)　朋友推介(　　)　其他______

希望我们与您经常保持联系的方式：

□电子邮件信息　　□定期邮寄书目

□通过编辑联络　　□定期电话咨询

您关注(或需要)哪些类图书和教材：

您对本书的意见和建议（欢迎您指出本书的疏漏之处）：

您近期的著书计划：

请联系我们——

地　　址　北京市西城区百万庄大街22号　机械工业出版社技能教育分社

邮　　编　100037

社长电话　(010) 88379711

传　　真　(010) 68329397

营销编辑　(010) 88379534　88379535

免费电子课件索取方式：

网上下载　www.cmpedu.com

邮箱索取　jnfs@cmpbook.com